欧阳首承灾害学概论

郝丽萍　张　葵　主编

气象出版社
China Meteorological Press

内容简介

本书出于预测灾害天气的有效性，记述、整理了欧阳首承教授以流动大气破解了非线性之谜所创立的事件转折性变化的“溃变理论”及其灾害天气结构特征的演讲稿而整理、出版的。本书涉及了流动大气“非均质性”和滚流转换为天气变化的核心，从而破解了转折性变化难题。并包括广义演化的损伤、老化、变异等问题的诊断技术。本质性地改进了灾害天气预测技术和探索自然原理的途径，而颇受一线气象预报员欢迎。

此外，本书以“致用性”介绍了欧阳首承教授延续古代变化事件的科学观和信息结构化体系，遵循流动大气原理立足于涡流的结构转换，发现和证实了天气变化的本质是流动大气的滚流转换！并在实践中发现了气象探空信息中隐含了异常地热结构与地震的关系，并显示了减灾、防灾和可自救的广泛实效性！

图书在版编目(CIP)数据

欧阳首承灾害学概论/郝丽萍，张葵主编．—北京：气象出版社，2018.11(2023.5 重印)

ISBN 978-7-5029-6869-4

Ⅰ.①欧… Ⅱ.①郝… ②张… Ⅲ.①灾害性天气-天气预报-概论 Ⅳ.①P457

中国版本图书馆 CIP 数据核字(2018)第 261831 号

Ouyangshoucheng Zaihaixue GaiLun

欧阳首承灾害学概论

郝丽萍　张　葵　**主编**

出版发行：气象出版社

地　　址：北京市海淀区中关村南大街 46 号　　**邮政编码**：100081

电　　话：010-68407112(总编室)　010-68408042(发行部)

网　　址：http://www.qxcbs.com　　**E-mail**：qxcbs@cma.gov.cn

责任编辑：杨泽彬　　**终　　审**：吴晓鹏

责任校对：王丽梅　　**责任技编**：赵相宁

封面设计：楠竹文化

印　　刷：北京建宏印刷有限公司

开　　本：787 mm×1092 mm　1/16　　**印　　张**：10.75

字　　数：260 千字

版　　次：2018 年 11 月第 1 版　　**印　　次**：2023 年 5 月第 2 次印刷

定　　价：90.00 元

前 言

自 2004 年 12 月印度洋地震海啸以来，重大自然灾害已经波及全球，并引起公众的极大关注。为此，欧阳首承教授根据当时社会公众和学生们的要求，在其团队的积极建议和推动下，近几年来陆续讲述了“风险与灾害”的“非均质性”观点和非均质信息结构化方法体系。欧阳首承教授提出了“事件非均质的结构性”和事件演化“溃变”与灾害的关系。继《走进非规则》著作之后，可以说是针对 300 年来“均质性”和其数量分析体系发出了变革的信号，而引起了人们的广泛的关注。或者说，《走进非规则》的出版已经在某种程度上推进了人们思维意识的事件深层次思索，已经清晰地展示了：波动流体不属于事件演化的流体，事件演化的流体属于流动，气体也不例外！本书立足于事件结构的体系性差异和变化性，以信息数字化方法（包括 2008-05-12 中国四川的汶川大地震）展示了实用性，颇引起人们的兴趣和关注。

欧阳首承教授继 “科学的第一位问题是问题”之后，突出地强调了“事件非均质性问题”引导了科学发展。事件或灾害的非均质性几乎与“灾难”同伴！为此，引出欧阳首承教授关注事件的非均质性，及其可演变方式和注意转向“途穷了终须改换方向”等事件的结构性“信号”。无疑，“灾难”预知的困难，在于如何认识事件变化性及其由来。显然，若灾难来源于事件的变化，则必须追溯事件变化的原因和过程性。

欧阳首承教授历经 50 余年的实践发现：“事件非均质性为事件变化的本质性原因”，并且“非均质性”还存在积累的“过程性”。显然，“非均质性”的提出和相对于“均质性”而言，无异于人类知识世界或思维意识重大变革，也必然引出方法体系的改变。

欧阳首承教授于实践中证实了非规则事件蕴涵了变化，启用了被当代科学体系丢弃的非规则信息，提出了信息数字化（结构）方法。10 多年来，我国的一些气象台站相继引进了欧阳首承教授创立的“溃变”预测业务操作系统，致使重大灾害事件的预测准确率提高到 70%以上。2008-05-12 以后，因其发现的地热对地震的级别和发生地域，有明显的指示性信息，近几年已经在内部获得允许预测地震意见的传递。自“2008-05-12”以来的 3～4 年内，已经正确预测 5 级以上地震十余次。

此外，既然灾害是公众关注事件，那么公众也应当具备相应的基本知识。特别是鉴于目前重大自然灾害频繁袭击之后，政府已经将灾害学和应对的问题纳入社会体系的民政部门，并拟于高等院校设立“灾害工程管理”学科，将欧阳首承教授的近半个世纪研究可应用成果“风险与灾害学”列为研究生、博士生和青年教师必修课。此外，欧阳首承教授的“溃变理论”和信息数字化方法体系，不限于自然灾害的预测，已经涉及工程设计、施工的“动力灾变”等“非均质性”的变化事故领域。

欧阳首承教授形象、广义地指出“自然灾害的罪魁祸首在于自然的非均质性”。欧阳首承教授 1963 年以热结构发现了对流性天气发生前，大气垂直方向上展示为光化学离子态的“超低温”结构，而构成了大气垂直方向的“非均质性”，并启用了非规则结构信息；地震研究中，特以四川盆地西部高原地形的几千米内的梯度达到几千米高度差，说明大地构造的“非均质性”

与地震带分布相联系的普遍特征。欧阳首承教授采用了结合实践的应用方式，突出了其理论体系的可应用性。“数量是事件后的形式计量”和其曾经指出“数学的数量计算可以将不存在的事件计算得比存在的事件更精确”。那么，今天看来也许被认为属于思维超前性的见解。欧阳首承教授早年毕业于南京大学气象系，但不满意其所学的专业内课程。并于1959年初于学习气象科学的基础理论中，发现了气象基础理论的原则性错误。其一，指出描述旋转地球的流体力学方程本身就存在不成立问题；其二，不仅指出了该方程没有解，更在于自然界不存在“单向倒退波”“单向性不是‘波’，而是流的基本特征”。出于学术观念的分歧，毕业后的欧阳首承教授改行于水利水电部门从事水电工程规划和设计工作。1963年8月华北的海河流域发生重大的暴雨洪水灾害后，被安排去考察暴雨洪水的危害状况。并基于欧阳首承教授毕业气象专业，即被安排为重要项目“海河的暴雨能否降落到东北的第二松花江流域”的主持人，并限定一年内给出答案。研究工作进行中因为“用错”了图纸而发现了：暴雨发生前的大气对流层上层，出现离子态的“超低温”现象。并“超低温”随着降雨的开始而逐渐减弱，消失于降雨的结束之前而成为降雨结束预报的指示性信息。具有应用意义的是，“超低温”显示了大气的非均质性和先于气象界惯用的水平方向天气图上的“锋”之前出现。

长期以来，学术界将气象、地震问题作为宏观物理学，气象学限于气体的分子态现象。但大气中垂直方向上显示了灾害天气发生前的离子态，而显示了灾害天气现象含有微观物理的“非均质态”。实质上揭示了灾害问题之所以成为“世界性难题”，则灾害性涉及了“均质性”假定的基础理论，不能解决“非均质性”问题。鉴于“超低温”先于降水前出现，并不同对流天气的“超低温”展示于结构特征的差异。所以，仅仅经历半年期间的实践验证，欧阳首承教授已经成为区域性暴雨预测准确率超过70％以上的预报专家。后来基于实践的熟练性，只要信息无误，则其“区域性暴雨”预测可以达到准确而无失误的地步(当时的水利部门只要求区域性暴雨的预测)。后来的继续实践中，按大气“超低温”和水汽结构方式的差异，配合引入大气垂直旋转的“滚流”概念，逐步由“顺滚流”的区域性暴雨预测，扩展到对流天气的大风、沙尘暴、冰雹、雷暴和龙卷风等或“逆滚流”的高温天气、大雾等灾害天气的预测，并基本上包括了灾害天气所有种类。

此外，实践中发现地热可以改变大气结构，应用中必须识别地热的影响而发现了地热与地震的关系。这里应当说明的是，欧阳首承教授最初本无意于研究地震灾害，只是因为地热干扰了天气预报分析，而不得不清除地热引起结构不合理问题，尔后发现了地热与地震的对应关系。对于正常大气自身问题，对流层内的“顺滚流”对应不稳定大气结构；“逆滚流”对应于稳定大气结构。但地震发生前的地热可以致使大气对流层内出现“上湿、下干”(上湿、下干对于气象问题属于稳定结构)的“逆滚流的不稳定结构”。这对于气象问题属于不合理结构或称为纯气象问题中不应当出现的现象。特别是，地热影响的高度所代表的热量级别与地震的能量级别基本相当或吻合。自此，欧阳首承教授在预测灾害天气的同时尝试了预测地震。

欧阳首承教授曾经利用全部业余时间，带着问题专攻当代科学的基础问题，并于国内“文革”动乱期间阅读了所能见到的图书资料和学习了《易经》，以“时间是什么”和“事件的非均质性”等事件的本质性，涉及了可直接冲击惯性系的基础性当代科学。并相继找出11个当代科学可否立足的基本问题。在确认当代科学为“不变体系”的同时，明确了“事件的非均质性”为“灾害之源”而改变了思维方式。在其8年期间，主要是以原始观测数据重新针对灾害发生的原因、过程进行了实践的对比分析。出于学术界将自然灾害归咎于地球物理学前提下，欧阳首承教授几乎将流行于物理学基础的数学物理方程、牛顿的自然哲学的数学原理和爱因斯坦的相对论等近代物理学等，反复地追究其不能深入灾害学的症结。“文革”后欧阳首承教授按其数学笔记部分为重新恢复大学教育的教师们，弥补“文革”期间忘却和丢弃的基础知识，而遵照出版社要求撰写了《应用数学方法》。即使如此，也于矢量分析的内容中隐含了破解数学非线性问题为“管形场的有旋性”的简洁证明方法；尔后相继撰写了涉及数学非线性问题，并以“数学非线性问题不能线性化”，直接质疑了 20 世纪以来诸多理论物理之数学模型，沿袭数学线性化所得出的诸多学术“成就”，实质是对客观世界的歪曲！

此外，采用了以其应用性的推广，相继获得国内各个级别的资金资助。只不过是，为此欧阳首承教授出于等待“时代的机遇”而周旋了近 50 年，并在尔后的有关学者的支持下以及研究团队成员林益、彭涛涌、魏鸣、郝丽萍和张葵等积极协作下，陆续公布了相应的研究成果。其中指出非线性演化可以导致转折性变化，并相继以流体非线性方程取消数学物理方程的“适定性”限制条件，证明了非线性可以导致初始场连续性的崩溃，并展示为“辐合与辐散”或“内旋与外旋”的转折性变化，“诞生”了尔后引起国际学者注意的“溃变(blown-up)理论”。数学家吴学谋教授将其研究成果积极地推荐于《应用数学与力学》学报，其间出版了《运动流体的“断裂”与预测的若干问题》一书。相继钱伟长教授专函催促欧阳首承教授将其涉及一般非线性方程含有“溃变”转变的 7 个定理的文章，速送《应用数学与力学》编辑部[本来为 8 个定理(当时还未来得及撰写完而只送上 7 个定理的证明)。并于《应用数学与力学》学报发表后，完成了 8 个定理的全部证明，发表于国外和相继收录于《走进非规则》著作中]。

应当说，欧阳首承教授立足实践中发现了“非均质与灾难的联系”，最初并不是出于质疑当代科学体系的目的。只是在于展示了应用性之后，发现“均质化”假定存在问题而再思索。尤其是，大气的“超低温”的发现并不是欧阳首承教授事先想到的问题，而是出于“用错”图纸的无意中发现。并由此才引出追究当代科学为什么不能解决灾难问题的问题，创新不能脱离实践的务实性。

应当说，科学属于人类的意识行为，并具有过程发展性。所以，科学探索不能立足于人们意识的认可程度，而应当立足于是否解决问题的实践检验。并屡屡不能解决问题，则应当允许人们怀疑或提出问题，乃至于质疑其科学性。

为此，欧阳首承教授在说明其工作的由来之后，特意强调了发现事件的“非均质性”，并引出质疑当代科学的体系性问题，仅仅供读者思考和希望协助追究其不能解决问题的更深层次的原因；至于其数字化方法也是出于应用和解决问题的需要或称为“学问在于致用”的目的。供有兴趣的读者尝试于解决灾害预测问题试用之，并欧阳首承教授委托笔者，对于勇于试用而拯救受灾者表示预先的感谢！如果现有信息不能达到预期目的，则应积极活动于信息来源和渠道的落实。

总之，“器成于物”可先于“悟道”；“道悟于心”则只能实证和在价值观取、舍中而“近道”。毕竟“纸上得来终归浅”，故《欧阳首承灾害学概论》的目的是在于启发业务人员及在校学生勇于实践，斟酌“风险”的价值取向与对策。原理部分可供大家思考中参考；方法部分则突出实践中掌握信息数字化技能或称为“追求事件之本质”的数字化还留有发展空间。希望读者于实践中发现问题和改进！

本书的内容中涉及了当代科学体系为什么将“灾害”列为“世界性难题”；其次，力求以方法的“致用性”，介绍欧阳首承教授沿袭系古代科学观，结合现代信息技术提出的信息数字化方法；以实践方式培养独立分析、预测重大的灾害天气，并涉及了欧阳首承教授不得不考虑流动大气的认识观，跟踪异常地热与地震的关系，并注重减灾、防灾的实效性。

目　录

第 1 章　灾害预测概述及波动与涡动

1.1　问题的概述

风险、灾害是相对又是相呼应概念，原则上是针对人类生存、生产、生活的防护能力而言的。如果站在自然界本身的立场上，则无所谓风险与灾害学问题；或者说，人类本身完全能够应对风险则也可以说没有灾害问题。特别是，人类在设计居住或工作的建筑物能够给出“风险设计值”，则人类也无所谓灾害问题。所以，人们生存中还需要明确人类本身的弱点和懂得如何“安居”，并具体于如何选择生活环境或设计中给出人类可以自如地应对自然本身的破坏性。为此，人类首先应当清醒，身居于曲率和旋转的宇宙中为什么还在争建“欧几里得空间”世界第一高楼，“横平、竖直”不是自然之美，则人类的审美观是否是出了问题。鉴于灾害天气每年所造成的经济损失占中国经济损失的 70%或以上，故本书以灾害天气为主线，地热干扰了大气结构而隐含了与地震灾害的关系。

灾害天气主要是大气运动不稳定调整过程中衍生或伴随的强对流的冰雹、暴雨、大风、沙暴（或龙卷风）或一般对流的大面积层云的滞留性阴雨或冬季的冰雪灾害或稳定形势下的高温（干旱）和大雾灾害等。

地震灾害，则首先应当说明的是，中国汉字的“震”与“振”虽然读音相同，但含义不同，并分为“雨、辰（自然）之震”和“手、辰（人为地限制于谐振）之振”。前者系指具有惊恐破坏性和危及人类生命安全的自然界的大地颤抖；后者系指介质可以充分完成能量传播的“谐振”而不会导致颤抖的破坏性。所以，中国古代将地震称为“地动”，并与“山摇”共同称为“地动山摇”式地“改天换地”的剧烈变化现象。

按现在地震界流行的说法：将地震分为板块说的构造地震和火山地震。但根据欧阳首承教授的发现，则无论是构造地震还是火山地震都展示为大地的“热结构”异常。并基于“压强与热量”转换原理，即“压强越强温度越高”，则地壳下的岩浆应当呈现为类似大气的对流活动。并基于地壳与地核间的温度差可以达到几千度（摄氏温标），其对流活动将远远胜于大气对流。所以，欧阳首承教授认为，地震的深层次或直接原因性问题还不仅仅限于板块的构造性或分类为火山型的认识。或者说，地震的真正原因还是有待深入研究、探索的问题。

毕竟灾害属于特殊事件，导致重大灾害的强地震或灾害天气应当比一般性的阴、晴、雨、露或“地脉动”式的“振动”等“非破坏性”地震，更容易预测才符合情理。然而现行的业务预测，恰恰在特殊性的重大灾害事件上进展缓慢。

简言之，由于灾害危及人类生命、财产，不仅是学术的研究对象，更在于实际需要而构成公众关注的重大事件。在这个意义上，灾害天气应当列为大气活动中重要的天气现象，也是预测中的主要预测对象和任务。可以说天气预测的实质就是灾害天气的预测，能正确地预测灾害天气，也就基本上达到了天气预测的目的；地震问题也应当关注重大的破坏性地震，不会将“地脉动”列为灾害。

所以，不能解决灾害的预测，无论作为学术研究和实际预测的基本任务还没有进入“角色”。为此，目前首要的是应当明确灾害天气、破坏性地震是什么性质的问题，并涉及了相应的认识理论和方法体系：

(1)天气、地震是变化的问题中的快变化事件；

(2)灾害天气、破坏性地震是零概率(或小概率)的特殊事件；

(3)预测科学的主要任务在于研究“事件变化的原因和过程性”，核心在于“知所先、后”；

(4)当代科学是什么性质的理论体系；

(5)“易坏”产品与耐用产品问题。

100多年来，西方建立的“预测”体系，基本上是以数量分析和牛顿第一推动理论为基础的。遂将已经发生的事件的外延或称为外推方法的监测(预警)体系，误作为预测方法而一直贻误至今，并“驰名”于“知道初值，就可知道未来一切”(拉普拉斯)。无疑，外推的监测体系不可能解决天气或天体本身的转折性变化，并主要灾害天气又偏偏发生在大气运动的转折性变化中，从而使灾害天气预测遇到了困难，遂有涉及转折性变化问题是否遵循第一推动原理的问题。如果将大气运动作为第一推动体系下的“产品”，则遇到了“飘风不终朝，骤雨不终日”的“产品”易坏性。显然，“易坏产品”与“耐用产品”不同的是，涉及了“产品”损坏的原因和过程性。为此，即使作为自然公理，物质都逃脱不了“老化”，从而涉及过程物理学和预测科学。无疑，作为《灾害学》预测仅仅是其中的一个环节，还涉及灾害的救护和对策等运筹管理问题。作为预测环节，必然涉及其基本概念问题。

1.1.1 预测概念

顾名思义，“预”为事先，即事件发生之前为预先；测，在预测中的概念是猜测之测，不是观测之测。前者是未发生，后者是已发生。我们不使用预报，“报”或预“告”的提法。其原因是预测体现了实际的测不准性。

“测不准”是科学的必然事件，首先遇到了基本概念的不能将“测不准”称为“非确定”；报或告，原则上是体现已经发生的事件。这里不是故意“咬文嚼字”，而是明确“未然和已然事件”不是一个概念。为了突出尚未出现或将要发生的事件，采用了“预测”的提法。何况，就人类目前的知识“含量”，连已发生(过去)和正在发生(现在)的事件，都搞不精确或不清楚，未来事件不可能达到100％，而涉及如何正确地认识“风险值”和“能量转换需要物质空间”的问题。

过去、现在和未来之所以表现为不同或差异，则是在于事件的变化问题。显然，事件的过去、现在和未来没有差别，则不存在事件的变化或预测已经成为没有意义的事件。所以，变化不仅仅表现为数量多少的差异，并重要的是事件在时序上表现为结构、性质的差异。无疑，这已经不是“均质性”体系所能够包含的问题了。

显然，事件的结构或性质转换，至少涉及了事件的相互作用，而引出了物质或事件性质的不同，不是第一推动体系的数量分析所能够描述的。必须清醒的是，将第一推动的“速度差”或称为“时间差”体现的预警等同于预测或预测研究立足于预警的基础上，都属于错误地理解了预测的基本概念。遗憾的是，自沿用第一推动体系作为预测理论以来，总是存在“预测”与“预警”纠缠不清的概念。

为此，这里必须首先明确预测与预警的差别。预测的实质在于事件本身没有即将发生的迹象，但可以是引发事件的前兆信息。于是，往往由此产生或演绎出"概念不清或混淆"的问题。例如，地震界中曾经流行"小震闹，大震到"的提法。如果实际上恰恰都是"小震闹，大震到"，则可以将"小震"称为"大震到"的预测。问题是"小震闹，大震到"是地震的类型之一。这样，还不能完全以"小震"预测"大震"。同样的是，作为灾害天气的暴雨，有时也表现为"先小雨后暴雨"，但也较多地存在"先暴雨后小雨"的现象。所以，以"小"报"大"作为"战略"智慧，至少可以应对某一类的灾害，同时挖掘更为实在的先兆信息。

所以，预测问题不能局限于事件本身大小的数量问题。事件变化或转折性变化，并不局限于事件本身的现象，变化或转换中则呈现非事件本身的直接变化，而展示为或体现于事件变化前的伴生现象。例如，暴雨前人们会感觉为"闷热"（注意，闷热不是降雨的事件本身），并据欧阳首承教授的发现暴雨前的对流层上空出现"超低温"。则依据"闷热"或"超低温"预报暴雨，即可称为预测。地震问题也展示于地震发生前"地脉动"变化的"频度"的非规则异常或"安静"的异常抑或是其他信息的异常，其中尤其是以"地热"的异常值得警惕。因为据目前的跟踪分析显示，其预测准确率非常看好。并至少现在的观测信息表明，凡是地震的前期均有"地热"现象显示。这里应当说明的是，欧阳首承教授运用地热信息异常确实预测了多次地震，并越是重大地震所展示的信息越明显。即使是有人将其称为"蒙对的"也罢，但毕竟是亲身实践了地震预测的"世界性难题"。

应当说明，目前流行的观测体制中，多为关注于要素的"振幅"；较少关注"频度"和方向的扭转。实践显示：震动的"高频性"或"低频（包括平静）性"都属于"震前"的异常性或展示于应力方向的转变。应当注意的是，振幅的异常往往是地震已经到达或发生的信号，而较少有"震前"的预测性；即使展示为"震前"性，则其预见期也非常短暂。

显然，"知于事前"不是报告于事后，并相当于气象的"晴测雨"或地震的"无震测有震"的"种豆得瓜"——转折性变化，不是"种豆得豆"的外推性或初值的"克隆"。则曾经流行的"知道初值，就可知道未来一切"（拉普拉斯）；"牛顿的经典力学、量子力学、相对论，乃至于基础数学物理都不能提供过去、现在和未来的差别"或"时间只不过是人们的一种幻觉"（爱因斯坦）等。实质上背离了事件的演化，仅能用于初值外推的报道。特别是，既然将"不触及原因、过程的数量体系"的结果定律称为公理（例如，万有引力定律等），那么客观存在的事件变化的永恒性为什么不能称为公理呢！

气象上的天气图首创于克里米亚战争的天文学家，也必然是建立在外推的基础上的不变化，并"天体力学的实质就是平均数的力学"。尽管"知道初值，就可知道未来一切"，遭到随机观点以"宿命论"的方式批判，但不仅没有动摇其在科学中的统治地位，且由于随机观念中统计的平稳序列限定，也不能处理非规则的不稳定信息（实际上是变化信息，也是欧阳首承教授等曾经出版《走进非规则》一书的原因）。不仅没有解决转折性变化，也没有回答不稳定或非规则信息的原因。牛顿体系的初值稳定性，实质是"推销""未来等于现在"的不变化；统计体系则是"销售""未来等于过去"的待确定或称为"科学"等于现在的"永恒"和过去的"轮回"；并其理论中激烈地否定经验的科学性，运用中又不能回答经验是什么，结果还是"堂而皇之"地依赖经验提供"风险"的"安全系数"。这正好是当代科学体系遗留的弊端，也是实在地不能给出或回答"风险"的本质性原因。遂有今天的人们不厌其烦的依赖"千次、万次或百万次……"地反反复复实验或依赖历史的统计的经验给出“风险值”。结果是理论不可信，还得依赖实际的经验！

1.1.2 二元性动力学的问题

现在的二元性动力学，实质上是以数量（物理量）的数学形式逻辑原理代替事件物理学原理，并在惯性系下按牛顿第二定律仅讨论了速度的变化，即

$$F = ma = m\frac{\mathrm{d}v}{\mathrm{d}t} \tag{1.1.1}$$

其中 F、m 被限定为不变化。若 F、$m \neq$ Constant（常数）而为时间的函数，则式（1.1）是不闭合的，并需要给出下列方程式：

$$F = F(t) \tag{1.1.2}$$

$$m = m(t) \tag{1.1.3}$$

方能构成可求解的方程组，但也得建立在“物、力”分离的二元性假定的基础上。但 F 在牛顿那里是外力的“上帝”而不变，相应地被推动的“奴隶”m，也被“均质性”的质点化而成为不变化，由此必然有 $a = \frac{\mathrm{d}v}{\mathrm{d}t}$ 为常数。

于是，式（1.1.1）所展示的 F, m, a 物理量都是常数的方程式。那么，一个均为常数的方程本身，实质上已经失去了数学的任何演绎意义；孩子们自中学到大学，辛辛苦苦地学习自然科学，其结果居然是“天下太平”。即当代科学体系不是研究讨论灾害问题的科学。

若式（1.1.1）的 F, m, a 不为常数，则是非闭合方程的同时又为非线性方程。长期以来，所谓理科学生一直搞不清“惯性系与非惯性系”或非线性的基本概念。显然，若一个方程三个变量，则因其非闭合而不能求解，也同时非常直观地说明了非线性方程的不可求解。其次，牛顿第二定律所展示的（1.1）式及其引入“惯性系”假定的实质，在于三个变量都为常数的不变化。

为此，人们基于随机体系批判牛顿为“确定性的宿命论者”，应当属于历史的冤案。实际上，牛顿为延续或追逐“柏拉图静止图像”永恒的积极推销者。或者说，基于牛顿创立的经典力学体系，实质为“均质性的不变性”体系。所以，出于推销“非确定性”的“需要”，而将牛顿称为“确定性的宿命论者”。无疑，由此也就注定了当代科学体系与变化性无关。

为此，牛顿第二定律所能讨论的问题，只能是速度 v 的变化。即当代科学实质上不允许加速度变化，惯性系假定已经不允许变加速度或旋转运动，而必然遵循欧几里得空间的人类创造了“直线”的问题。即：

1）a 为常数条件下，变化仅限于加速度 $a = const.$ 的速度变化，遂有当代科学的牛顿体系为 $a = \frac{\mathrm{d}v}{\mathrm{d}t} = \frac{\mathrm{d}^2 S}{\mathrm{d}t^2} = c$；而爱因斯坦体系，则为 $a = 0$（图 1.1a）或 $\frac{\mathrm{d}S}{\mathrm{d}t} = v = c$。牛顿体系则 S 必须限定在 Δt 内，加速度 a 必须正、负相消，即加速度 a 的变化必须限定为实际加速度的平均值 $\bar{a}$（图 1.1b），否则 a 不为常数。但 $a \neq$ 常数为变加速度的非惯性系问题。所以，牛顿第二定律在操作中必然将变化的加速度限定为不变化，而于实际中只能使用平均值。这也是为什么现在公布的天文数据，均为平均数据的由来。作为人们认识自然的本质性，应当注意到平均值是“0 概率”事件。显然，平均数据不能代表实际，故有当代科学自其创立时起，已经限定为平均数的科学了。也是数量分析只能体现总体把握性的原因。

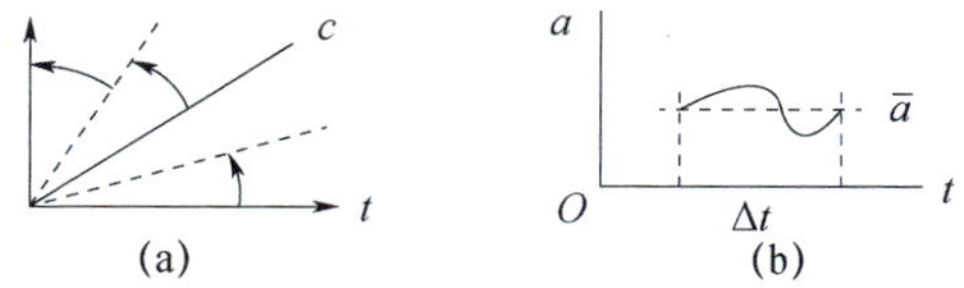

图 1.1　梯度变化示意图(a)和加速度变化示意图(b)

2)显然,速度 v 的变化,即使 t 为数量也存在速度的数量不稳定或趋近数量的∞。为此,必须以稳定性限定数量的变化。这样,已经非常清晰地揭示了当代科学体系,立足于维护初值数量不变的外推,并具体于:“知道初值,未来一切都知道”——牛顿第二定律实质含义为不变性体系的“不打自招”。遗憾的是,多年来只是出于颂扬当代科学体系的辉煌,并没有向学生或孩子讲明其“不变性”体系的本质,贻误了一代又一代而延续了 300 余年。乃至于随机体系兴起之后,牛顿被贬斥为“确定性的宿命论者”。

3)作为数量数学而言,$v=\frac{\mathrm{d}x}{\mathrm{d}t}\approx\frac{\Delta x}{\Delta t}$ 仅为数学的斜率,又因 $\frac{\mathrm{d}v}{\mathrm{d}t}=\frac{\mathrm{d}^2x}{\mathrm{d}t^2}\approx\frac{\Delta^2x}{\Delta t^2}$ 为数学的曲率。由于限定了加速度 a 为常数,遂有经典力学也只是涉及了数学上曲率为常数的斜率变化(相当于速度变化,而加速度不变),而曲率不变的问题。或者说,经典力学体系实质上是曲率为常数的运动。也可以说,当代科学的实质是斜率中的游戏,即人类创造的物理学中是立足于直线;尔后的爱因斯坦在构建近代物理学的时候,居然将速度限定为常数,则相当于数学的斜率为常数。即标志着近代具有“辉煌”成就的物理学,反而比经典力学“后退”了。

实际上,即使按数学描述方式而言,地震、暴雨等自然灾害,不仅涉及了数学的二阶导数的曲率,而且还含有曲率变化的三阶导数。或者说,仅仅曲率为常数的当代科学不可能解决灾害问题(图 1.2)。图 1.2a 为含有台风(东南方向海洋上空的扭转的台风云系)、强对流暴雨(临近 120°E,40°N 的西南的白色云团)和锢囚锋(俄罗斯远东上空的扭转型云团)降水的云图,均展示为大气的扭转现象;图 1.2b 则为地震断裂带红外辐射的遥感拍摄的围绕震中扭曲的图形等,均涉及了三阶导数的“纽结(spin-node)”事件。然而,作为地球物理的描述方程(包括气象和地震)居然没有描述“纽结(spin-node)”的三阶导数的数学项。即使不谈数学上如何求解含有三阶导数的方程,则依赖没有三阶导数的数学模型何以能够得出灾害事件的结果呢?何况,数学模型求解时已经被数学演绎规则的适定性条件所限制,而只能得出初值延续的稳定性结果。或者说,目前流行数学模型的数值解,实质上与灾害事件毫无关系。实质为动力模型的数值解与灾害问题根本不着边际!

(a)　　(b)

图 1.2　红外卫星云图(a)和地热红外线图(b)

尽管以后的爱因斯坦在广义相对论中，堂而皇之地引入非欧的黎曼几何讨论广义相对论，却以形式的曲率方程引入不变的光速而限定了斜率的常数性，特别是爱因斯坦先生还假定为线性流型。其结果必然导致曲率方程失去了曲率的实质性作用。何况，爱因斯坦将光速取为常数 c，必然有

$$a = \frac{dc}{dt} = 0$$

遂有牛顿第二定律

$$F = ma = 0$$

必须注意到，能量等于“力的做功”。那么，没有加速度则必然没有力，即 $F = 0$。遂有爱因斯坦的质能公式只能是 $E = mc^2 = 0$。于是，读者可以思考，$E = mc^2 = 0$ 意味什么。对此，欧阳首承教授曾经戏言，爱因斯坦的质能公式所能告诉人们的是：实质为“不做功的能量”，而悠哉于“无所事事”！

4）若“上帝也是变化”的，即 $F = F(t)$。则应当给出‘上帝’的方程，遗憾的是，近代物理学没有给出 $F(t)$（上帝）的方程。

5）$m = m(t)$ 或 $\rho = \rho(t)$，则涉及物质的变化——“老化”的演化。但至今的近代物理学也没有研究 m 或 ρ 的变化。按牛顿的质点论，“质量为物质的量”，遂有 m、ρ 仅仅为质点数量。相应地又涉及了哲学的基本命题：数量的来源和数量为什么会变化。

重要的是，若 m 为非均质性，则 m 本身必然具有梯度力而构成了对 F 的反推动。何况，此问题在牛顿的基本定律中也是矛盾的，因其第三定律和“万有引力”定律，均涉及了物质的相互作用。若 m 具有反作用的功能，则 m 必须是“非均质性”的。因为 m 为非均质性，才能具有梯度的推动力。但牛顿回避了 m 的非均质性，也必然掩盖了相互作用的“力”和如何运动问题。显然，对于非均质性的 m，则不能“质点化”。无疑，非质点物体的相互作用中，所能击中“质心”的概率几乎为“0 概率”事件。那么，不能击中“质心”相互作用的运动方式，只能为旋转运动而成为“非惯性系”。显然，“非惯性系”叛离了来自“惯性系发明”的当代科学体系。所以，基于“惯性系，质量和力发明”的第一推动，必然不能解决物体相互作用的问题。鉴于相互作用可以导致破坏性而引出灾害，则第一推动体系只能与灾害无缘。那么，沿袭第一推动的理论，能否作为灾害学理论，似乎应当是非常清晰的问题了。

显然，作为预测必然涉及物质的变化，也自然涉及了 m 的非数量性所显示的形态结构或性质结构变化。无疑，若没有物质的变化或事件没有时间上的差别性，则预测必然是没有意义的工作。

无疑，物质只有运动速度的差别，没有物质本身的变化还不能称为演化。为此，研究 m 的变化及其规律属于演化科学。其中演化的转折性变化，具体为“物极必反”的分析技术。预测问题不能停留于寻求未来与过去、现在的相同或相似，更在于不同于过去、现在的差别性。

1.1.3 演化与演化科学

1）演化的概念

狭义地讲，演化是变化的一种形式。所以，应先明确变化是什么，变化是广义、总体上的概念，并体现为“时、空”上的不同或差别；而演化是时间上的差别，并原则上不包括可重复的变

化，或者说波动的形态往复，没有涉及物质的损伤或破坏则不能称为演化问题。为此，演化的核心含义是指物质“老化”过程中不具有纯重复性，至多表现为准重复。并主要为非重复的一去不返或称为非初值性问题。即“生命”只有一次，事件也应当如此。如果真的存在未来＝过去，则无异于科学理论＝宗教的“轮回”论。

简言之，演化是变化的一种形式，是时间上物质、事件的差别性，并体现为物质、事件构造机理上的改变，包括物质性质、形态结构的老化和转折性变化。重要的是，演化特征不以数量的大小为标志。核心是结构形态或性质变化，并可概括为：形态特征变化——溃变（blown-up）；性质特征变化——嬗变（transformation）。

必须指出，演化是时间上的差别，故研究演化科学遇到了时间问题，或者说演化科学必须解决“时间是什么”。“时间是什么”应当列入具体事件研究、应用的日程上。可以说不明确时间是什么，无法研究演化问题。所以，这必然涉及了传统上的数量时间，并等同于空间概念的‘时间’是否符合实际。至少爱因斯坦的数量时间，已经使时间成为人们的一种幻觉，并已经承认了当代科学不能提供过去、现在与未来的差别。所以，为了揭示演化，时间应当是明确、肯定的概念，并应当注意到时间也随时间的变化而变化。

2）演化科学的研究内容和技术环节

演化作为一门学问，是研究事物的形态特征变化——溃变过程；或性质特征变化——嬗变过程的科学（近代的核物理实验已经涉及演化）。或者说，实质是过程物理学，或“过程物理学”的研究内容，已经不再是牛顿的速度变化，或爱因斯坦的“不做功的能量”问题。应当深入到物质或事件的结构及其性质和功能及其变化，或称为结构机制的变化。

演化科学是研究事件过程变化的科学，其主要任务是找出演化的原因、过程定律及转换过程的分析技术。特别是对于灾害问题，至少应当明确：

（1）“几”（几：音 jī，动态的微小变化性），并强调“见几而作，不俟终日（提倡见到微小变化立即付诸行动，而不要等待事件发生于当日而无作为）”——《易经》；“祸者不在于祸之日，而在于知几之何如？（灾难不在于灾难之时，而在于是否知其动微的情况）”这表明，不仅变化事件较早地为中国人所注意，也被欧阳首承教授启用变化信息的数字化方法所证实。

（2）灾害问题具体而直接地触及了事件相互作用的问题，而不能再停留于“第一推动”体系。并具体地涉及了物体旋转和反旋转的过程规律，和旋转能量的转换问题——搅动能守恒律，已经不满足于当代科学体系的“动能守恒律”。并以“能量需要物质空间”进入了“演化科学”的理论体系。若运动仅仅限于“畅通无阻的第一推动”，必然遗留了“能量转换”的问题，而导致当代科学不能给出“风险值”而难以应对灾害。

（3）事件演化因“物极必反”的转折性变化而导致灾害。或者说演化的转折性变化，而涉及了“物极必反”的分析或处理的技术问题。并此问题恰恰是当代科学体系的实在性难题。为此，欧阳首承教授基于《易经》卦（diagram）的启发，运用相空间梯度（斜率）的垂直性展示为曲率空间的转折性，给出了解决异常非规则信息的数字化方法。并可以由结构图形上直接识别，而解决了数量分析体系不能处理“物极必反”的困难。

或者说，相空间形态变形的信息数字化方法，可以解决数量分析不能解决的转折性变化问题。这正是预测分析中处理转折性变化的关键技术，方法简洁和执行者易于掌握。

1.1.4 搅动与灾害

“畅通无阻的第一推动”不会有物质的损伤或破坏，必然不会有灾害发生。何况，物质世界中不会有畅通无阻的第一推动，只能有相互作用“对打”的旋转运动。由此，涉及了物质的状态结构性——“天下无非象之道”；相应的“质点”学说只能是人为的假定，因其不能体现物质结构非规则，故在基础假定中已经消除了演化性，而未体现过程物理学。

所以，灾害预测不属于当代数学、物理学的分支，而近代物理学也没有进入“过程物理学”。显然，灾害学即使沿袭物理学的提法，则也不能称为牛顿以来的物理学体系。为此，不得不指出，时间作为一个正确的科学概念和空间的曲率性，是300年后科学的变革性问题，也是科学发展新阶段的标志性，涉及人类“思维走向”问题。气象、地震等预测问题本应是变化或广义地称为演化科学的问题。非规则、特殊性或变化性事件或非规则信息不再是牛顿体系的伪问题；随机体系的小概率事件不能因数学方法不能处理，而作为丢弃的事件。

于是，认识上“复杂问题在于非常(儿)”和方法“擒贼先擒王”的“价值观”不能混同于数量体系“总体把握”的认识观，灾害事件不能列入数量分析体系的一般性或通用的规范性操作体系。

演化显示事件与“时间”上的差异，就在于把握“儿”的非常或特殊性，遂有作者认同老子的“非常道”而涉及哲学问题。遗憾的是，本书立足于解决问题的应用性而不能涉猎过多的认识论问题。但也得承认“认识论”较大程度上决定了人们的行动和方法问题。所以，本书也只好在适当程度上略为涉猎之，权且作为读者的参考。

当代300年的科学体系，恰恰在基础认识观念上，违背了自然物质演化的基本公理。所以，将牛顿以来的数量分析用于演化的预测应当是误解，并鉴于事件的演化本是自然界的客观存在，则当代科学也不能作为自然科学的基础。实质上，此体系仅仅是一种耐用产品的设计、制造的估算法，和稳定性是消除变化的做法。既不能稳定性追求事件的变化，也不能在数量稳定性限制下，得出可以应对灾害的风险值。正因为当代科学本身不能给出“风险值”，则必然不能依据当代科学体系应对灾害，反而很大程度上误导了灾害学的发展方向。

科学不在于人们口头上的颂扬，而在于是否解决实际问题。在没有解决的问题面前，没有专家和权威，反而应当是汲取“专家或权威们”失败的教训方能有所突破或前进。客观世界的信息总是复杂、多样的，但不能将复杂、多样作为复杂、多样的原因。

为此，基于“非规则”事件的具体性，引出了欧阳首承教授等《走进非规则》书的出版。原则上讲，只要人们承认“非规则或变化信息”的客观性，则启用非规则信息应当是理所当然。

顺便说明，欧阳首承教授习惯于方法基本上可以投入应用性后再付诸于文字。国家行政部门已经将灾害事件的救助列为应对的实质性工作，而将灾害管理工程列为社会科学中的特殊学科。并因此需要培养既有技术技能和兼有工程管理才能的人才，相应的《欧阳首承灾害学概论》即是作为这一需求而撰写的。

那么，作为具有实效的针对性，本书既需要讲述灾害的特殊性问题所需要的灾害问题的基础性认识，还必须包括可以解决问题的基础方法。其基础性认识的讲述既不能像理、工科那样运用大量数学公式证明当代科学体系的存在问题，又得将问题陈述清晰，并要求通俗易懂；其次，读者通过学习和相应的实践应当掌握灾害预测的基本方法体系，而要求至少可以做到如何实现自救和具备向公众普及灾害学基本常识的能力。

显然，本书将与已经出版《信息数字化与预测》和《Irregularities and Prediction of Major Disasters》有所不同，既要求原理的具有简洁的明确性，也必须体现方法的可操作性。讲述方法也不完全遵循传统的课堂方式，引导学生学会立足于实践提出和思考问题。

依赖数学的物理学，实质于物质不破坏(连续介质)的条件下，展示为弹性压力效应的振动(注意振动与震动不是同一个概念)或称为转移能量的波动形式，依托于传播介质永远不被破坏而维护连续性。或者说，恰当地认识当代科学的物理量物理学，数量分析解决了弹性压力振动的转移能量，而成为物理量物理学的贡献。遂有物理学中诸多波动名称的由来，诸如：孤立波、激波、冲击波、陷波，乃至于量子力学的“几率波”和“引力波”等不一而足，并“发展”为波动概念通行的“天下”……例如，气象科学的“Rossby”，居然可以将“单向弯曲的流动”称为“长波”。并学术界以数学线性化、线性流型、规范场(谐波函数)等得出不胜枚举的波动学说。可以说，数学的线性化已经将20世纪铸成波动体系的“王朝”，并认为“实现”了宇宙物质的主要运动为“波动”形式的目的。

然而，学术界惴惴不安于非线性“暗流”的涌动对“波动体系”的冲击，并于20世纪下半叶兴起以非线性展示的“非规则性”或“非确定性”问题，乃至于已经有人将“测不准原理”修改为“非确定原理”。而将“枪口”转而对准牛顿体系的“确定性”发出了攻击。何况，数学中存在着非线性表达式毕竟是事实，非线性的实际计算总是以“不稳定性”违背波动体系需要的“稳定性”。遂出现追逐“概率宇宙”的“混沌学说”，而曾经风靡20世纪的下半叶。出乎人们意料之外的是，率先指出“混沌学说”错误的居然是来自中国的欧阳首承教授和美籍华裔的林益教授；更为令人瞠目的是欧阳首承教授，居然以简单的矢量分析得出了“非线性是管形场的有旋性”和指出“非线性不能线性化”。以及经典力学体系属于“不变性体系”或牛顿被称为“确定性的宿命论者”是历史的冤案。由此，涉及的非线性的“不稳定性”，恰恰是欧阳首承教授所研究的“旋转的破坏性”所展示的“非规则”确定性课题。

限于篇幅，本书主要以气象的“单向倒退的长波”的突出例子，说明宇宙中的基本运动不是“波动”，反而是“久攻不下的顽固堡垒”所涉及的涡动；引用伽利略的数量描写性，数量不能回答事件的原因、过程性的由来或结果性的问题；突出地强调“知祸在于知几(发音为：jī)”，而全方位地启用为数量分析体系放弃的“非规则”事件或信息。

说起数量体系，正如伽利略本人所强调的是不顾及事件的原因、变化过程的。将波动视为永恒和普遍的运动，则宇宙中旋转的星体间何以能保证波动永恒和普遍地线性方式传播呢？曲率方程线性化还能够称为‘曲率’方程吗？涡量方程是描述旋转量的，又何以能以线性方程给出波动解？单向传播的‘波动’，本应当反思数量分析的问题，并忘记了单向性是流。注意，一维波也是双向传播的，何以有单向波？地物不平坦必然导致流体的涡流，又何来“地物杂波”或地形杂波？热扩散是涡流转换，波动何以能够讨论热扩散？波动是质点不移动的形态变化，而本身并不离开平衡位置。似乎科学本身应当强调：科学在于实证性。

尤其是气象科学中有环流定理在先，并可用于解释小尺度的海、陆风；何以会有几千千米弯曲空间的均质大气呢？那么导演出“长波”的Rossby“波”的物理基础何在？流体转盘实验可以在小到脸盆中实现，而何以能够说明或证明是罗斯贝波存在的证据？至于地震问题的基础理论，至少在20世纪80年代前还是依据固体力学的振动理论，并没有再见到新的进展。

这里我们还是以流体的角度，谈谈波动理论的问题。不要忘记，19 世纪初的时候“数学在固体的应用是绝对的，在流体中遇到了困难——恩格斯的《自然辩证法》”。进入 20 世纪后，是否是解决了流体的数学困难呢？实际上，“流体怕搓，一搓就成了涡！”（中国学者陆士嘉语）。实际上“固体也怕搓，一搓就成了碎末”（欧阳首承），遂有“湍流是久攻不下的顽固堡垒”和“粉碎机破坏了连续性”。

鉴于气象的基础理论“钟情”于单向的 Rossby 长波理论，欧阳首承教授曾经在讲述 Rossby 波理论之前，给学生们演示过流体的转盘实验（录像带）。并在播放之前列出三个问题，而希望听众边看边思考。遗憾的是，时间的“老化”作用竟然如此之快，2005 年时此录像带已经损坏，这里只能给出依据拍摄的图像绘制的涡流图（图 1.3）。显然，Rossby 所说的“单向倒退的长波”没有在实验中展示，所展示的仅仅为围绕极地扰动的涡流且没有显示“波动”的倒退性。

应注意的是，流体实验转盘的尺寸类似于人们旧式的脸盆大小。所以，流体转盘实验的尺度远远小于气象问题的小尺度规模，或者说流体转盘没有证实 Rossby 波的存在，反而展示为扰动的涡流（图 1.3）。

图 1.3　流体转盘实验

为此，曾经在讲述之前提出了三个思考问题。这里保留了当时提出的问题：

1. 实验中的流动扰动幅度是否微小的？

2. 扰动是否是倒退的？

3. 实验中有几个力，是推力吗？

也许是实验的展示可以给出更为直观的概念，居然有学生可以立即回答前两个问题与 Rossby 的假定不符。即实验展示的结果，说明实验中流体扰动的幅度不是微小的，扰动没有倒退，反而是东进的。仅仅是在第三个问题上，显示了不甚明了。

1.2　Rossby 方程及其“波动”问题

1.2.1　转盘实验的三问题

1）转盘中的流体扰动幅度不是微小的，但 Rossby 假定扰动是微小的；

2）西风带的扰动是东进的，Rossby 波是西退的；

3）实验中主要有两个力：一为地球（转盘）的旋转；二为南北温度差 $RT\nabla \ln P$ 力管项的“搅动力”导致了流体的旋转。特别是转盘实验中的流体运动没有涉及 $f=2\Omega\sin\varphi$ 随纬度的变化（实验的转盘尺度仅相当于洗面盆大小），必然与宏观尺度的流体运动无关；并表现为大极涡及其次涡动的绕流，与气象的 Rossby 波没有任何关系。

那么，再按气象科学引入的宏观流体力学方程式：

$$\frac{\mathrm{d}\mathbf{V}}{\mathrm{d}t}+2\boldsymbol{\Omega}\times\mathbf{V}=-\frac{1}{\rho}\nabla p \tag{1.2.1}$$

作为讨论问题的针对性，（1.2.1）式中略去了摩擦项，并其左端的第二项为考虑地球旋转作用的科里奥利(Coriolis)加速度(若将其移至等式的右端,即为科里奥利(Coriolis)力,实质上是改变运动方向的力)。显然,若去掉(1.2.1)式的 Coriolis 加速度项,则(1.2.1)式即为经典力学的牛顿第二定律。鉴于牛顿第二定律是立足“惯性系、质量和力”发明的基础上,则按惯性系要求(1.2.1)左端的加速度必须为常数。为此,姑且退让一步而权且允许地球转速 Ω 为常数的假定(实际上,地震和气象问题统属于地球物理学,并对于灾害问题 Ω 不能假定为常数。因为尽管地球转速变化较小,但因地球的半径所引起的力矩是非常巨大的),则速度 $\mathbf{V}$ 不能再假定为常数了。此时,若再假定 $\mathbf{V}$ 为常数,则(1.2.1)式的第一项为 0。遂引出(1.2.1)式不再成立或地球流体运动方程已经失去实在的价值。地球物理学不限于气象科学,相应的海洋、地质等科学均面临同样的问题。应当说明的是,指出此问题的第一人竟然是 20 世纪 50 年代的中国大学的在读学生——欧阳首承。

其次,针对 C. G. Rossby(1940)提出的“单向倒退的长波”问题,欧阳首承教授继续质疑了相应概念的提法及其推演的存在问题。其中包括 Rossby 根据地球中、高纬度的气压(或高度)场,将 4000～8000 km 的系列性流体运行中的扰动作为“长波”的本身,就存在着主观臆断的问题;将超长尺度的大气还假设为“均质性”的正压大气和考虑为水平无辐散等均属于实质地改变大气性质的假定。欧阳首承教授认为,即使当代科学流行“假定”的行为,但其假定也不能不着边际。作为探索问题的性质,其假定至少应当保留研究对象的基本性质。何况,Coriolis 偏向力,恰恰是地球物理学具有改变方向性而不同于经典力学;再次,讨论大气问题的突出特征是大气的可压缩性以及涡动性。即使出于当代科学的“没有假定就没有当代科学”,Rossby 已经将(1.2.1)式“均质性”消去了大气密度、气压梯度的“力管项”,而转换为涡度形式的如下方程:

$$\zeta_t + u\zeta_x + v\zeta_y + \beta v = 0 \tag{1.2.2}$$

式中下标表示偏导数。略去非线性项,有

$$\zeta_t + \beta v = 0 \tag{1.2.3}$$

式中 $\zeta = \dfrac{\partial v}{\partial x} - \dfrac{\partial u}{\partial y}$ 为水平旋转的垂直方向上的涡度(或称为涡量),$\beta = 2\Omega\cos\varphi/\gamma$,$\Omega$ 为地球转速,φ 为地理纬度,γ 为地球半径。并 $v = \dfrac{\partial \psi}{\partial x}$,$u = -\dfrac{\partial \psi}{\partial y}$,$u$,$v$ 分别为 x,y 方向上的流速,ψ 为流函数。于是,垂直涡度可以写为

$$\zeta = \frac{\partial v}{\partial x} - \frac{\partial u}{\partial y} = \nabla_h^2 \psi$$

则(1.2.3)式可以写为

$$\frac{\partial}{\partial t}\nabla_h^2 \psi + \beta \frac{\partial \psi}{\partial x} = 0 \tag{1.2.4}$$

假定(1.2.4)式具有如下形式的平面波解(其假定没有给出充分的理由),即

$$\psi = A\exp[\mathrm{i}(kx + ly - \omega t)]$$

代入(1.2.4)式,则有

$$\omega = -\frac{\beta k}{k^2 + l^2},$$

或

$$C = \frac{\omega}{k} = -\frac{\beta}{k^2 + l^2} \tag{1.2.5}$$

若直接由(1.2.2)式引入

$$u = \bar{u} + u', \quad v = v'$$

式中 $\bar{u}$ 为平均纬向气流。并为便于书写或印刷,以下略去“′”,有

$$\left(\frac{\partial}{\partial t} + \bar{u}\frac{\partial}{\partial x} + u\frac{\partial}{\partial x} + v\frac{\partial}{\partial y}\right)\zeta + \beta v = 0 \tag{1.2.6}$$

注意,$\zeta = \nabla_h^2\psi$ 和假定其解为谐波函数 $\psi = A\exp[\mathrm{i}(kx + ly - \omega t)]$,代入(1.2.6)式则得出

$$C = \bar{u} - \frac{\beta}{k^2 + l^2} \tag{1.2.7}$$

(1.2.7)式即为气象科学界1940年推出的地球旋转流体的Rossby长波公式,并扩展到海洋学。

其中颇令欧阳首承教授当年不能理解或难以接受的是20世纪的40年代人们似乎已经明确涡度是描述旋转的物理量,而谐波振荡是维护介质完好地传播或转移能量。首先,作为不同的物理现象的理论解释不能混淆;其次,即使作为形式性,无论是(1.2.3)或(1.2.6)式均为消除了密度、气压梯度力。即使假定Ω为常数,则(1.2.3)或(1.2.6)式所展示的动力源均来自地球的旋转性。显然,旋转的动力作用必然得出运动的旋转性,不可能成为波动的振荡性;再次,作为数学物理方程的数学解法在当时已经成熟,应当以其初值适定性条件求出对应的正式解。从来没有见到Rossby的不问数学方程式本身的性质,而首先假设其具有“谐波解”代入涡度方程的做法,既属于概念不清也纯属“张冠李戴”,没有遵循数学运算规则。

此外,Rossby在演绎其理论的过程中,出于中纬度的西风带实际特征,而列出平均风速的 $\bar{u}$。然而由此也暴露了Rossby先生科研中的人为性,因为自然界不会“自己”进行平均数处理。对此,以付出“改行”为代价而作为20世纪50年代学生的欧阳首承曾经感慨于:“科学研究本来是解释存在事件的莫明其妙,却莫明其妙地解释了不存在事件的莫明其妙,而令人更加莫明其妙!其典型代表就是气象科学的著名Rossby长波理论”。并于20世纪下半叶,曾经有欧阳首承教授的学生或读者中流行过“四大‘莫明其妙’理论”就是指Rossby“长波理论”。

尽管20世纪40年代人们还不懂得“非线性是管形场的有旋性问题”,而流行于“非线性线性化风靡”的时代,遂有C. G. Rossby采用非线性线性化也似乎可以“情有可原”。然而,必须注意到本来为旋转的涡度方程,居然可以毫无顾忌地以波动取代涡动,则C. G. Rossby应当是属于当时的首位“科学家”,并延续半个世纪依然作为气象科学的基础理论!

现在,再回到前面将到转盘的流体实验。前面的回述Rossby长波理论的由来。读者可以看到Rossby的涡度方程中,已经因为正压均质性消去了 $RT\,\nabla\ln P$ 的力管项,实验中的极地和赤道的温度差项实在地展示了力管项 $RT\,\nabla\ln P$ 作用。反而没有展示地球旋转的 $f = 2\Omega\sin\varphi$ 或 $2\Omega\cos\varphi$ 的作用。所以,转盘实验没有证明Rossby波的存在,反而否定了Rossby波的存在。

1.2.2 Rossby“长波”理论及其遗留的问题

前面已经陈述了Rossby“长波”理论来龙去脉,这里只讨论其中的问题:

(1)可以运用数量的“无量纲化”方法较轻易地推演出Rossby方程(见欧阳首承教授等著《走进非规则》)。这表明“无量纲化”方法展示了数量分析的优越性,并以功绩称颂于至今。但

仔细分析或认真结合实际思考，则可发现此方法导演了数量化背离了物理学的本质性，也是当代科学理论脱离实际的原因之一。例如，《走进非规则》书中展示了"无量纲化"可以使有量纲的 $\left(-\frac{1}{\rho}\right)\nabla p$ 的"力管式"的旋转作用，变成了无量纲 $\nabla P'$ 的纯推动、压力效应；其次，因无量纲使 f'，β' 中消去了 Ω（地球转速），掩盖了地球旋转的物理作用，实质是推销纯数学化于架空物理实质。这正是数量化的通病，遗憾的是 300 年来的自然科学恰恰以此为荣，并在"为荣"中丧失了科学的科学性。有兴趣的读者可以参见《走进非规则》的 p54-56 或本章附录。

（2）即使 Rossby 的原方程以涡度形式，即

$$\zeta_t + u\zeta_x + v\zeta_y + \beta v = 0 \tag{1.2.8}$$

也不能与原运动方程

$$\mathbf{V}_t + \mathbf{V}\cdot\nabla_h\mathbf{V} + 2\boldsymbol{\Omega}\times\mathbf{V} = -(1/\rho)\nabla_h p \tag{1.2.9}$$

（式中 h 为水平含义，即∇_h为准水平算子）构成等价方程。因为 Rossby 假定 ρ 为均质的作法下，在取旋度运算中消去了（1.2.8）式中 $(-1/\rho)\nabla_h p$ 项，而改变了（1.2.8）式的性质和数量级。

应当说与（1.2.9）式等价的与方程应为下面的形式：

$$\zeta_t + u\zeta_x + v\zeta_y + \beta v = -\{[(-1/\rho)(p)_y]_x - [-(1/\rho)(p)_x]_y\} \tag{1.2.10}$$

此式显示了地球旋转$[\beta = (2/r)\Omega\cos\varphi]$与力管的共同作用。何况，$\boldsymbol{\Omega}\times\mathbf{V}$ 作用与力管项作用都是旋转的物理事件，和同时为变量的 T，P 必然构成"力管"的搅动，也是转盘试验中的 $RT\ \nabla\ln P$（赤道与极地的温压差）项。

其次，（1.2.9）、（1.2.10）式中 $v_t\zeta_t$ 的数量级比 $2\boldsymbol{\Omega}\times\mathbf{V}$，$(1/\rho)\nabla_h p$ 的数量级是可以小到两个量级的'大数小量差'。但（1.2.8）式中的 $\mathrm{d}\zeta/\mathrm{d}t$ 完全为旋转作用的 βv 所支配。所以，无论形式逻辑和物理含义，（1.2.8）的 Rossby 方程与其原方程（1.2.10）不具备相同的物理意义。何况，（1.2.8）式实质上因其旋转性，已经属于非惯性系问题。

（3）鉴于 $\beta = 2\Omega\cos\varphi/\gamma$，所以（1.2.8）式的 βv 即使按传统的说法也是涡量源。无疑，涡量源下的运动只能是旋转的流动。并此旋转流是围绕地球极轴的纬向大极涡，因为没有南、北温度差的条件下，流体失去了 v 分量（南北向）的起动和维持机制，必然会因地球的东转而成为纬向运动。即使有 v 分量的起动而没有维持机制，则起动的经向运动也要被纬向流吞没。所以，没有南北温度压力差的运动，大气仅仅是纬向的平行流动的气流而已。

（4）按 Rossby 的 β-平面假定，则可因

$$\beta = (2/r)\Omega\cos\varphi \tag{1.2.11}$$

只能在 $\varphi = \pi/2$ 时方成立，这就仅在极点才可能有 β-平面，而 β-平面是用于低纬度的假定，但低纬度恰恰没有 Rossby 式的"波"。传统上的 Rossby 式"波"体现于中纬度为而成为'理论'。于是，作为地球物理的基础理论，居然成为数学与物理学"风马牛不相及（Irrelevant）"的理论。

（5）必须注意，Rossby 导演的数学"长波"理论，并不是遵照数学物理方程的基本算法得出的，而是采用先假设为"谐波"解的方式求解涡度方程，可以说是数学方法的"首创"。遗憾的是，数学界尔后并没有将这种解法归结为数学方法。实际上，真正按纯数学方法求解 Rossby 方程，则可以证明该方程没有解（参见《走进非规则》p56-58 或本章附录）。

实际上，由云图和转盘实验上的流体运动，非常明确和直观地得出大气运动与地壳上流体的扰动都是旋转的涡流，并可以看到旋流转换。特别是对于 Rossby“长波”的单向倒退的问题，与天气图上所能唯一见到的不是现在的“波（涡流）”的本身倒退，则是这个“波（涡流）”消亡后，而其上游出现新的涡流扰动，并不存在所谓波的逆行或倒退现象。所以，所谓“单向倒退波”并没有被实践所证实，并立足于物理学的基本概念，则单向性为“流”而非“波”。因为“波”即使是“一维”的，则也是双向的。所谓“单向倒退波”，已经丧失了起码的物理学常识！

鉴于 20 世纪学术界流行波动学说，涉及各个学术领域，而特别突出于理论物理中。为此，《走进非规则》中还讨论了近代科学中的一系列波动理论和“物理意义下的波动，需要按数学分类”的结论，原则上都是在非线性问题线性化的数量分析得出的，同样由此也展示了系列性的不符合实际的问题。然而，自欧阳首承教授以简洁的矢量分析证明了“非线性是管形场的有旋性”，则是立足于数学本身而彻底地破解了“非线性之谜”。这实质上已经否定了“量化可比性是科学的唯一标准”，也表明了人类科学史的思维转向。并标志了 20 世纪以线性化处理非线性，得出的诸多理论或“成就”均有待重新讨论。

流体中乃至于宏、微观的物质的溃变、嬗变转换，可以说都是由旋流完成转换的。所以，“永恒”的波动必然要为永恒的涡动所取代，并以涡流转换的结构特征揭示了演化的转折性变化。虽然，这里主要针对气象问题而未涉及其他学科的波动问题，但在原理上是相同的，并在涡流转换中显示了运动形式的变化和事件的“非均质性”变化中演绎了灾害或事故。

1.3　环流定理与第二搅动及涡、波的基本特征

1.3.1　环流定理

数量分析体系的当代科学是以讨论物理学的波动现象著称的，并与微积分几乎同时出现了数学物理方程的定解问题的解，都是以给出波动解而闻名。为了使所有物理问题都能套用数理方程，和认为波动是物理学最广泛的课题而涉及流体的波动（包括水波、大气波）；固体的振荡；电磁波，“基本粒子都是波”并成为“几率波”，乃至于“引力波”和气象科学“独有”的单向倒退的“Rossby 长波”等。已经因数量分析的功能，将本是湍流传递的扩散方程不仅等同于热传导方程，居然也给出波动的解。

尽管自然科学的各个领域都涉及了波动，并作为物理学的直观的问题是，波动体现于物质介质的往复运动方式的转移能量，而不涉及介质本身的移动和介质本身不被破坏。由此，欧阳首承教授曾指出：波动以转移能量的方式维护介质的不破坏，遂使数量分析得以有用武之地。波动体系的“发展”，已经扩展至不限于 Talor 弦振动的线性化建模，有先假定为波动解代入给定方程式的做法；也有以物理量作为相空间，并假定为波动后再代入相应的能量或动量关系建立数学模型的做法；以线性化或数量级的大小取舍处理“简化”或“改造”为线性方程式的“新”模型等。

正如前面章节中提到的，当代物理学为了套用数量分析体系，以限制条件或局限性较少，和运用数学方法研究波动问题的需要，特意将波动定义为笼统的概念。并公开承认此种笼统的定义波动的目的，就是出于或便于运用数学方法的技巧，或者说不是出于解决问题的物理实

质，而是以是否遵循数学的演绎功能决定是非。遂有上面提到的当代科学中，由宏观到微观的各种物理现象都概括为波动，还扩展为波动以数学方式分类（如双曲波和色散波），而不再按物理性质划分。

特别是将任何扰动都列为波动范畴的笼统性，目的是将旋转的扰动等同于波动的扰动。实际上，即使作为第一推动的惯性体系，也承认旋转不是惯性体系问题。尽管旋转扰动的数量值可以等同于波动扰动的值数量值，但两种扰动的物理实质是不同的。实际上，平移、振动和旋转是物质的三种基本运动形式，其平移、振动均为运动旋转的特例，特别是作为具体化涉及旋转的“收（辐合）、放（辐散）、沉（下降）、浮（上升）和蕴（蕴涵）”等不是波动所能体现的。真正局限性比较小或无限制条件的运动是旋转运动，遂有当代科学在物理上出现诸多不符合实际的问题，可以说都是来自回避旋转的后果。

遂使自然科学史上的一项重要工作，没有在科学界广泛传播开来。即使 20 世纪兴起颇具影响的非线性“热”，而身为气象界人士似乎还不知道，早在 19 世纪末已经有气象界的科学家 V. Bjerknes 以其环流定理破解了非线性之谜。并 42 年后，气象界的 Rossby 竟然追逐 20 世纪波动体系的“时尚”，而不顾忌旋转星球上的旋转大气，也认为是波动而且还得出了“单向倒退波”和波及海洋学。反而将当时科学界独领风骚的环流定理，在气象科学内部束之高阁。为此，在人们困扰于非线性问题的今天，作者不得不重提 19 世纪末的环流定理。科学的问题有时不会因为是过去的，就等于是落后的。

V. Bjerknes 是挪威气象学家，早年以提出气团学说而闻名，并以气团概念叛离了牛顿的质点学说。1898 年提出环流定理，环流定理的数学表达式比较简单，可于流体中任意取闭合曲线，以流速的矢量积分为，

$$\Gamma = \oint_s \boldsymbol{V} \cdot \delta \boldsymbol{r} \tag{1.3.1}$$

式中 Γ 为闭合曲线积分，即表示流体非质点式的环流。s 为闭合曲线，$\delta\boldsymbol{r}$ 为相邻两点的矢径差。于是(1.3.1)式称为速度环流。若考虑速度环流的随时间变化或称为加速度环流，则有

$$\frac{\mathrm{d}\Gamma}{\mathrm{d}t} = \frac{\mathrm{d}}{\mathrm{d}t}\oint_s \boldsymbol{V} \cdot \delta \boldsymbol{r} \tag{1.3.2}$$

上式右端可以写为

$$\frac{\mathrm{d}}{\mathrm{d}t}\oint_s \boldsymbol{V} \cdot \delta \boldsymbol{r} = \oint_s \frac{\mathrm{d}\boldsymbol{V}}{\mathrm{d}t} \cdot \delta \boldsymbol{r} + \oint_s \boldsymbol{V} \cdot \frac{\mathrm{d}}{\mathrm{d}t}\delta \boldsymbol{r} \tag{1.3.3}$$

上式右端第二项按微积分的连续性，又可以写为

$$\frac{\mathrm{d}}{\mathrm{d}t}\delta \boldsymbol{r} = \delta\left(\frac{\mathrm{d}\boldsymbol{r}}{\mathrm{d}t}\right) = \delta \boldsymbol{V} \tag{1.3.4}$$

将(1.3.4)式代入(1.3.3)式右端的第二项，有

$$\oint_s \boldsymbol{V} \cdot \frac{\mathrm{d}}{\mathrm{d}t}\delta \boldsymbol{r} = \oint_s \delta\left(\frac{V^2}{2}\right) = 0 \tag{1.3.5}$$

于是，(1.3.2)式变为

$$\frac{\mathrm{d}\Gamma}{\mathrm{d}t} = \oint_s \frac{\mathrm{d}\boldsymbol{V}}{\mathrm{d}t} \cdot \delta \boldsymbol{r} \tag{1.3.6}$$

(1.3.6)式就是加速度环流。若将描述旋转流体的 Euler-Coriolis 方程（即气象界将地球转动的“偏向力项”加入 Euler 方程中，但不是直接推演的），即

$$\frac{\mathrm{d}\boldsymbol{V}}{\mathrm{d}t}=-\frac{1}{\rho}\nabla p-2\boldsymbol{\Omega}\times\boldsymbol{V}+\boldsymbol{g}$$

代入(1.3.6)式则有，

$$\frac{\mathrm{d}\Gamma}{\mathrm{d}t}=\oint_s\left(-\frac{1}{\rho}\nabla p\right)\cdot\delta\boldsymbol{r}-\oint_s 2(\boldsymbol{\Omega}\times\boldsymbol{V})\cdot\delta\boldsymbol{r}+\oint_s\boldsymbol{g}\cdot\delta\boldsymbol{r} \tag{1.3.7}$$

若以 A 表示闭合曲线 S 所围的面积，则上式右端第二项可以写为，

$$\oint_s 2(\boldsymbol{\Omega}\times\boldsymbol{V})\cdot\delta\boldsymbol{r}=2\boldsymbol{\Omega}\cdot\oint_s\boldsymbol{V}\times\delta\boldsymbol{r}=2\boldsymbol{\Omega}\cdot\oint_s\boldsymbol{n}V_r\delta r$$

式中 $\boldsymbol{n}$ 为垂直于 $\boldsymbol{V}$ 和 $\delta\boldsymbol{r}$ 构成的平面单位矢量，V_r 为 $\boldsymbol{V}$ 垂直于 $\delta\boldsymbol{r}$ 方向上的分量。即，$|V|\sin\theta\delta r=V_r\delta r$。则有，

$$2\oint_s(\boldsymbol{\Omega}\times\boldsymbol{V})\cdot\delta\boldsymbol{r}=2\boldsymbol{\Omega}\cdot\oint_s\boldsymbol{n}V_r\delta r=2\Omega\frac{\mathrm{d}\sigma}{\mathrm{d}t} \tag{1.3.8}$$

式中 σ 为面积 A 在赤道面上的投影(目的是将旋转的问题转化为数量式而掩盖旋转性)。可见 V. Bjerknes 当年也未真正认识旋转和出于追逐数量化，而不惜以数量掩盖有旋性。实际上，$2\boldsymbol{\Omega}\times\boldsymbol{V}$ 就是搅动力。可以说，西方科学体系的最大的“丰功伟绩”，就是人类制造了“事件的形式‘灵魂’——数量”，并远远超出了对“上帝”的信仰。V Bjerknes 将 $\boldsymbol{g}$ 取为当代科学体系惯用的势函数梯度，即 $\boldsymbol{g}=-\nabla\phi$，则有

$$\oint_s\boldsymbol{g}\cdot\delta\boldsymbol{r}=-\oint_s\nabla\phi\cdot\delta\boldsymbol{r}=\oint_s\delta\phi=0 \tag{1.3.9}$$

将(1.3.8)式、(1.3.9)式代入(1.3.7)式，有

$$\frac{\mathrm{d}\Gamma}{\mathrm{d}t}=\iint_\sigma\nabla\left(\frac{1}{\rho}\right)\times(-\nabla p)\cdot\delta\sigma-2\Omega\frac{\mathrm{d}\sigma}{\mathrm{d}t} \tag{1.3.10}$$

其中第一项运用了 Stokes 的线积分与面积分转换公式，则(1.3.10)式就是后来几乎被学术界遗忘或忽略的著名 V. Bjerknes 环流定理，并贡献于“大气密度和气压不是常数的条件下，呈现为“非均质性”搅动作用的‘力管项’”。说来，此定理本是运用当代科学的数学方法得出的，只是不属于纯牛顿方式的质点化。故数学人士认为，其数学推演方式没有涉及运动形式的非线性，而不愿意承认环流定理对波动的否定意义。遂引出欧阳首承教授不得不于 20 世纪末期，公布其运用数学的矢量分析证明运动形式的非线性，为“管形场的有旋性”问题。

遗憾的是，V. Bjerknes 将(1.3.7)式中的 $\boldsymbol{g}$ 取为势函数和将 $2\boldsymbol{\Omega}\times\boldsymbol{V}$ 以投影方式转换为数量，否则可直接证明“万有引力”是旋转的。为此，这里附带地给出“万有引力”的性质。

1.3.2 万有引力问题

利用流体力学的垂直方程，

$$\frac{\mathrm{d}w}{\mathrm{d}t}=-g-\frac{1}{\rho}\frac{\partial p}{\partial z} \tag{1.3.11}$$

考虑到等式左端的项仅为其右端每一项的 1%，遂(1.3.11)式可以简化为

$$g\cong-\frac{1}{\rho}\frac{\partial p}{\partial z} \tag{1.3.12}$$

无疑，若上式中 ρ，p 都为变量，即作用力为非线性形式的“密度与垂直方向气压梯度构成的搅动力”。鉴于当时历史时期的数学分析习惯于将“运动形式的非线性”称为“非线性”，而忽

略了作用力也可以构成非线性。即(1.3.12)式直接显示了“搅动力”下的加速度具有旋转性。或者说地球外的自由落体除了所谓数量的描述意义外，更在于显示了“万有引力”是旋转性质的答案，遂有“星辰的坠落似一本卷曲的书”的描述是正确的。诸如，中国的武术运动员可以运用翻筋斗的方式由高处跳下而不受伤，杂技表演者可以运用翻越式跳跃越过 5.7 m 的高度，即旋转方式可以克服“万有引力”。

300 年来，牛顿和尔后的爱因斯坦可以说是费尽心机，也没有解决“万有引力”问题。然而科学上被称为“世界性难题”的问题往往可以简单的方式得出答案。

即使作为西方，V. Bjerknes 也于 19 世纪末回答了“非线性”为“搅动力”的同时，也回答了“万有引力”。特别是 20 世纪，欧阳首承教授运用简单的矢量分析数学工具，证明了“运动形式的非线性”竟然是“管形场的有旋性”问题。遂有“非线性”彻底地叛离了“波动体系”，而进入了旋转的演化科学的时代。

所以，“非线性线性化”是科学史上的重大失误。并旋转运动与搅动力对应的同时也揭示了物理的合理性，则必然是“涡动不等于波动”和“搅动不等于推动”。这样，C. G. Rossby 也许不会犯下涡动方程具有“波动解”的错误。

此外，(1.3.10)式传递了大气密度非常数时的“非均质性”，并与气压一起构成了数学的非线性项，而揭示了物理的搅动作用——“力管项”。即 V. Bjerknes 在世时就指出了密度不均匀的非均质大气和海洋都是旋转的涡流。应当称为 19 世纪末人类认识上的划时代贡献，即非线性揭示了物理的旋转运动。所以，欧阳首承教授认为立足于“数量”的非一次式的“非线性”不应仅仅限于运动形式。

遗憾的是，出于当时气象科学的历史地位没有显现出应有的影响，V. Bjerknes 没有突出地强调“环流与非均质性”的实质性，致使其研究成果没有在科学界传播开来。加上当时的人们已经沉醉于“均质性”的经典力学体系，乃至于 42 年后的气象界的业内，居然会出现 Rossby 以“均质性”大气演绎为“单向倒退的长波”理论，并被其追随者们除了列为教材中的装饰性而束之高阁，而几乎尘封于历史中(即气象界本身也没有认识到环流定理的重要性)。遂有尔后的爱因斯坦、Schrödinger 等也错过了认识非线性实质意义的机遇，并终其一生也是在非自信的困惑中，惊恐其精心打造的“空中楼阁”坍塌于悄无声息的后世(见《爱因斯坦文集》第三卷)。为此，欧阳首承教授讲述至此时曾经谈及：若不是 20 世纪初期学术界痴迷于波动的数学描述，则可能于 20 世纪初期即可进入非均质性的演化科学领域，或许可以提前半个世纪解除了灾难阴霾的困惑！

小结

1. 波动的物理特征

1)非单向的直线往复(线性)运动导致的介质形态变化，没有涉及物质结构变化，而未触及物质的“老化”或破坏；

2)只能描述规则化的微小扰动；

3)仅能传播能量，不能传输物质；

4)为推动的后效应，不能出现于推动之前(类似地，股票行情的涨落只能出现于资金投入或撤出之后)；

5)线性的数量描述,不能处理非规则,也没有回答非规则的原因;不能预知转折性,即波涨(落)转折点(或称为“拐点”)；

6)体现纯重复性,而认为“过去＝现在＝未来”,没有演化而长生不老——Spinoza,即非“与时俱进”或称为对演化的否定中否认了时代的变革。

2. 涡动的物理特征

1)单向的曲线流,并可表现为结构形态或结构性质的不可恢复性；

2)可以表现非规则的非微小扰动；

3)可同时传输物质和能量,并物质、能量为曲线流所携带;并在物质流的携带中发生物质的形态或性质变化；

4)与搅动同步,方向变化先于数量变化；

5)可表示非线性的数量不稳定和结构转换,可回答非规则、小概率事件的原因,也可提供转折性变化的分析方法；

6)涡动在向前滚动中必然出现不同时间的不同事件,过去≠现在≠未来而“与时偕行(《易经》)”。重要的是,涡动可通过转旋方向的不一致,以“收、放、沉、浮和蕴”方式,改变物质的形态、性质结构而揭示物质的“老化”或损坏,遂有事件变化的永恒性。

简言之,波动是非演化的“千斤推四两”;涡动是演化的“四两拨千斤”而涉及了自然界的创造性。涡动源于物质结构不均和在改造物质结构中创立了新物质。或者说,“上帝”以旋转改造物质的同时也创造了物质,而牛顿及其继承者们则是以推动方式,拟以事件的匀速运动保留初始状态的永恒。熟悉中国文化的读者,不妨重温“沧海桑田”的含义。

参考文献

爱因斯坦,1976. 爱因斯坦文集[M]. 1～3卷. 北京:商务印书馆.

爱因斯坦,1983. 爱因斯坦文集[M]. 许良英,等,编译. 第1卷. 北京:商务印书馆:591-598.

谷超豪,1978. 拟线性对称双曲型方程的某些整体解及其渐近性质[J]. 数学学报,(21):130-134.

惠瑟姆 G B,1986. 线性与非线性波[M]. 庄峰青,译. 北京:科学出版社.

梅强中,1984. 水波动力学[M]. 北京:科学出版社.

梅强中,1985. 水波动力学[M]. 北京:科学出版社.

李国平,郭友中,1985. 数学物理中的若干问题[M]. 武汉:武汉大学出版社.

欧阳首承,李贤琅,1984. 应用数学方法[M]. 北京:气象出版社.

欧阳首承,McNeil D H,林益,2002. 走进非规则[M]. 北京:气象出版社.

欧阳首承,魏绍远,1993. 形势数值天气预报及其应用[M]. 北京:气象出版社.

欧阳首承,1986. 大气扰动中孤立波及其相互作用[J]. 成都气象学院学报,(1):34-47.

欧阳首承,1994. 运动流体在断裂与天气预测在若干问题[M]. 成都:成都科技大学出版社.

欧阳首承,等,1992. 拟线性平流型方程稳定性数值试验[J]. 计算机应用,(1):1-10.

欧阳首承,1995. 泛系预测观与流体在溃变[J]. 应用数学和力学,**16**(3):255-262.

欧阳首承,1998. 一般非线性演化方程的“暴力进程”及有关问题的讨论[J]. 应用数学和力学,**19**(2):165-173.

欧阳首承,2000. 线性化与形式分析丢失在世界[J]. 气象科学,**20**(3):354-359.

欧阳首承,1998. 天气演化与结构预测[M]. 北京:气象出版社.

欧阳首承,等,2005. "儿率波"与量子效应的扭率[J]. 中国工程科学,**7**(6):1-6.

王明亮,1982. Burgers 型方程初值问题解的稳定性及孤波解 [J]. 数学研究与评论,(2):67-97.

王柔怀,伍卓群,1963. 二维自变量准线性双曲型方程组在若干问题——解的存在性与唯一性[J]. 吉林大学学报,(2):459-502.

Akimov A,Shypov G, 1997. Torsion Field and Experimental Manifestations[J]. *J. New Energy*,**1**(2):67.

BrogLie de L,1925. Ann. d. phy [M]. Sér,10,2.

Bergson H,1963. L'evolution Crèatrice[M]. In Oeuvres,Edtions du Centennaire. Paris: PUF.

Born M,1926. Is. f. phys[J]. 38,803.

Gardner C S,*et al.*,1967. Method for Soliving the Korteweg de Vries Equation[J]. *Phy. Rew. Lett.*,**19**:1095-1097.

Heisenberg W,1927. Zs. f. phys[J]. 43,173.

Hawking S W,1988. A Brief History of Time[M]. London: Human Science & Technology Press.

Koyrè A,1968. Etudes Newtoniennes[M]. Paris: Gauimard

Lin Y,OuYang S C,*et al.*,2001. On Fundamental Problems of the "Chaos" Doctrine[J]. *International Journal of Applied Mathematics*,London,**5**(1):37-64.

OuYang S C,1998. The blown-up of fluid and two phase-ness of currents and waves[J]. London, *Kybernetes*, **27**(6/7):636-646.

OuYang S C,*et al.*,2002. Evolutionary "Aging"and "Death"and Quantitative Instability[J]. *International of an computational and Numerical Analysis and Application*, New York,**1**(4):413-437.

OuYang Shoucheng,Lin Yi,Wu Yong,2009. Probabilisticity of shrödinger equation and transmutation of high speed flows[J]. *Scientific Inquiry*,**10**(2):177-184.

OuYang S C,*et al.*,2001. Physics Properties of Schrödinger Equation and Excessive Expansion of the Concept of Wave Motions[J]. *Advances in Systems Science and Applications*,Chicago,**1**(1):112-116.

OuYang S C,Lin Y,2008. Disilusion of Randomness and End Quantitive Compabilites[J]. *Scientific Inquiry*,**7**(2):171-180.

OuYang S C,2009. Second stir and conservation of strring energy[J]. *Scientific Inquiry*,**10**(2):167-176.

OuYang S C,2009. Rotation and Evolution V. Bjerknes'Circulation theorem,universal gravitation and Rossby's waves[J]. *Scientific Inquiry*,**10**(2):127-256.

OuYang S C,2009. Computational Stability of Nonlinear Equations[J]. *Scientific Inquiry*,**10**(1):1-10.

Prigogine I,1980. From Being to Becoming: Time and Complexity in the Physical Science[M]. by W H Freeman and Company.

Schrödinger E,1926. Ann. d. phys[J]. 79,501.

Wu Yong, Lin Yi, 2002. Beyond nonstructural quantitative analysis [M], Singapore Would Scientific Publishing CO.

本章附录

1. Rossby 波的原始推演及其问题

首先应当说明，附录中复述的内容曾经是欧阳首承教授 30～40 岁时讲述的问题。作为年逾古稀的欧阳首承教授再重述此问题已经心态不同了，权作为往事的回顾而效仿‘穿越时空’吧。

C. G. Rossby(1940)自认为根据地球中、高纬度的气压或高度场，将出现的 4000～8000 千米的系列‘扰动’看作“系列长波”。遗憾的是 Rossby‘忘记’了流场不同于气压、高度场的是具有方向性。其次，假定大气是均质和水平无辐散和具有旋转性，否则不可能给出简化的涡度方程，

$$\zeta_t + u\zeta_x + v\zeta_y + \beta v = 0 \tag{F1. 1}$$

式中，$\zeta = \frac{\partial v}{\partial x} - \frac{\partial u}{\partial y}$ 称为垂直涡度(水平平面旋转的涡度。并气象科学自其动力学建立以来，从来没有认真地讨论过滚动式涡动)；$\beta = \frac{\partial f}{\partial y}$，$f = 2\Omega\sin\varphi$，$\varphi$ 为纬度。19 世纪学术界将流体非线性项的 $u\zeta_x$ 或 $v\zeta_y$ 数学形式，理解为物理的平流作用。也可以说是流行非线性模型线性化处理原因之一，并一直延续到现在。并 19 世纪末到 20 世纪的 100 多年，所谓近代物理学的“重要成就”几乎都源于“非线性方程的线性化”。为此，即使 19 世纪末挪威科学家已经得出环流定理，也未能制止相应科学史的“时尚”。其方法多是沿袭 18 世纪波动方程体系的小扰动法，故 Rossby 先生也不例外。即引入

$$u = \bar{u} + u' \text{ , } v = v' \tag{F1. 2}$$

式中上脚“—”表示平均数值的大数量项；右上脚“′”表示小数量值的扰动项。(F1. 2)式代入(F1. 1)式，略去等式中出现的二次形式的小扰动项。数量分析演绎仅仅启用或所能考虑的数量，只能比平均数值小一个量级的数量值，相应的小两个量级的数量项，均被略去不计(对于预测问题，恰恰因此丢弃了变化信息)。以下出于书写或印刷方便，略去“′”的记号，即凡是没有标注“—”符号者的项，均为扰动小量的一次项。则有，

$$\zeta_t + \bar{u}\zeta_x + \beta v = 0 \tag{F1. 3}$$

对于此方程，Rossby 的做法是在求解数理方程之前，假定了涡度(F1. 3)方程具有谐波解。然后将假定的解代入(F1. 3)式中，分析其“振荡频率”而得到(具体演算可参见《大气动力学》大气波动的相应章节，此处略)，

$$c = \bar{u} - \frac{\beta}{k^2 + n^2} \tag{F1. 4}$$

式中 $\bar{u}$ 为平均纬向流速，k，n 分别为 x，y 方向上的波数，c 为平面波的传播速度，并 $\bar{u} = 0$ 则为所谓大气科学的“著名”或‘独有’的“单向倒退波”，并气象科学的学科中自认为“闻名”于科学界，却留下了科学史的笑谈！

2. 欧阳首承教授采用“数量级比”方式的推演方法

首先指出：气象行业引用的流体力学方程是二维流体力学方程，不是流体力学一般使用的 N-S(Navier-Stokes)方程，而是含有 Coriolis 力的旋转流体力学方程，应当称为 N-C-S 方程，即

$$\boldsymbol{V}_t + \boldsymbol{V} \cdot \nabla_h \boldsymbol{V} + 2\boldsymbol{\Omega} \times \boldsymbol{V} = -\frac{1}{\rho}\nabla_h p \tag{F2.1}$$

式中黑体为矢量；∇_h 二维水平算子，即 $\nabla_h = \left(\frac{\partial}{\partial x},\frac{\partial}{\partial y}\right)$。考虑到，既然数学演算只能处理数量大小间相差一个量级的数量计算，Rossby 认为扰动是微小的，那么不如引入无量纲变量，

$$(x,y) = L(x',y'), v = Uv', P = \rho\Omega UL p', t = \frac{t'}{\Omega} \tag{F2.2}$$

(F2.2)式代入(F2.1)式，有(略去"′"号)

$$\boldsymbol{V}_t + \varepsilon(\boldsymbol{V} \cdot \nabla \boldsymbol{V}) + 2f\boldsymbol{k} \times \boldsymbol{V} = -\nabla p \tag{F2.3}$$

式中 $\boldsymbol{k}$ 是垂直方向上的单位矢，$\varepsilon = \frac{U}{\Omega L} \cong 10^{-1} \sim 10^{-2}$，则可略去此项。然后改写为分量方程，有

$$\begin{cases} u_t - fv = -p_x \\ v_t + fu = -p_y \end{cases} \tag{F2.4}$$

或者(F2.4)的两式"交叉微商"后相减之，或者由(F2.3)式，略去 $\varepsilon = \frac{U}{\Omega L} \cong 10^{-1} \sim 10^{-2}$(非线性项)直接取旋度和假定为无辐散，则有

$$\zeta_t + \beta v = 0 \tag{F2.5}$$

同样假定(F2.5)式具有谐波解，则仿造正文的方式可以得出无基本气流的"纯单向倒退波"公式，

$$c = -\frac{\beta}{k^2 + n^2} \tag{F2.6}$$

若加上西风基本气流，则可得(F1.4)。

3. Rossby 方程是否有解的问题

看来，作为数学物理方程的定解问题，本应当按数学物理方程的基本解法求解之。特别是(F2.5)式是线性方程，即使按数学理论线性方程已经有成熟的求解方法。根据上面无量纲化的推演过程，若引入 $\zeta = \nabla_h{}^2\psi$，$v = \frac{\partial\psi}{\partial x}$，式中 ψ 称为流函数。则(F2.5)式可以写为

$$\nabla_h^2\psi + \beta\psi_x = 0 \tag{F3.1}$$

无疑，(F3.1)式是 Rossby 方程的流函数表示形式。现在的问题是，若(F3.1)式是线性方程，则可以或应当由线性方程的常规方法求解，至少可以讨论其方程的数学性质。如按分离变量方法，引入二维形式

$$\Psi = A(t)\Psi(x,y) \tag{F3.2}$$

(F3.2)式代入(F3.1)式，有

$$A\nabla^2\Psi + \beta A\Psi_x = 0$$

式中 $A = \frac{\mathrm{d}A}{\mathrm{d}t}$。上式可以分离变量为

$$\frac{A}{\beta A} = -\frac{\Psi_x}{\nabla^2\Psi} = -\lambda$$

讨论 Ψ 方程的性质并便于书写起见，可以记 $\lambda = \frac{1}{k^2}$，有

$$\begin{cases} A + \dfrac{\beta}{k^2} = 0 \\ \nabla^2 \Psi - k^2 \Psi_x = 0 \end{cases} \tag{F3.3}$$

引入极坐标和假设为圆对称，则 Ψ 只与 r 有关。即(F3.3)$_2$式可以写为

$$r^2 \Psi'' + (1 - k^2 r) r \Psi' = 0 \tag{F3.4}$$

式中 $\Psi'' = \dfrac{\mathrm{d}^2 \Psi}{\mathrm{d}x^2}, \Psi' = \dfrac{\mathrm{d}\Psi}{\mathrm{d}x}$ 。无疑，(F3.4)式是变系数的非标准型微分方程，即使引入变量代换 $\Psi = ru$ ，则有 $\Psi' = u + ru'$ ，$\Psi'' = 2u' + ru''$ ，并代入(F3.4)式，有

$$r^2 u'' + (3 - k^2 r) r u' + (1 - k^2 r) u = 0 \tag{F3.5}$$

即(F3.5)式也不是标准型的变系数 Euler 型微分方程。变系数微分方程的数量乘积运算与非线性数量的乘积性质类似，即使是 Euler 型微分方程的解也不是往复振荡的谐波。对于变系数型方程，只要是 r，k 不是小数，其'非一次积'必然导致爆发式的数量增长，其数量计算不稳定而导致计算结果的不收敛。便于直观性，不妨取

$$\alpha_1 = 3 - k^2 r, \alpha_2 = 1 - k^2 r \tag{F3.6}$$

由(F3.5)式，可以写为

$$r^2 u'' + \alpha_1 r u' + \alpha_2 u = 0 \tag{F3.7}$$

引入变换，

$$r = \mathrm{e}^R \text{ 或 } r^{-1} = \mathrm{e}^{-R} \tag{F3.8}$$

则可转换为

$$\frac{\mathrm{d}u}{\mathrm{d}R} = \frac{\mathrm{d}u}{\mathrm{d}r} \frac{\mathrm{d}r}{\mathrm{d}R} = \frac{\mathrm{d}u}{\mathrm{d}r} \mathrm{e}^R$$

上式可以写为

$$\frac{\mathrm{d}u}{\mathrm{d}r} = \mathrm{e}^{-R} \frac{\mathrm{d}u}{\mathrm{d}R} = r^{-1} \frac{\mathrm{d}u}{\mathrm{d}R}$$

于是，有

$$\frac{\mathrm{d}^2 u}{\mathrm{d}r^2} = r^{-2} \left(\frac{\mathrm{d}^2 u}{\mathrm{d}R^2} - \frac{\mathrm{d}u}{\mathrm{d}R} \right)$$

将代换后的一、二阶导数代入(F3.7)式，有形式上的常系数微分方程，为

$$\frac{\mathrm{d}^2 u}{\mathrm{d}R^2} + (\alpha_1 - 1) \frac{\mathrm{d}u}{\mathrm{d}R} + \alpha_2 u = 0 \tag{F3.9}$$

(F3.9)式之所以称为"形式上"的常微分方程，则是因为 α_1，α_2 中隐含了变系数 r 。其中是因为 Rossby 本人在讨论 Rossby 波时曾经限定扰动是微小的。为此这里限定 α_1，α_2 为常数，不等于 r 是常数，并可不引起大的扰动。于是，根据常微分方程解的性质，可根据(F3.9)式具有谐波解的条件是其特征根方程

$$m^2 + (\alpha_1 - 1) m + \alpha_2 = 0 \tag{F3.10}$$

是否含有复根。即若

$$(\alpha_1 - 1)^2 - 4\alpha_2 < 0 \qquad m_{1,2} = \frac{(\alpha_1 - 1) \pm \sqrt{(\alpha_1 - 1)^2 - 4\alpha_2}}{2}$$

或将(F3.6)式代入上式，有

$$[(3 - k^2 r) - 1]^2 - 4(1 - k^2 r) < 0$$

经过简单的演算，有

$$k^4r^2<0 \text{ 或 } k^2r<0 \tag{F3.11}$$

因为 $r>0$，所以有 $k^2(\lambda)<0$。显然，$k^2<0$ 与二阶微分方程有非零解的 $\lambda\left(=\frac{1}{k^2}\right)>0$ 条件矛盾。并 $k^2<0$，由(F3.3)式知 A(或 Ψ)以指数形式发散；若 $k^2>0$，则由(F3.11)式知，m 不是复根。这样，按数学的演绎规则，必然得出所谓的“Rossby 方程”无解，并由此可以拓广至流体力学的液体、气体所涉及的数学非线性问题，都不是线性化处理所能解决的问题。

顺便说明，对于变系数的方程而言，在数量上的变系数构成的非一次积与非线性方程的数量非一次积，实质上没有本质的差别。为此，也可以说非小数的有效值的数量积，实质上都叛离了目前所谓线性方程的所有理论和方法体系。这也许是20世纪后的近代物理、数学理论体系均需要面临重新讨论或再认识的实质性问题。

由此，活跃于科技领域300余年的“惟量论”体系，至少在变化问题领域中遇到了实质性的麻烦：非线性使数学进入了曲率空间遇到旋转的破坏连续性的问题，不仅背离了当代科学所依赖“欧几里得空间”，同时也成了连续体系的‘空中楼阁’。至于科学的发展方向或人类的‘思维走向’是否走向背离‘惟量论’，有待后人斟酌吧！

4. 地球物理学基本数学模型的问题

现在流行的地球流体流体力学方程，实质为将 Coriolis 加速度(放在等式的右边，则称为 Coriolis 力)加入到 N-S 流体力学方程中得出的，即

$$\boldsymbol{V}_t+\boldsymbol{V}\cdot\nabla_h\boldsymbol{V}+2\boldsymbol{\Omega}\times\boldsymbol{V}=-\frac{1}{\rho}\nabla_h p \tag{F4.1}$$

将(F4.1)式写为三维和写为个别微分，则因为沿袭惯性系要求，(F4.1)式左端的加速度必须是常数。若将(F4.1)式写为

$$\frac{\mathrm{d}\boldsymbol{V}}{\mathrm{d}t}+2\boldsymbol{\Omega}\times\boldsymbol{V}=-\frac{1}{\rho}\nabla p \tag{F4.2}$$

无疑，若严格遵循惯性系要求，(F4.1)式左端的加速度必须是常数。于是，必须假定 $\boldsymbol{\Omega}\times\boldsymbol{V}$ 为常数。为此，即使退一步假定地球转速 $\boldsymbol{\Omega}$ 为常数，则 $\boldsymbol{V}$ 不能再假定为常数了。因为，此时再假定 $\boldsymbol{V}$ 为常数，则(F4.2)式左端的第一项为零了，而致使人们改造的(F4.1)式或(F4.2)式不成立。

若不假定 $\boldsymbol{V}$ 为常数，则(F4.2)式左端为变加速度。根据物理学的经典定义，变加速度为非惯性系。所以，自1940年以来气象界推行的基础理论，在其“出炉”之时已经丧失了基础的科学性。旋转流体方程应当是旋转，而由其理论得出波动的结果应当是颇令人莫明其妙的事件！更莫明其妙的是，自欧阳首承教授指出此问题的10多年后，相应专业的大学教材中依然将 Rossby 理论作为精品教材的内容。

为此，欧阳首承教授曾经希望新一代人们能够审视：非直线的自然精髓——曲率空间就在人们的脚下，人们应当脚踏实地正视实在的事实，并应当具有纠正错误的勇气！

第2章　数量的科学性与物质结构(Diagrams)性

应指出的是，数学家哥德尔(1931)已经证明了数学的不完备性，但没有引起学术界的重视，或者说出于‘信仰’而根本不采纳。显然，此问题涉及了数量体系的物理量物理学的地位。遂有当代科学体系中，即使已经知道数量的存在问题也是无动于衷。乃至于人们已经知道数量终归为“事件后的形式计量，数学的数量分析可以把不存在的事件，计算得比实际存在的东西更精确”。实质是触及了时代的利害关系，而不可能放弃“数量支配一切”的思维观念。既是科学发展史也是人类的历史，并往往还以转移思考方式而转移人们的视觉。诸如，20世纪下半叶流行于“确定性”的非线性动力学方程不能以数量方式求解，则将其转移为“非确定性”体系。并可以不惜将牛顿贬低为“确定性的宿命论者”，而提倡、推行复杂性或“非确定性”。实质于将非线性归结为“非确定性”，而不惜代价地否认经典力学代表的当代科学体系。以推出随机体系的非确定性，作为维护数量分析体系而走上了另一个极端。乃至于不顾及将“复杂性”作为复杂性的原因(实际上是将数学的“非线性”当作“复杂性”的原因，不要忘记数量只能是事件后的形式计量，立足于数量的数学仅仅是结果的记述)，结果是等于什么也没有回答。

这就是为什么欧阳首承教授特意在《走进非规则》一书中，针对非线性问题列出了数量不稳定问题涉及的8个定理，讨论了非线性方程的数量不稳定是初值不相似的转折性变化问题，(参见《走进非规则》，p69—120)。‘非确定是来自变化事件’，而变化事件只能是确定的。不能将数量分析不能处理的事件，推给“非确定性”就算得出了最终的科学结论。

说来，数量方法的引入是人们观念的需要。此问题源于古希腊毕塔哥拉斯学派，出于游牧业和亚欧交界的商品交换和宗教的需要，而强化或夸大了数量。首先提出“数为万物之源”，并将数量推向了超“神”化，已经达到了支配“上帝”的地步。实质上，是为尔后的亚里士多德的“二元性”哲学体系做了铺垫。其间作为牛顿脚下直接的“巨人肩头”，应当是伽利略的“肩头”。其在《两种新科学》对话中，已经公开声明了追求事件结果的数学公式描写性，而不考虑事件的原因和过程。牛顿又以质点论将物质数量化，将物质置于“上帝”之下，成为无反抗的“奴隶”，完成了“物、力”分离的数量方程式体系。核心在于引出“数为万物之理”，并“升华”为“高级、豪华(非朴素)”的自然科学基础乃至于哲学原理(实质是神化了数量)。

“上帝”“数(量)化”于物质之上，宗教极权政治不会反对，物质“数(量)化”成为“奴”而被支配，正是宗教极权之所需。物质有“象”(结构)则必然有力，有力则不能为“奴”。并可以‘揭竿而起’于反推动而成为“相互作用”。为此，老子和德谟克里特等的“物质结构”观，被贬低为“低级、朴素”的小老头，也是科学“权化”推行数量的需要。所以，人们颂扬科学的今天，依然没有摆脱“上帝的奴仆”的命运。并名为自然科学，但未真正走出宗教。所以，《自然哲学之数学原理》，牛顿不仅没有写错书名，和尔后翻译的中文名称也应当体现了原意。并展示为当代科学的原理来自数学，而不是自然界事件的本身。那么，依赖于数学原理的自然科学，恰恰在适定性的限定下告诉了人们：初值不变的“永恒的天国”才是300年来当代科学遗产的真谛。

牛顿力学在天体运动中取得的“成功”，无非是星体作为“非象(均质性)”的质点。不涉及星体自身的变化，必然得到初值不变的外推或称为“产品不坏性”，并仍然是天文学界一直沿袭观测数据平均处理的由来。但天气、地震等是“产品易坏性”事件，而必须研究物质结构而涉及了“天下无非象之道”的认识观，并具体化为物质(非均质)演化的过程物理学。这样，必须研究物质的“老化”或损坏的原因和过程。作为形式计量的数量，只是事件出现或发生后的结果，而不能是事件之上或之前的支配事件的“神灵”。“上帝永生”必然不需要原因，也没有过程。显然，没有物质结构“老化”、损坏和转换不是演化。即当代科学不是演化科学，而惟有“结果的永恒定律”。

简言之，演化是研究“改朝换代”问题，而牛顿“王朝”是追求“千秋万代永不变色”的体系，或是真正的“货真价实”地以“不变应万变”的理论、方法体系。为此，欧阳首承教授曾经指出：将当代科学当作变化问题的预测理论，无异于“南辕北辙”或“张冠李戴”。

没有“东西”(物质或事件)不会有数量，本是认识论的常识性问题。300 年来，不仅视为基础科学还成为自然哲学命题。物理学的真正任务是研究物质的变化和过程，但其使用的数学成就，却以连续性或函数解析性消除其与路径的关系，而作为“成就”或科学标志的。但此“成就”是以牺牲物质变化的原因、过程性为代价的，何以能解决过程物理学呢?

看来，以数量方式认识世界只能是人类某种思维形式的尝试，还未涉及物质本身的变化。或者说牛顿本来引入了 m 为质点，意在不触及 m 的变化。这也就是经典力学理论不能解决演化问题的由来。显然，讨论演化问题应当给出数量的明确定位：

数量是事件后的形式计量或来自事件或物质的表面形式，并没有触及物质或事件的本质，其结果依然为形式的描述。重要的是，数量自己不会变化，其变化源于物质或事件的变化。

2.1　数量的不完备性

实际上，数量作为“事件后的形式计量”的本身，就是数量最为基本的不完备性。特别是对于变化事件更需要预知事前，即数量不具备预知未然的基本功能。那么，立足于“自然哲学的数学原理”和“不给出数学证明不能成为理论”或“量化可比性是科学的唯一标准”的基础科学，或人们 300 年来曾经和现在的前赴后继、辛辛苦苦地追逐科学真谛，其结果是唯余数量的“结果(定律)”。即使不谈数量的‘后事件性’，数学的数量性还存在下述问题。

2.1.1　无量纲化

无量纲化，抽去了物质的属性而成为当代科学体系的伟大创造。大家都知道，苹果、梨子的不同而不能相加，但以量纲的统一化或无量纲化的数量，必然是以形式逻辑代替科学规律或定律。看来，数量可以把什么东西都加起来，但人们忘记了加起来的东西是什么，甚至发展到‘没有东西’也可以运算，时间本来不是东西或不占有物质维，却被等同于空间而作为物理量的数量，成为‘科学’方程式的自变量、参数或参数维。而当代科学至今还没有回答时间是什么，时间不是东西，又何以能成为物理量。或者说，数量可以允许“上帝、魔鬼”同室而居而相加为数，则上帝的信徒如何参拜“上帝”。人们费尽心血地建立的数学模型和求解数理方程，均不能离开无量纲化，依然被科学界称为科学化。而“方程式的永恒”等于科学的永恒(爱因斯坦)!

有趣也令人不解的是，数量运算在于数量变化，却又以“适定性”作为限定条件，限定了数量变化而被称为初值自相似。实则是道破了近代科学的玄机:限制“数量的变化”。既然是最终为初值不变化,又何必劳神费力地去计算或浪费“机时”的电费能源;已经肯定“知道初值,未来一切都知道”(拉普拉斯),无非是将现在(初值)移动到未来的任何时刻,而其“积分计算”实质于“搬家公司”的搬来搬去。无量纲的数量稳定性,实质上是已经不允许数量变化了,更谈不到物质性质的变化。人们费时、费力地计算,结果居然是推销牛顿、爱因斯坦及其继承者们追求的“静止、永恒的天国”。

2.1.2 数量的不确定性

自牛顿以质点说将物质、事件抽象为形式的数量后,以适定性条件限定下初值“搬移”所引出的不符合实际,成了随机学派们的激烈批判的“把柄”而使争论延续了100多年。并至今的“信息工程学科”还在以“非确定性”定义“信息”概念,相应的爱因斯坦,也因认为“上帝不玩骰子”受到牵连,成了没有给偶然留有空间的老顽固。并于20世纪下半叶,学术界竟然时尚于“概率宇宙”,而进入数量偶然性支配宇宙的哲学观。或者说由牛顿的数量不变性(确定性)的数量分析体系,企图转换为数量‘非确定性’的新的数量体系。乃至于挖空心思地维护数量原理为科学的终极者。遗憾的是,数量非确定性的终极性原因推给“非确定性”,而不能回答“非确定性”的来源。复杂性的终极原因,居然是“太复杂”! 结果是“什么也没有回答”。

看来,数学原理的研究中忽视了数量自身存在不确定问题,何以能够运用数学解决确定性呢? 数量的不确定性,并不等于事件是非确定的。

(1)作为数量自身的不确定性,涉及了数量本身存在不精确性。例如,$\sqrt{2}$,$\sqrt{3}$ 及循环小数的7/11或人们熟知的“黄金分割”等,揭示了数量本身就存在不确定性,并直接显示了数量不能揭示事件的性质。或者说所谓“量化可比性,却从来没有实在的量化过”。

(2)准等量的“一磅肉”——大数小量差

詹尹(战国时代数算家)在世界上率先指出了“数有所不逮(数学不完备性)”,西方认识到此问题还是20世纪的事。全面地讲,‘数有所不逮’的含义不限于数量的“大数小量差”。但作为数量,首先就遇到了“大数小量差”的计算不准确或无法计算清楚的问题。

显然,准等量的 $X-Y=Z$,当 $X\approx Y$ 时是算不准的,也称为“不可计算方程”。不仅数学上此类方程不在少数,并气象学中加入 Coriolis 加速度的流体的运动方程就遇到此问题,即方程不是永恒的(爱因斯坦的“方程是永恒的”的言论有待斟酌!)。

(3)规则化,大概率化与数量大致性

看来,客观的自然世界是以多样性展示了“复杂性”。出于人们把握世界事物的需要,人类自己创造了相应的对策,而产生了“明高远”的总体性的需求。所以,需要明确“总体把握的科学”本是人类意识行为的应对策略,并不能代替自然本身的科学。其正确的“总体把握”不在于数量的平均量,而在于“擒贼先擒王”的抓住主要矛盾的主要方面的“特殊性”,而绝非终止于“数量的规则化或大概率化”与“数量的大致性”。诸如两军对垒的统帅,可以称为军队千百万分之一的“小概率”人士。如果一方活捉了另一方的统帅的数量计算则为忽略不计,然而因此成为“无一伤亡”地结束了一场千军万马的重大战役。所以,小概率不在于数量的多少,而在于事件复杂的性质。

(4)“等量非同构”的数量不可区分性

此问题最为简单的例子是人们的“左、右手”，其正常人的手指左右手均为五个。但其排列方式正好相反，构成了左手不等于右手而致使数量识别方式失效，称为数量对于“等量非同构”的问题无能为力。即“量化可比性”不能作为“科学的唯一标准”！

(5)0 与∞的数量非实在性

人们已经熟知“数量 0 与∞”均为人类的发明，数量计算中若没有数量“0”则整个数学运算都得陷入瘫痪。因为没有数量“0”，就没有数量进位制而不得不终止数量计算。其次，数量运算中人为地规定了数量“0”乘以任何数量均等于 0，而可以消灭所有的数量；反之，任何数量除以 0 又均变为∞，并由此也颠覆了整个数量运算体系。这样，如果数学原理主宰自然事件，则人们可以随意地消灭宇宙，忽而将人们自己也变为无穷，则必然引出宇宙不知放在哪里！?

所以，数量的“偶然、随机性”或“不确定性”等问题的提出，还是在于人们如何实在地看待数量的“后事件性”，并应当到事件中去寻找答案。或者说，如何认识数量的问题还是在于人们的自然认识观的问题。认识自然在于人们转换角色，站在客观立场上看待事件的发生、存在或变化，则不会有所谓的“偶然、随机性或不确定性”问题或概念的出现。自然事件的发生、存在和变化统属于客观的确定性，并应当更正的是“牛顿不是确定性宿命论者”，而是“柏拉图静止图像”的推销者。科学尤其是自然科学不等于人类意识行为，人类也不能以自己意识行为支配自然。但允许人类存在认识过程中出现错误，更为重要的是人类不能出于利益、信仰的需要而不改正认识的错误。

那么，当代科学也仅仅是一个历史时期内人们的意识行为，并尔后的科学史将面临人类的‘思维走向’问题。

2.2　当代科学的数量分析问题

数量是事件的形式计量，本身不能独立事件或物质之外而存在。即使其依赖于空间，也是欧几里得空间数轴上的概念，并因此引出数量∞的问题；若引入时间计量，则仅仅体现于事件运动、变化的计数而已。因为数量不能回答数量无界性是什么，数量计算必然遇到：

1. $\frac{\mathrm{d}x}{\mathrm{d}t}=0$ 或 c（牛顿的遗产，初值不变性）；

2. $\frac{\mathrm{d}x}{\mathrm{d}t}\rightarrow 0$ 或 c，为“威尼斯商人的一磅肉”的“割”不准问题；实质于 Chaos 学说依赖的误差计算；

3. $\frac{\mathrm{d}x}{\mathrm{d}t}\rightarrow\infty$，即 300 年来遗漏的或不能处理数量的无穷问题，引出“适定性或平稳序列性”而实质于将数量限制为“不变性”。

2.3　结构转换与数量不稳定

作为数学而言，数量分析仅是数学的内容之一，今天数学也包括“形”的部分，并几何学还早于数量分析的微积分。乃至于现在也有变形几何、拓扑学，只不过是今天的拓扑学受制于连续性假定，还未与实际联系起来。实际上，变形几何早已在实际中应用，只不过是没有遵循现代拓扑学的微(或积)分几何的连续性约束条件,而被贬低为图形表示法或图像处理。例如,地理、气象、生物、医学的等值线变形图、艺术的造型或变形艺术,及近代超现实艺术等,也可以说由低级到高级拓扑学已经摆在人们的面前,正在处理诸多实际问题。

看来,人们以"形"认识世界,远远早于数量方式,也比数量直观、精确,并可以深入到物质的结构本质。正如"我是谁?"不是依据我的体重多少斤或身高多少厘米确定的一样,而是按我的形象结构确定的。

中国的《易经》,也可以说是一部真正高级的'拓扑学',并至今人们还没有完全破解它。拓扑学在于形数转换,《易经》也正是形、数转换,并首创二进制数量。不过,《易经》的"二进制"远远不限于数量。

2.3.1 数量不稳定与数量 ∞ 的结构转换

数量作为欧几里得空间数轴上的概念,不仅是线性的大小,也涉及了数量无界性——数量∞。数量∞是什么,至少在牛顿的数量体系中没有解决。既认为它是数量的不定式,又以宇宙的"时、空的数量∞"(至今还写在哲学词典中),认为是物理存在而成为近代科学的悬案。以非欧的黎曼几何,可直观、简单地告诉你,数量∞是曲率转换点在平面上的投影,而构成平面与曲面空间的隐转换,数量∞不是无穷,仅仅是空间的转折记号,表明了方向的逐步变化到完全转向。即数量不稳定中已经隐含了方向的变化(结构),而显示了欧几里得空间的数量不完备性。相应的数量稳定性无非是图 2.1 中的 S 点或其邻域内准不移动问题;而不稳定性,则对应了 N 点离开 S 点穿越球面的投影,并依次在平面上有逐渐离开 S 的若干点,直到 N 点对应的数量∞的点。

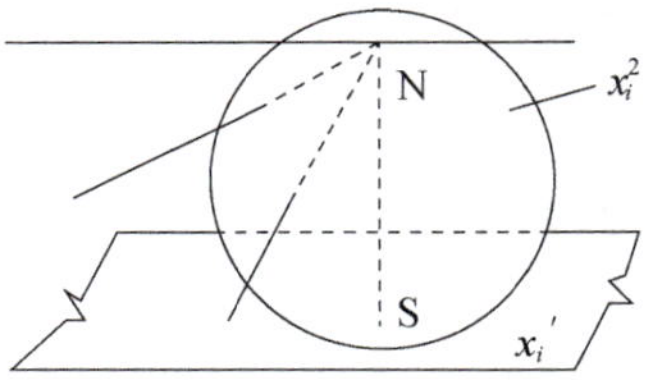

图 2.1 数量 0 至∞的投影图

2.3.2 双曲线与"轮胎"与 ∞ 的动态转换

由图 2.2 中可以明显地看出,平面双曲线的∞正是充气后三维轮胎转折性弯曲的曲线〔McNeil(美国学者,曾经与欧阳首承教授合作撰写了《走进非规则》)的汽车"轮胎"比喻〕,图 2.3 为球面与平面的映射示例。

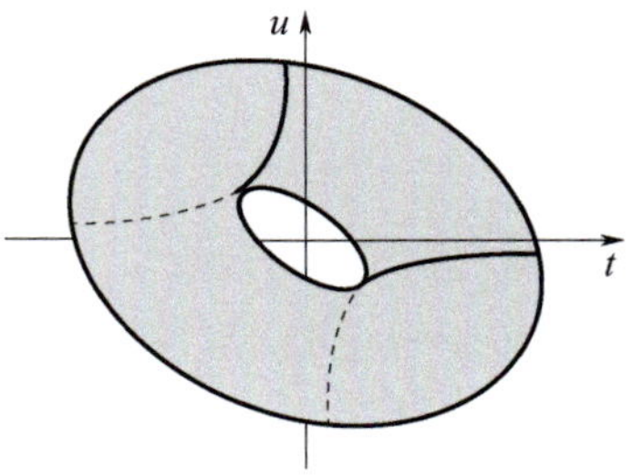

图 2.2 轮胎投影的双曲线图

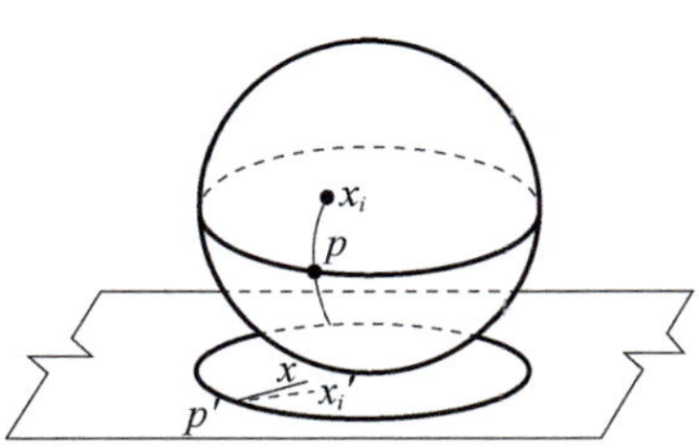

图 2.3 球投影图

2.3.3 赤道平面与“找不到北”

将图 2.3 的投影为赤道平面。若 x_i 沿球面由北半球移向南半球，p 是与赤道的交点，则对应的赤道平面上的 x_i' 由圆心移向赤道 p，过 p 点后走向南半球，相应的赤道平面没有厚度，则赤道平面下的“虚”线与赤道平面是“实”线相交的 p 点，则为平行线的交点∞，即数量∞是 p 的转折点。其次，x_i' 走到 N 时，则人们已经“找不到北”了，因为站在 N 点上是均为向 S(南)方向。可以说，上面的问题非常简单，但欧阳首承教授由提出到发表经历了 20 多年，还是运用‘变形几何’的隐转换“骗过”了审稿者，以求解方程(2.3.1)的图像结构方式发表的。作为此种认识的实际

$$\begin{cases} y_1 = x_i^{\,2} \\ y_2' = x_i' \end{cases} \tag{2.3.1}$$

意义是在于正确认识数量 ∞ 和解决“物极必反”的应用技术问题，即解决演化预测转折性变化。

2.3.4 结构比与数量的精确性

人们总有一个习惯性的观念，即认为数量化方能有数量精确的量化，反将形的结构作为定性的。其实不然，例 $\sqrt{2}$ 、π、7/11…作为数量永远得不到精确的数量值，反而运用结构比可以比数量更为精确。$\sqrt{2}$ 可用直角三角形求得，π 为圆周与直径比，7/11 则是更为著名的结构比，并体现了中国古代的《河图》和埃及、美洲的金字塔(图 2.4、图 2.5)等的曲率与直线的转换问题。

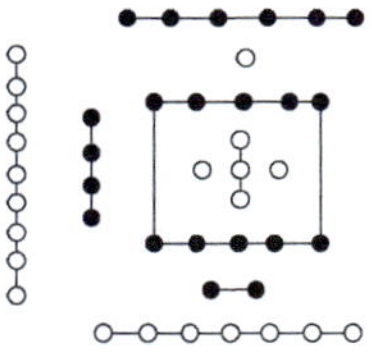

图 2.4　河图

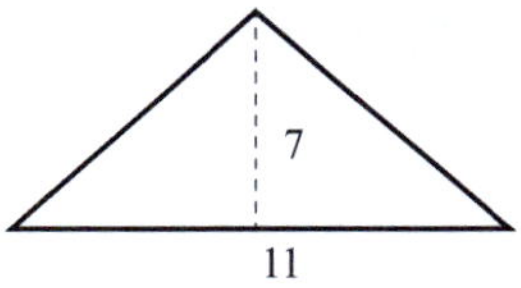

图 2.5　7∶11 经典比

1)《河图》(图 2.4，此图按现在的习惯调整为“上北下南”)

河图≠河数，其 7/11≈0.6363…(但不是黄金分割)而揭示了曲率与欧几里得空间的转换。其中黑点和白点的数量为：1+6+2+7+3+8+4+9=40(加上中间的 15 个点，则 55，即为《易经》中“大衍五十五”)；

2)金字塔 280/440=7/11；

3)少昊墓(7×2.6)/(11×2.6)=18.2/28.6=7/11，即有：280/7=40，440/11=40；

4)$7\times 2\pi \approx 11\times 4$，人类早在 4000 多年前已经知道了 $\pi \approx \frac{2\times 11}{7} = \frac{22}{7}$。

或者说，实质上人类已经早在现代文明之前，就懂得了曲率空间与欧几里得空间的转换问题。但现在的科学体系却没有走出欧几里得空间的阴影，而沉醉于直线的世界不能自拔。所以，所谓人类创造了直线来自当代科学运用了欧几里得几何。那么，必然触及了数学的数量是

人类文化还是自然科学的问题。

2.3.5 人体的最佳结构比

按 7/11 结构比的人们，则不仅健、美，而且抗病、遗传机质为最佳，但恰恰是“量化可比”性说不清楚的问题。人体的 7/11 结构恰恰是自然曲率空间最佳比例。

如将 π 取为数量二进制数的序列，即为“随机”序列。显然，自然选择的最佳比例，不能因为数量的不能描述而成为“非确定性”。或者明确地讲，不能将数量 π 称为不确定的物理问题，或将 π 也列为随机性的数学概念。无疑，欲将数学原理作为“自然原理”，首先得明确“无理数”到底是“有理”还是“无理”，并“无理数”来自客观的实在，则人们应该思考曾经的“所为”存在问题了。

2.3.6 “自然建筑物”的‘设计’

自然建筑物的最佳设计选择为 7/11，凡不遵循者将请你“滚下”或“倒栽葱”！图 2.6 即是 2008 年“5·12”中国四川大地震的山体塌落中，凡是超过 7/11 结构的塌落实况，图中的灰色部分即为超过 7/11 的山体完全坍塌了；图 2.7 是公路左侧陡峭山峰的巨石，滚落到公路的右侧而呈倒栽状。

图 2.6 “5·12”地震后山体塌落

图 2.7 “5·12”地震后滚落的巨石

应当注意到，白蚁的巢穴可以高达其体长的 700 倍，既不怕风吹雨打，更不怕地震（建造于沙漠中，还“配备”了“空调”）！想想这是为什么？

2.3.7 人类的视觉问题

人与食肉动物的视觉，被“设计”为正前面的欧几里得空间；而食草动物则被“设计”为曲率空间的抛物性或鸟类的双曲性视觉。遂有人类延续至今的错认为“横、平、竖、直”为“美”，而被称为科学，但以双曲、抛物性视觉论之，则为“丑陋”或“愚蠢”的。

这里特意说明人视觉的感知，并不能等于客观实际而涉及认识论问题。欧阳首承教授之所以谈到此问题，则在于人类认识问题的片面性，而应当审慎地审视客观的基本事实。并不等于“眼见为实”。

应当注意到，曾经作为现代科学的诸多学科的领军学科——理论物理的方程式，都是建立于欧几里得空间中的，遂有人类‘创造’的理论物理并不等于客观。遂有理论物理的深邃，应当追溯至曲率空间而待重新讨论。说来，此问题已经有日本学者意识到了，即直线是人类的发明

(汤川秀树,1949)。

2.4　斜率、曲率、扭率与“物极必反”

2.4.1　斜率

斜率是数学的一阶导数也称变率。例如：$\frac{dy}{dx}$，$\frac{dA}{dB}$，…，式中 x，y，A，B… 可以是数量的任何变量。如将时间“t”也作为数量变量则有 $v=\frac{dx}{dt}$，也是斜率，并是牛顿力学中较多用的物理量。显然，若时间 t 不是空间，也不应作为相空间或参数维，仅是物质变化的属性或后于事物变化的计量。但自牛顿、爱因斯坦以来将 t 混同于空间，致使人们在基本认识上遗留了基本概念的错乱，也表明当代科学没有解决时间而不能作为科学的终极理论。

对于物理量相空间的斜率，例如，$\frac{dP}{dT}$，P 为气压(hPa)，T 为温度(K)，$\frac{dP}{d\theta}$（θ 为表示热量的位势温度，简称“位温”）等表示曲线或直线的倾斜度，并基本上代表了当代科学的基础性变量。

2.4.2　曲率和扭率

曲率为数学的二阶导数。例$\frac{d^2y}{dx^2}$，$\frac{d^2p}{dt^2}$等，表示曲线的凸、凹度。此外，三阶导数为二阶导数的变化，并与切应力有关。而体现曲率的扭率或旋度，称“扭率或旋率”。“旋率”为目前新能量理论中非常活跃的前沿研究——旋场(torsion or spin field)的课题。可以说，当代科学就其基本认识或称为基础知识的深度上，还没有真正懂得“三阶导数”的物理意义和作用，并涉及了如何认识灾害和量子力学的问题。欧阳首承教授认为，至少对于“物质的旋转性”的认识将有新的起点，并旋转运动不仅具有普遍性也具有根本性，而 20 世纪盛行的“波动”体系只是于介质不损坏前提下的“谐振”而已；现在或今后的学术研究热点问题，将涉及或进入“物质有旋性”的研究领域，或者说“物质的旋转性”导演了事件的变化和灾害，并同时破坏了“均质性”的连续性，和实质上挑战了建立于连续性的数学体系。追究其物理学实质，则是实在的“非均质性”冲击了当代科学赖以生存的“均质性”。

作为灾害学而言，“罪魁祸首”或称为“终极性”原因，则是来自物质的“非均质性”。并对于实在的“非均质性”已经不存在实质的“第一推动”，则取而代之的必然是“相互作用”的旋转运动！于是相应的惯性系“有理”的数量体系也必然遇到了困难；取而代之的将是进入事件结构“无理”的信息数字化体系(注意，无理数展示了事件的结构比，也同时显示了事件的非规则与变化性)。人们出于恪守数量，颠倒了“有理”与“无理”的基本概念！

2.4.3　“物极必反”与数量的描述能力

1)数量的线性性

如将纯形式的数量按序列展示为空间，则仅是欧氏空间中数轴上的序列，而显示了数量的线性性，即数量无界性——数量∞。故数量不能解决“物极必反”，则必然遇到转折性的困难。

现在已经知道，数量的无穷（∞）是物理空间的转折，故低维空间的数量∞，可以利用高维空间的隐转换处理“物极必反”，即可以利用物理量的相空间斜率的倾斜度分析方法解决转折性问题。

2）相空间物理量的“倾度（斜率）”的应用

因为任何数除以 0 为∞，则可利用斜率的分母→0，有 $\frac{\Delta P}{\Delta T}\to\infty$；则只需 $\Delta T\to 0$，并 $\Delta T\to 0$ 相当于图 2.8 中的斜线趋向垂直于 T 轴。遂有结构的斜率垂直于 T 轴，就是转折性变化的问题。即当 $\Delta T\to 0$ 时，则有 $\frac{\Delta P}{\Delta T}\to\infty$ 的转折性。所以，数量不能处理的棘手问题，完全可以通过非数量的几何手段解决，并不必引入数量适定性理论。所以，图 2.8 中若 $\frac{\Delta P}{\Delta T}\to\infty$，则表示即将发生转折性变化，而使数量中不可计算的数量 ∞，则在相图中“一看即明”。既为演化的转折性分析提供了方法，又在认识中挑战了人们的智慧：相应的数量不稳定，原来是对应了变化的转换问题。

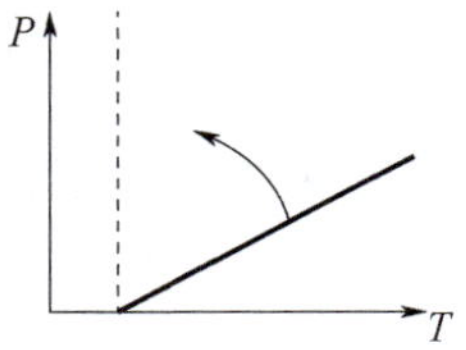

图 2.8　斜率变化示意图

必须指出：自牛顿到爱因斯坦以来，没有解决数量 ∞ 问题，并还引向了认识的误区，致使今天的观测信息多采用数量的处理方式，并没有注意方向也是信息，方向实质上挑战了当代科学的认识论和方法论。幸好气象行业的信息中有风向记录，为欧阳首承教授的旋流转换的实践提供了可检验和可应用的机会而解决实际问题。因为热力约束的大气结构，其斜率右倾于 T 轴。垂直于 T 轴至多是局部的，否则将发生摧毁性的灾害（见第 4 章）。一般而言，局部层次出现强烈不稳定（准垂直于 T 轴），滚流方向发生改变，即将发生转折性变化了。

简言之，波动是非演化的“千斤推四两”；涡动是演化的“四两拨千斤”，而涉及了自然界的创造性。即涡动源于物质的不均匀（非均质），又改造或创造了物质的结构——新物质。或者说“上帝”以拉磨方式工作中，改造物质的同时也创造了物质；而牛顿以推动方式保留物质或事件运动形式的永恒。或者说，当代科学自认为数学的数量分析在波动（实际上仅仅限于“谐振”）体系内“游刃自如”，而将连续体系的数学原理视为“自然科学的《原道》”，却因旋转而止步于自然科学的门外。并因“谐振”本是自然界运动的特例和连续体系的数学本身存在人为意识，则《自然哲学的数学原理》颠倒了自然与数学首末位置。或者，按中国人的习惯说法，数学原理不能作为自然科学的《原道》，反而是人类社会的意识行为。对此，作为欧阳首承教授的学生之一魏鸣教授，曾经谈道：“欧阳首承教授的‘数学原理不能作为自然科学的《原道》’，应当成为 20—21 世纪的头脑风暴！”

特别是，应当注意到流体为宇宙物质的 90% 以上，其主要运动形式为涡动及其转换的旋转运动。其方向只有两种形式——内旋和外旋，而正好暗合于《易经》的“阴、阳”（宇宙密码）！

参考文献

陈刚毅，欧阳首承，2005. Lorenz 模型与“Chaos”问题[J]. 科学研究月刊，**11**(7/8)：51-53.

费耶阿本德，1992. 反对方法[M]. 周宗昌，译. 上海：上海译文出版社.

李国平，郭有中，1985. 数学物理讲座 1A——数学物理中的若干问题[M]. 武汉：武汉大学出版社.

林坚，欧阳首承，1996. 探索非线性之谜[J]. 自然辩证法研究，**12**(3)：34-37.

梅森，1989. 自然科学史[M]. 上海：上海人民出版社.

欧阳首承，1998. 天气演化与结构预测[M]. 北京：气象出版社.

欧阳首承，麦克内尔 D H，林益，2002. 走进非规则[M]. 北京：气象出版社.

欧阳首承，张葵，郝丽萍，等，2005. 非规则“时序”信息的结构转换及演化的细化分析[J]. 中国工程科学，**7**(4)：36-41.

欧阳首承，李贤琅，1984. 应用数学方法 [M]. 北京：气象出版社.

欧阳首承，陈刚毅，2007. 演化科学与数字化问题[J]. 现代学术研究杂志，**7**(1)：1-4.

欧阳首承，等，1998. 一般非线性演化方程的“暴力进程”及有关问题的讨论[J]. 应用数学和力学，**19**(2)：165-173.

沃尔夫，1985. 十六、十七世纪科学、技术和哲学史[M]. 北京：商务印书馆.

伊夫斯 H，1986. 数学史概论[M]. 太原：山西人民出版社.

Chen G Y，OuYang S C，Peng T Y，2005. System Stability and Instability：A Extended Discussion on Significance and Function of Stirring Energy Conservation Law[J]. *Engineering Sciences*，**3**(3)：44-51.

Hawking S W，1988. A Brief History of Time[M]. Published simultaneously in the United and Canada.

Lin Y，OuYang S C，Li M J，*et al.*，2001. On Fundamental Problems of the “Chaos” Doctrine [J]. *International Journal of Applied Mathematics*，**5**(1)：37-64.

OuYang S C，Peng T Y，2005. Non-Modifiability of Information and Some Problems in Contemporary Science [J]. *Applied Geophysics*，**2**(1)：56-63.

OuYang Shoucheng，2009. Mass-Energy-Gravitational and Solenoidal field-Universal Gravitation [J]. *Scientific Inquiry*，**10**(2)：185-196.

OuYang Shoucheng，Wu Yong，Lin Yi，1998. The Discontinuity Problem and“Chaos” of Lorenz's Model[J]. *Kybernetes*，**27**(6/7)：621-635.

Prigogine I，1980. From Being to Becoming：Time and Complexity in the Physical Science[M]. W H Freeman and Company.

第3章 非线性与演化的转折性——溃变

非线性与演化的转折性或称为“溃变理论”，已经见著于欧阳首承教授在其他文章和著作中。这里考虑原理通俗化和应用的便利，没有必要涉及诸多的二元性数学。作为原理的简洁说明，以环流定理说明非线性是旋转已经足够了。但考虑到预测的转换时间，本章仅以简单的例子讨论一下非线性运动形式的“演化”特征。

3.1 “欧拉语制”的非线性方程的特征

传统上一维的非线性方程定解问题(即使将时间 t 作为参数维)

$$\begin{cases} u_t + uu_x = 0 \\ u(x,0) = 0 \end{cases} \tag{3.1.1}$$

即使初学者，也可依据式$(3.1.1)_1$的左端第二项为非一次积的二次项，而称为非线性方程。式$(3.1.1)_1$对 x 微商一次，则可以求得其解(也可由分离变量法得出)为

$$u_x = \frac{u_{0x}}{1+u_{0x}t} \tag{3.1.2}$$

相应地有

$$u_t = -\frac{uu_{0x}}{1+u_{0x}t} \tag{3.1.3}$$

显然，上述讨论非常简单，即使以牛顿的空间连续性假定，也可得出了时间上的不连续的问题。这表明，牛顿的稳定性不能自圆其说，或者说沿袭牛顿的连续体系，居然导演出非连续而不符合适定性。则

1)由式(3.1.2)知，若 $u_{0x} < 0$，则初值为辐合，有

$$u_x = \frac{-|u_{0x}|}{1-|u_{0x}|t} \tag{3.1.4}$$

显然，若 $t < t_b$ 时，u_x 随 t 的增加而增大，并可以达到 $-\infty$ (当 $t \to t_b$)，如图3.1所示；

2)若 $t > t_b$，则式(3.1.4)的分母 < 0，故 $u_x > 0$，并随 t 的增大，$u_x \to 0$；

3)图3.1为不连续的非对称的双曲线；

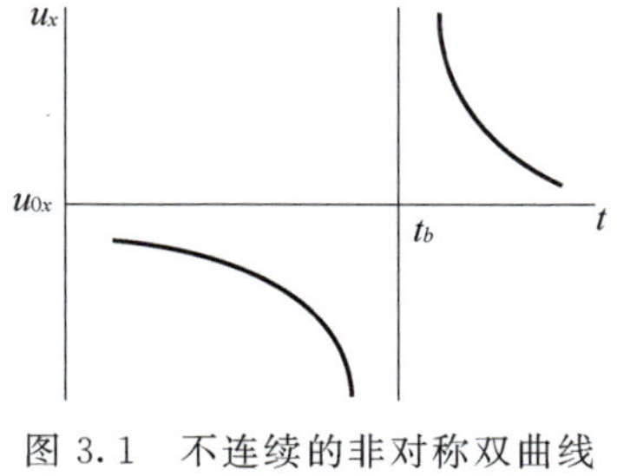

图3.1 不连续的非对称双曲线

4)更有趣的是，式(3.1.1)正好是流体方程“欧拉语制”的数学模型的一维情况，而揭示了流体运动的一个基本性质，即数量不稳定不仅是非线性特征，也显示了不稳定可导致转折性变化而开了牛顿稳定性的玩笑。或者说稳定性限定的人为地消除了不稳定，也同时消除了转折性和消除了演化。也说明了不稳定是演化的原因也是方法，因数量不能处理∞，使数量方式不能处理非线性。但数量不稳定不是非确定，而恰恰是揭示了数量变化和可以走向转折的确定性问题；

5)联系到第 2 章，数量∞是高维空间的转折，故可以由相空间处理∞，在解决演化的“物极必反”的同时，也宣告了数量分析在物理的转折性变化问题上无能为力；

6)考虑到上述变化未涉及流体物质的性质改变，其形态变化而称为溃变(blown-up)，即互联网上流传的“溃变理论”；而物质性质改变，则称为嬗变(transmutation)。

3.2　“欧拉语制”非线性涡度方程

非线性涡度方程为

$$\zeta_t + u\zeta_x + v\zeta_y = 0 \tag{3.2.1}$$

此方程涉及二元变量，求解较麻烦，可利用分解不展开方法(参见《走进非规则》p72-75)，得出，

$$\zeta = \frac{\zeta_0}{1 - t/t_b} \tag{3.2.2}$$

由式(3.2.2)可以看到若$\zeta < 0$或> 0，则式(3.2.2)所描述的旋转变化是可逆的，而区别于式(3.1.4)的辐合与辐散转换的不可逆性。即，

若$\zeta_0 > 0$，有

$$t < t_b\ ,\ \zeta > 0$$
$$t = t_b\ ,\ \zeta \to \infty$$
$$t > t_b\ ,\ \zeta < 0$$

若$\zeta_0 < 0$，有

$$t < t_b\ ,\ \zeta < 0,$$
$$t = t_b\ ,\ \zeta \to -\infty,$$
$$t > t_b\ ,\ \zeta > 0$$

即式(3.2.2)显示了在$t = t_b$时，可由不稳定发生正、负(或负、正)涡度的可逆性转换，但式(3.1.4)展示的转折性变化是不可逆的。所以，旋转方式的转换与辐合、辐散的转换存在差别性。应当明确的是，非线性方程的基本特征总是遇到计算不稳定的，即“非线性不满足初值存在性定理”(不是初值的延续性)。或者说将线性稳定性沿袭到非线性中，则是人们观念的错误或人为地“造假”！

由式(3.1.4)、式(3.2.2)可以得出演化转折性变化的时间，例如：

若$u_{0x} = -10^{-5}\ \mathrm{s}^{-1}$，$\zeta_0$(或$-\zeta_0$为反向旋转的负涡度)$= 10^{-5}\ \mathrm{s}^{-1} = 1/t_b$，转换时间为$t = 10^5\mathrm{s}$。转折变化时刻，式(3.1.4)、式(3.2.2)的分母为 0 而展示为数量为∞而已。若$10^5\ \mathrm{s} \approx 24\ \mathrm{h}(= 8.64 \times 10^4\ \mathrm{s})$，即初值的散度或涡度为$10^{-5}\ \mathrm{s}$，则一天左右就可以发生转折性变化；无

疑，其初值为 $u_{0x}=-10^{-6}\ \mathrm{s}^{-1}$，$\zeta_0=10^{-6}\ \mathrm{s}^{-1}$，则 10 d 左右就可以发生转折。正好与实际天气系统“生命尺度”吻合，即尺度小转换快；尺度大则转换慢。正好与实际大气的变化一致。为此，欧阳首承教授指出：非线性演绎出连续体系数学的悲剧，却因其破坏连续性而成为非线性数学的奇迹！

顺便说明，Lorenz 提出天气预测约 2 周的可预测性问题，基本上对应于副热带高压，阻塞高压等大型天气系统可维持的时间。这表明 Lorenz 的可预报性概念，也是二周左右时间内推行外推的监测概念。预测的核心问题在于预测的转折性，或者说不能预测转折性变化，实质没有完成预测的基本任务。或者说现在的“天气预报”并未走出天体运行的实况报道，无非是初值延续体系的外推而已，并不是“改朝换代”的变化体系。必须指出的是，所谓“大气 15 天记忆”，是来自中国的“节气”所揭示的太阳直射位置变化的可维持的时间，并不等于“大气”本身有什么“记忆”，而是相当于初值为 $u_{0x}=-10^{-6}\ \mathrm{s}^{-1}$，$\zeta_0=10^{-6}\ \mathrm{s}^{-1}$ 量级规模运动转折性变化的时间。

3.3 拉格朗日语制的非线性

读者可试分析如下形式的非线性方程，

$$\frac{\mathrm{d}u}{\mathrm{d}t}=ku^2 \tag{3.3.1}$$

此式可以类似地得出(其局部为有界性问题，即为孤立子等)不稳定的转折问题。如果自我感到有困难，不妨参见《走进非规则》的 82～85 页(其中包括欧阳首承教授给出证明的 8 个定理，对于灾害工程管理的学生而言存在数学的难度)。这里不拟占用过多的篇幅推演数学公式。重要的是，不能将转折的“初值非相似”理解为不确定或初值的自相似就代表了确定性。这也是如何理解牛顿数量分析体系，而给出其确切的定位。所谓的数量稳定性，无非是追求初值不变体系“天国的永恒”而已。

3.4 非线性之谜

非线性问题至今争论不休的实质，无非是以牛顿体系的役使性，称为第一推动或“被打”的非相互作用的数量分析方式，处理相互作用(“对打”)中含有“非均质”结构物体的旋转运动时遇到了困难。无疑，结构问题必然是非质点的含有非均匀矢径问题，并推动所能作用于物体质心的概率非常小，而必然由于力矩的原因引出物体的旋转运动(力矩既是人类运用的省力工作方式，更是自然界选择的“工作”方式)。现在的问题是，环流定理给出了相互作用的搅动力，则其运动形式应当是旋转的，必然会有其运动形式的非线性是否是旋转的问题。鉴于读者的要求，这里特意针对运动形式的非线性，介绍欧阳首承教授的非常简洁的证明方式。

由数学的矢量分析知道，标量积运算公式为

$$\nabla(\boldsymbol{a}\cdot\boldsymbol{b})=\boldsymbol{a}\times(\nabla\times\boldsymbol{b})+\boldsymbol{b}\times(\nabla\times\boldsymbol{a})+\boldsymbol{b}\cdot\nabla\boldsymbol{a}+\boldsymbol{a}\cdot\nabla\boldsymbol{b} \tag{3.4.1}$$

式中的黑体表示矢量。取 $\boldsymbol{a}=\boldsymbol{b}=\boldsymbol{V}$，有

$$\nabla(\boldsymbol{V}\cdot\boldsymbol{V})=\nabla V^2=2\boldsymbol{V}\times(\nabla\times\boldsymbol{V})+2\boldsymbol{V}\cdot\nabla\boldsymbol{V}$$

或改写为

$$\nabla\frac{V^2}{2}=\boldsymbol{V}\times(\nabla\times\boldsymbol{V})+\boldsymbol{V}\cdot\nabla\boldsymbol{V} \tag{3.4.2}$$

若上式左端的 $\frac{V^2}{2}$ 乘以 m，即为无旋动能。遂取式(3.4.2)的旋度，有左端

$$\nabla\times\left(\nabla\frac{V^2}{2}\right)=0$$

由式(3.4.2)右端，有

$$\nabla\times(\boldsymbol{V}\cdot\nabla\boldsymbol{V})-\nabla\times[(\nabla\times\boldsymbol{V})\times\boldsymbol{V}]=0 \tag{3.4.3}$$

便于直观性，仅取水平旋转的矢量式，有

$$\boldsymbol{V}=\boldsymbol{k}\times\nabla_h\psi \tag{3.4.4}$$

式中 $\boldsymbol{k}$ 为垂直方向上的单位矢量，ψ 为流函数。遂有

$$\nabla_h\times\boldsymbol{V}=\boldsymbol{k}\zeta \tag{3.4.5}$$

式中 $\zeta=\frac{\partial v}{\partial x}-\frac{\partial u}{\partial y}$ 为垂直方向上的涡度。式(3.4.4)、式(3.4.5)代入式(3.4.3)取第二项[]中的水平矢量表达式，为

$$(\nabla_h\times\boldsymbol{V})\times\boldsymbol{V}=\zeta(\boldsymbol{k}\times\boldsymbol{k}\times\nabla_h\psi)$$

注意矢量运算的 $\boldsymbol{a}\times\boldsymbol{b}\times\boldsymbol{c}=(\boldsymbol{a}\cdot\boldsymbol{c})\boldsymbol{b}-(\boldsymbol{a}\cdot\boldsymbol{b})\boldsymbol{c}$，则上式的右端，为

$$\zeta(\boldsymbol{k}\times\boldsymbol{k}\times\nabla_h\psi)=-\zeta\nabla_h\psi$$

又由矢量分析知，$\nabla\times(f\boldsymbol{a})=\nabla f\times\boldsymbol{a}+f\nabla\times\boldsymbol{a}$。于是，有

$$\nabla_h\times[(\nabla_h\times\boldsymbol{V})\times\boldsymbol{V}]=-\nabla_h\zeta\times\nabla_h\psi \tag{3.4.6}$$

取式(3.4.3)的水平方向矢，后代入式(3.4.6)可得

$$\nabla_h\times(\boldsymbol{V}\cdot\nabla_h\boldsymbol{V})=\nabla_h\psi\times\nabla_h\zeta \tag{3.4.7}$$

注意式(3.4.7)左端()中的 $\boldsymbol{V}\cdot\nabla_h\boldsymbol{V}$ 项，即为人们熟知的非线性项(去掉下标也成立)，或由式(3.4.3)直接去掉旋转算子，则有三维运动形式的

$$\boldsymbol{V}\cdot\nabla\boldsymbol{V}=(\nabla\times\boldsymbol{V})\times\boldsymbol{V} \tag{3.4.8}$$

即运动形式的非线性正好是管形有旋场。应当说，这已经非常简洁和正式地宣告了："非线性是管形场的有旋性"问题，并巧妙、简洁地破解了非线性之谜。这表明自 Euler 建立流体运动方程以来的 200 余年所引出的非线性之谜，令执着于坚持于给出运动形式非线性证明的学术界，未曾料到于 20 世纪内居然被欧阳首承教授在给学生的作业中以矢量分析给出简洁的证明。可以说，欧阳首承教授配合 V. Bjerknes 的环流定理已经彻底地破解了非线性之谜。有趣的是，作为非线性 N-S 方程，数学界曾经悬赏求解，但又不包含证明该方程无解的答案。

欧阳首承教授认为在非线性方程建立之初，就应当知道非线性是"有旋性"问题。因为数学的矢量分析在当时已经是非常成熟的运算工具，只是因为人们认识观念的滞后性，或不能承受违背波动体系的现实而一直延误至今。

19 世纪恩格斯在其《自然辩证法》中提到"数学在流体中遇到了困难"，那么今天至少可以明确的是，数学所遇到的困难恰恰是旋转问题。并由此也导致尔后数学物理中非线性问题研究中追求线性化、波动笼统性等问题，和诸多问题的研究走上歧途。致使所谓 20 世纪的近代

物理学，成为重新检讨的物理学。“湍流是当代科学久攻不下的顽固堡垒”，就在于湍流不是波。即使将波动概念笼统化，无非是回避旋转问题，也必然不能“攻克”湍流的“顽固堡垒”。其实质是，湍流的旋转性已经使当代科学止步于科学的门外。

无疑，矢量 $\boldsymbol{V}\cdot\nabla_{\mathrm{h}}\boldsymbol{V}$ 的一维的数学数量形式，是人们所熟知的 $u\dfrac{\partial u}{\partial x}$ 或写为 $\dfrac{1}{2}\dfrac{\partial u^2}{\partial x^2}$。应当明确的是，数量毕竟是形式计量，而不能告诉人们形式背后所隐含的实质意义。正如涡度 $\zeta=\dfrac{\partial v}{\partial x}-\dfrac{\partial u}{\partial y}$ 的实质是角速度 ω，而数量的 ω 表示了线性速度的分布不均匀，以其有旋的结构性不同于直线式速度的“无旋性”。

特别是，“有旋性”数量不能混同于“无旋性”数量，应当作为数学的常识性问题。例如，非线性的 $\dfrac{1}{2}\dfrac{\partial u^2}{\partial x^2}$ 是数量，但是有旋的。可以运用微积分给出解析解，并为非对称和不可逆的“辐合转换为辐散”，但必须得去掉“适定性”限制；欧阳首承教授由二维非线性方程得出的“内旋与外旋涡旋的相互转换性”，即使作为数学史也应当属于里程碑性的重大事件。不仅为实际流体运动所证实，也标志了人们真正地进入了流体科学！或者说，欧阳首承教授回答了恩格斯的“数学在流体中遇到困难的原因”。

即使以张量描述非线性，也不能改变非线性的有旋性。相应地由式(3.4.3)推知或式(3.4.8)直接显示：三维流体是管形有旋场。遂有欧阳首承教授曾经在某些学术报告中提到，非线性问题已经结案，即为“管形场的有旋性问题”，并实质上叛离了当代科学“均质性”的波动(谐振)体系！

“滚滚长江东逝水”是描述了水流以滚动(旋转)的方式奔向大海。因为长江上部或表面的水流运动速度大于贴近河床的水流速度，水流速度垂直方向的分布不一致，而必然引发水流的滚动。为此，不妨将此现象作一个扩大化的比拟。即地球上生活的人类，有如生活在大气的“河床”上，同样由于高层大气的气流速度远大于地球表面上的气流速度，遂有大气的运动也离不开滚动方式，于是欧阳首承教授在应用中启动了“滚流”概念。无疑，滚动是旋转，则地形也正好以引发旋转性体现于非线性。遂有地物等引起的水流、气流，实质上不是“地物杂波”，而是旋转的涡流。只是相对尺度较小而已，但不能因为尺度小而改变其旋转性质。若再回顾300年来的科学历程，较多的数学模型展示为非线性。只是人们过于欣赏线性的波动体系，而错过了破解非线性的历史机遇，和较大程度上阻碍或延缓了科学进程。

无疑，旋转的滚动揭示了能量转换机制和如何应对风险，称为“能量需要转换空间”问题。为了避免过多的重复，读者可以参见相应的文献。

参考文献

爱因斯坦，1976. 爱因斯坦文集[M]. 1～3卷. 北京：商务印书馆.

爱因斯坦，1983. 爱因斯坦文集[M]. 许良英，等，编译. 第1卷. 北京：商务印书馆：591-598.

谷超豪，1978. 拟线性对称双曲型方程的某些整体解及其渐近性质[J]. 数学学报，(21)：130-134.

惠瑟姆 G B，1986. 线性与非线性波[M]. 庄峰青，译. 北京：科学出版社.

李国平,郭友中,1985. 数学物理中的若干问题[M]. 武汉:武汉大学出版社.

梅强中,1984. 水波动力学[M]. 北京:科学出版社.

梅强中,1985. 水波动力学[M]. 北京:科学出版社.

欧阳首承,李贤琅,1984. 应用数学方法[M]. 北京:气象出版社.

欧阳首承,McNeil D H,林益,2002. 走进非规则[M]. 北京:气象出版社.

欧阳首承,魏绍远,1993. 形势数值天气预报及其应用[M]. 北京:气象出版社.

欧阳首承,2009. 第二搅动及搅动能守恒性的物理意义[J]. Scientific Inquiry,**10**(2):167-176.

欧阳首承,1986. 大气扰动中孤立波及其相互作用[J]. 成都气象学院学报,(1):34-47.

欧阳首承,1994. 运动流体在断裂与天气预测在若干问题[M]. 成都:成都科技大学出版社.

欧阳首承,等,1992. 拟线性平流型方程稳定性数值试验[J]. 计算机应用,(1):1-10.

欧阳首承,1995. 泛系预测观与流体在溃变[J]. 应用数学和力学,**16**(3):255-262.

欧阳首承,等,1998. 一般非线性演化方程的"暴力进程"及有关问题的讨论[J]. 应用数学和力学,**19**(2):165-173.

欧阳首承,2000. 线性化与形式分析丢失在世界[J]. 气象科学,**20**(3):354-359.

欧阳首承,1998. 天气演化与结构预测[M]. 北京:气象出版社.

欧阳首承,等,2005."儿率波"与量子效应的扭率[J]. 中国工程科学,**7**(6):1-6.

王柔怀,伍卓群,1963. 二维自变量准线性双曲型方程组在若干问题——解的存在性与唯一性[J]. 吉林大学学报,(2):459-502.

王明亮,1982. Burgers 型方程初值问题解的稳定性及孤波解[J],数学研究与评论,(2):67-97.

Akimov A,Shypov G,1997. Torsion Field and Experimental Manifestations[J]. *J. New Energy*,**1**(2):67.

BrogLie de L,1925. Ann. d. phy [M]. Sér,10,2.

Bergson H,1963. L'evolution Crèatrice[M]. In Oeuvres,Edtions du Centennaire. Paris:PUF.

Born M,1926. Is. f. phys[J]. 38. 803.

Gardner C S *et al.*, 1967. Method for Soliving the Korteweg de Vries Equation[M]. *Phy. Rew. Lett*, **19**:1095-1097.

Heisenberg W,1927. Zs,f,phys[J],43,173.

Hawking S W,1988. A Brief History of Time[M]. London:Human Science & Technology Press.

Koyrè A,1968. Etudes Newtoniennes[M]. Paris:Gauimard.

Lin Y,OuYang S C. *et al.*,2001. On Fundamental Problems of the"Chaos"Doctrine[J]. *International Journal of Applied Mathematics*,London,**5**(1):37-64.

OuYang Shoucheng,2009. V. Bjerknes'Circulation Theorem, Universal Gravitation and Rossby's Waves[J]. *Scientific Inquiry*,**10**:137-152.

OuYang Shoucheng,2009. Mass-Energy-Gravitational and Solenoidal field-Universal Gravitation[J]. *Scientific Inquiry*,**10**(2):185-196.

OuYang S C,1998. The blown-up of fluid and two phase-ness of currents and waves[J]. London,*Kybernetes*,**27**(6/7):636-646.

OuYang S C,*et al.*,2002. Evolutionary"Aging"and"Death"and Quantitative Instability[J]. *International of an computational and Numerical Analysis and Application*,New York,**1**(4):413-437.

OuYang S C,*et al.*,2001. Physics Properties of Schrödinger Equation and Excessive Expansion of the Concept of Wave Motions[J]. *Advances in Systems Science and Applications*, Chicago,**1**(1):112-116.

OuYang S C ,Lin Y,2006. Disilusion of Randomness and End Quantitive Compabilites[J]. *Scientific Inquiry*,**7**(2):171-180.

Prigogine I,1980. From Being to Becoming: Time and Complexity in the Physical Science[M]. W H Freeman and Company.

Schrödinger E,1926. Ann. d. phys[J]. 79,501.

Wu Yong, Lin Yi, 2002. Beyond nonstructural quantitative analysis[M]. Singapore, Would Scientific Publishing, CO.

第4章　区域性灾害天气与信息数字化

1963年8月中国的华北地区发生了暴雨洪水(即“63·8”暴雨)。欧阳首承教授参与考察这次暴雨洪水，并要求考察后，论证此次暴雨能否出现在第二松花江上。若此暴雨降于第二松花江上游，则当时的松花湖(丰满水库)大坝有垮塌的危险。显然，任务艰巨并对于当时的欧阳首承教授确实是不知从何处下手。

人生中往往是“对中有错，错中有对”，欧阳首承教授在组织人力分析资料信息中，因为用错了工具图而出乎意料地发现了大气对流层顶附近的“超低温”(此名称是后来命名的)，并出于预测的先于事件性，将气象科学中通用的θ_{se}修改为θ_{sed}，即启用了露点温度而不是传统的凝结高度的温度。鉴于“超低温”为离子态的膨胀，而可以引发大气上升气流的对流天气：大风、暴雨、暴雪、冰雹和龙卷等激烈天气的发生和移动。鉴于“超低温”现象为非规则事件(图4.1的实线)，则“超低温”事件就不能按数量分析的方式消除或削弱。将其消除或削弱就等于消除或削弱了对流活动。

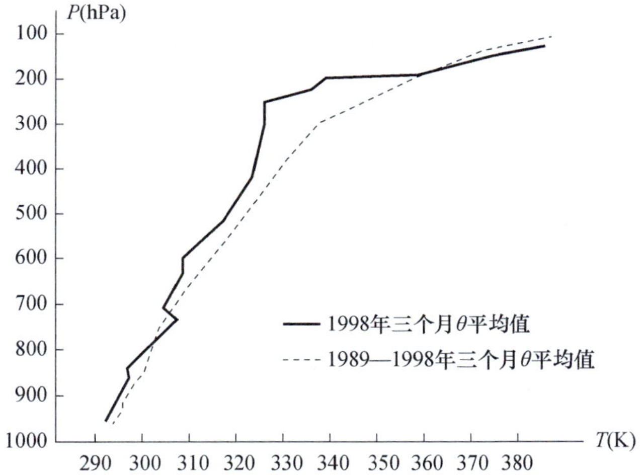

图4.1　成都站1998年汛期前三个月位温图

图4.1中纵坐标为气压，以P(hPa)表示，横坐标为温度，以绝对温标(K)表示。图中虚线是1989—1998年成都站3、4、5三个月的位温θ的平均值，实线为1998年当年同期三个月的位温θ的平均值。结果是1998年汛期，成都平原为历史上强对流最为活跃的一年，长江中下游则为流域性的重大暴雨洪水年。成都站是长江上游的观测站，即使三个月的平均值，也显现了“超低温”比10年平均值低20余度的突出性特征(200—250 hPa)。作为应用意义，则是对流层上层的温度降低必然引发大气对流活跃；作为认识意义：

其一，对流层顶附近温度偏低是观测事实，则必然提出对流层上空为什么温度偏低的原因；

其二，“超低温”是变化的，并覆盖面积有增大、缩小和高、低不同。就欧阳首承教授所见到的“超低温”变化，水平范围可由百平方千米到上千平方千米；垂直高度可以由 400—150 hPa，夏季多见于 300—200 hPa；冬季可见到 400 hPa，配合暖层云即为大雪天气。故“大雪看天低”不只是暖层云的云层低，更在于“超低温”层的降低。

传统气象学中只说明了大气对流层的上空温度低的事实，并没有说明对流层温度存在突然降低和变化、指出突然变化的意义和作用。后经欧阳首承教授及其同事、学生 50 余年的资料分析，曾经见到的超低温可以达到－83℃，并强台风的上空的超低温一般都在－70℃以下。显然，对流层大气上空可以陡然地出现如此低的降温现象，不是地球的长波辐射等分子态物理过程所能解释的。遂迫使欧阳首承教授感到此问题的重要性而曾经多方求教，后经化学专家给出令人们认识深化的见解。即对流层大气层降温现象与光化学的离化作用有关[见(4.1)式]。《走进非规则》(p221～223)中有详细的介绍，这里不再赘述。可以说，水分子离子化不仅为困扰地球大气对流层上层出现特殊降温给出了解释；也为大气中雷击后的雨势加大提供了分析信息；更为重要的是，超低温出现于对流天气发生之前，为正确预测对流性天气提供了方法。实际大气探测中已经探测到雷击中可以致使某一气层出现突然增温、降温几十度的情况(图 4.2 中 500 hPa 附近)。长期以来多被人们认为是观测的错情，而忽略 90°E、100°E、110°E、120°E、130°E 或消除。实质上，此种现象是雷雨或雷暴的天气特征。此种现象与大气对流层顶的“超低温” 现象均为大气中分子态的离化反应有关。

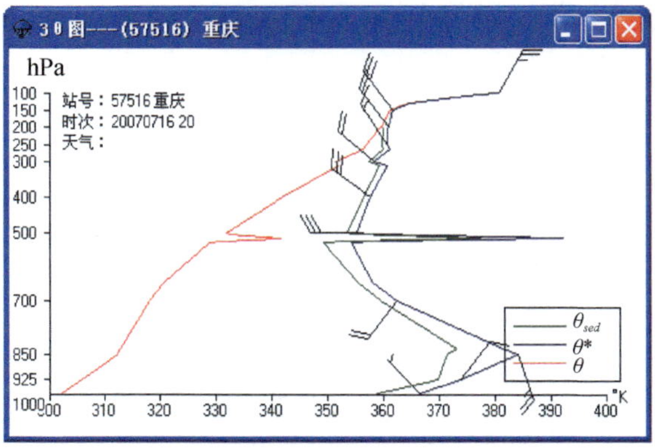

图 4.2　雷雨的大气温度突变

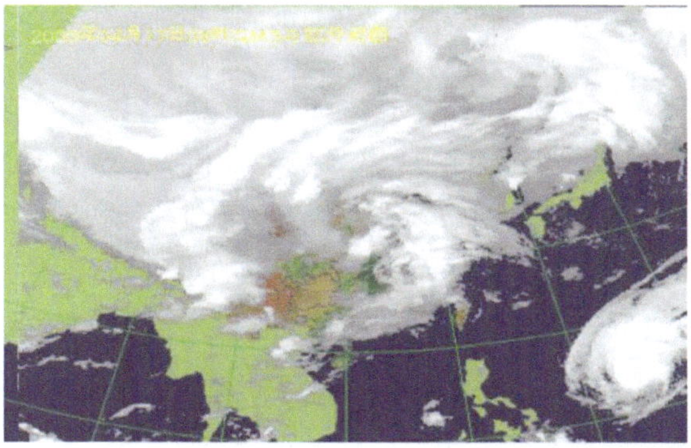

图 4.3　2003 年 4 月 17 日 08 时气象卫星云图

所以，作为大气的对流性灾害问题，仅以分子态的物理学，是不能解决大气变化的灾害问题。欧阳首承教授曾经在相应的文章中指出“纽结”涉及非线性方程的三阶导数时，大气“超低温”的位置正是流体的“纽结”所在处，并可以由云图中直接见到(图 4.3)。图 4.3 中可以明确地看到三处突出的大气“纽结”，即 130°E 以东的西太平洋的热带风暴“纽结”与同经度 50 °N 附近的锢囚锋的云图“纽结”和 120°E，40°N 附近的对流云团式的“纽结”，后者对应的 6 h 降水量为 129 mm。

欧阳首承教授于实践中发现的超低温对应了大气流动的“纽结”，同时也与灾害天气相对应。并晴空大气的“纽结”(超低温)具有比云图超前 12～24 h 的预见期；更为重要的是，当代科学中描述大气运动的流体力学方程根本没有三阶导数，也就谈不到非线性的三阶导数了。20 世纪 90 年代美国学者也总结出，自 20 世纪 70 年代风行数值模式的预报以来，没有见到预测效果的实质性进展。重要的是，人们应当反思数值模式预报没有实质性进展的原因。

既然灾害天气对应于大气“纽结”的三阶导数，那么必然引出没有三阶导数的方程式，何以能够解决灾害天气的预测的疑问。这也是曾经出身于气象行业的欧阳首承教授，为什么花费精力去研究“几率波”和 Schrödinger 方程问题的原因。因为若去掉三阶导数，则 Schrödinger 方程就可以退化为流体力学方程。并 Schrödinger 方程也是当代著名数学物理方程中唯一含有三阶导数的非线性方程。并由此也发现了所谓的“几率波”的实质，无非是“电势场”的推动与量子效应(非线性三阶导数)共同作用下的“准规则粒子流”。并以 20 世纪后的重要文章发表于《中国工程科学》(见文献)。

即使作为基本常识，数学的一阶导数是斜率，二阶导数为曲率，而三阶导数则为曲率的变化；同样作为实际的常识性，人们在水流中也可以见到扭转的涡流有较强的破坏力。遂有引起欧阳首承教授注意的是，大气的纽结点也是导致灾害天气的关键性问题，并由于纽结处配合了“超低温”的吸纳水汽作用，而导致了对流性的灾害天气。有趣或具有实际意义的是，地震也是地壳板块“构造结”的扭动(见第 1 章的图 1.2 右图)，并破坏性地震发生于扭动的突然反向转动之后。

显然，若“超低温”的物理机制被揭示，则不仅仅是气象问题认识、理论的重大突破；它的意义和用途远远超出气象预测的需要。“超低温”导致了大气垂直结构极度不均匀的“非均质性”，而涉及了大气对流层内滚流的发生、发展和引发暴雨、冰雹、大风、龙卷、沙尘暴等对流性(上升运动)的灾害天气，以及提高预测准确性问题；人工影响天气的基础性原理(包括森林火灾、军事等)；物理学、哲学的本质问题上，将深化人们的知识构成。即使作为基础知识，“超低温”揭示的“纽结”与大气垂直向滚动，既显示了“有物混成”的空气混合性原因，也指出了紫外线与水汽配合，在制造“超低温”的同时也制造了动、植物适宜生存的地球近地面约 10 km 的对流大气层的环境。无疑，地球近地面的对流大气层，正是生命起源和生存的基本条件。所以，人类生存、发展的生态保护中，除了运用“超低温”之外，还有保护对流层大气而涉及保护“超低温”的课题。超低温显示分子离化的作用，其中的物理机制非常值得立题而开展实验研究。

作为应用的首要问题，不能再将非规则信息当作错情或认为无意义的事件。对于气象预报而言，晴空的“超低温”信息比云图信息有预测的超前性，并引导对流天气移动。传统上将 500 hPa 等压面上的气流作为引导气流，是立足于气压系统的移动，但气压系统并不能代表天气现象的移动(下面将指出其问题)。更为重要的是,正确地定位"超低温"的区域,也是确定灾害天气发生地点或称为"落点预报"的方法。所以,对于灾害性对流天气预报,目前的探空站设置,至少在中国的测站布局应当考虑每 100～150 km。这样,可以较好地运用"超低温"信息,给出精度更好的灾害天气预报。相应的探空技术也有改进的必要。

顺便指出,"超低温"的形成和发展有水汽的因素,并"超低温"的变化也有受水汽的支配。例如,前面所述的光化学的分解作用,所分离出来的 4 个氢氧根负离子,也可以还原为水分子而放出热量和制造氧气的作用。即

$$\begin{cases} 4H_2O \Longrightarrow 4OH^- \uparrow + 4H^+ \uparrow \\ 4OH^- \uparrow ==== 2H_2O \downarrow + O_2 + 4e \end{cases} \tag{4.1}$$

式中符号$\Longrightarrow$表示在紫外线照射下;$====$表示还原符号。这表明,水分子在紫外线照射下,发生离化而构成离子态。并因高空大气稀薄,分解出来的 4 个氢原子核,不同于实验室内那样可以由周围环境中俘获 4 个电子。为此,分解后的氢原子必然发生体积膨胀而引起降温。大气中的氢氧根负离子具有分解、聚合放热作用。其聚合作用则又可以放热作用,则可以导致平流层下层大气有增暖现象,已经涉及了负离子的分解、聚合问题。延伸为认识问题,气象尤其是灾害天气实质上已经进入了微观的物理化学领域的问题。

作为应用问题,人们已经熟知对流层上层大气的温度会升高,实质是雨后水分子上升中,因凝结潜热释放有离子聚合作用,并空气清新的原因不只是雷击后的负氧离子。重要的是,"超低温"的变化与离子聚合有关,并导致了天气变化的降雨中吸纳了尘粒。所以,在"复杂"的非规则信息中,"超低温"信息是主要的关键性信息。这也是欧阳首承教授为什么认为,复杂系统的问题应当由特殊性入手,或者称为"擒贼先擒王",也是自然科学的处理方法。

鉴于"超低温"现象与大气的离子化有关,则灾害天气的问题仅仅依据分子态的物理学,还不足以能够找到入门的途径。同时也启发了人们,气象问题不只是一般物理学的应用问题。即使不谈欧阳首承教授特意指出的"灾害天气、地震属于演化科学",作为灾害天气也涉及了光化学的变化过程。作为过程物理学,必须注意其相应的变化过程,遂有太阳紫外线的变化,必然引起"超低温"的变化。不过,影响紫外线强度和位置变化的因素中,还有星体的运行位置和地球章动、极移和转速(涉及地震问题,见第 6 章),以及冷空气移动的路径等因素。所以,气象问题,绝不是单一地球大气的宏观问题。综合相互作用中的最佳作用,可以引发光化学过程的超常发挥。既导致近地层增温的同时,又迫使大气对流层上层降温,而出现对流层大气的温度或"热结构"的极度不均匀。结构极度不均匀也是"非均质性"的具体表现,必然导致运行大气的急剧调整,并以大气滚流的运动形式引发灾害天气。

在这个意义上,灾害天气过程也是缓解或调整大气不均匀结构的过程。其主要方面是大气的垂直结构和参与调整的垂直运动,以涡流(搅动能守恒的第二环流)转换作用进行热量交换。作为预测,则水平气压系统是转换的结果而不能再作为原因。"超低温"等非规则(变化)信息,构成大气垂直结构的非均质性,才是引发大气发生转折性变化的原因。

为此,这里传递的信息是,演化的"溃变理论"和信息数字化方法与现行理论和方法体系,有认识和使用方式的差别,概要地说明如下。

1)基于目前气象行业流行的理论和方法,是基于牛顿动力学体系和已经假设密度为常数的水平气压系统,作为天气预报的理论和方法体系的。理论上还没有意识到或正式指出水平

气压系统是大气热量变化的结果，没有注意到垂直大气的结构变化和密度为常数的水平气压系统滞后于天气现象。为此概括为：

① 大气运动来自热量变化和分布不均（当代科学也承认热量来自基本粒子的非规则运动，却没有使用非规则信息），热量的特殊变化必然引起密度的特殊变化或密度再分配，相应的水平气压变化和再分配总是滞后于热量的变化。这也是为什么欧阳首承教授放弃惯性系和数量适定性的传统动力学的做法，并改造了气象界曾经引用的体现热量的位温垂直分布，而构建区域数字形象化（V-3θ 图或称为 V-3θ diagrams）方法的由来。鉴于位温是含有温度和气压的热量函数，而可以揭示垂直分布的结构性特征。

顺便说明，针对变化事件，欧阳首承教授设计了两套数字化方法：

其一是直接针对气象区域性或地热区域性（按探空站包括特性层信息，即原始观测信息在内的区域）落区的灾害性天气预测数字化方法；

其二为自动气象站自记记录的“落点”预测的数字化方法，并此方法凡是涉及演化的振荡信息均可以运用，已经不限于气象领域（见第 5 章）。

② 数量计算遇到非线性问题，目前气象科学的“位势高度”系统与气压系统的关系，风、压转换关系，均是以线性体系的“静力近似公式”计算的，并假定了密度为常数。由此导致了水平气压系统滞后于天气现象的人为性原因。

此现象于 20 世纪 50 年代初，首先为预报员发现“雨后才见到气压系统”的实践是一致的。尽管第一线的预报员发现此类现象，却较少有人追究其原因。只是欧阳首承教授出于当时教师没有回答，而结合实践反复对照检查直至追溯其原因。

所以，欧阳首承教授创立的信息数字化方法的过程中采用了信息的“反序构”，已经不再使用气压信息。形式上看来好像是个技巧问题，实质上此作法中隐含了认识观念的改变。显然，欧阳首承教授不立足于气压梯度力的推动，而突出于热结构不均匀的转动。

2）目前的天气图或数值模式所计算出的高、低压系统，仅是垂直方向的水平旋转的涡度（即气象上习惯地称为垂直涡度，并以 ζ 涡度表示）。究其原因，ζ 涡度是气流上升和下沉的结果而不是原因，即上升后有正涡度，下沉后有负涡度。预测问题应当使用超前信息，遂有溃变理论的数字化方法，改用垂直方向上旋转的涡度（或气象上称为水平的 ξ，η 涡度，实际为水平方向滚动的涡度）的滚流。这样就比现行的气压系统，超前地运用了大气的上升和下沉信息。启用“滚流”概念（顺滚流上升和逆滚流下沉），可先于传统的气压系统显示变化信息。所以，信息数字化方法不同于现行的数值方法，实质在于改变了信息的使用方式，既先于天气现象的信息，而更先于气压系统。所以，信息数字化方法可以直接预报要素并包括转折性变化。以“先定性、后定量”并用的同时，还可以预测气压系统的转折性变化。

3）鉴于大气对流层上空的“超低温层”是实践中发现的。“超低温层”的发现不仅对于气象，并由此引出的认识问题已经触及了人类知识体系的改变，因为它已经涉及转折性变化的灾害核心问题——“纽结”。对于气象而言：

其一，“超低温层”信息具有激发、引导天气现象发生和对流云系移动的作用，改变了 500 hPa为引导气流的引导气压系统移动的传统观念。即天气预测的有效性在于要素的预测，要素的维持性已经包含了运用气压系统延续事件的外推；

其二，转折性变化是预测问题的核心，但经过静力近似处理的水平气压系统滞后于天气现象。所以，转折性变化的灾害天气对于运用气压系统方法来说，多呈现突然性。并实质于“大气密度”不应该假设为常数；

其三，“超低温层”属于非规则信息中的特殊非规则的变化信息。一般集中于 250—150 hPa，极端情况可以出现于 400—300 hPa 或 200—100 hPa。正由于其非规则的变化性，而遇到了现行数量分析或数值模式计算不能处理的问题，称为特殊性事件不遵循数量的形式逻辑演绎。其中应当注意：对流层厚度升高，为强对流活跃的标志；对流层厚度降低，则为稳定性雨雪天气持续的标志。遂引出“数字化”方法体系；

其四，“超低温层”区正是大气发生曲率变化的“纽结”区，也是灾害、事故的发生带或地区。

如前面所述，“纽结”是曲率变化，为数学非线性式的三阶导数。但描述方程(N-S 方程)恰恰没有三阶导数项，而揭示了现行流体力学的本身存在的问题。“纽结”是当代科学体系中的没有触及的特殊性事件，也是各种自然灾害和人为事故的根本性原因(不限于气象的灾害天气，地震也如此)。这正是目前连续体系的数学方程式不能处理的问题，也是欧阳首承教授提出处理变化信息数字化方法的重要原因。或者说“纽结”问题，涉及了数量分析体系遇到的基础性挑战。可以说，不解决“纽结”问题，不可能实质地解决灾害性和实现有效地预测灾害、事故等特殊性事件。

4.1 区域性变化信息数字化与灾害天气预测

首先说明的是，数字化最早的提出是基于特殊性事件，遇到了传统的数量分析方法不能处理的问题，但实践显示不运用特殊信息不能解决问题。为了将非规则信息包括在内，最初是出于尝试性而运用“图像”显示事件的个别性，而引出欧阳首承教授重提“唯象论”。不过，翻译为英文时引用“diagram”一词的正式发表前，有精通英文的朋友告之“diagram”一词也是《易经》中文“卦”的含义，并《易经》的“八卦”的英文就是“the eight diagrams”。无疑，这在当时的历史时期，极易被误认为是宣传《易经》而引出麻烦。实在地讲，在 20 世纪 60 年代初欧阳首承教授还没有见到过《易经》，只是民间世代相传而听说《易经》的名称而已。为此，只好将和“图像”的称呼改为“结构”。这也就是曾经以“结构预测”出版相应著作的由来。

最初欧阳首承教授也不知道《易经》中的“卦”是什么意思，经朋友的提醒和再查阅字典和文献，反而引起欧阳首承教授对《易经》的兴趣。只是当时很难找到此类书籍。直至“文化大革命”期间，欧阳首承教授获得了充当“锅炉工人”的机遇。并时值有工人携带了一本残破的《易经》向欧阳首承教授求教《易经》中生僻的文字，才正式见到了《易经》。当时的欧阳首承教授实在地发现其中诸多文字也不识者多多，即使认识也不明其含义者也为多多。只好利用锅炉工友夜间值班的轮修日，配合“字典”和“说文解字”之类的工具书学习而已。其中最大的收获是《易经》已经非常清楚地论述了“时间是什么”，引起了欧阳首承教授的高度关注。并结合具体事件实在地和反复地对照中，发现了 300 年来流行的“非规则性”和所谓“非确定性”实质为“变化性”问题。为此，当其“锅炉工人学历”“毕业”之后，则已经是怀着不同于当代科学的眼光看世界了。随即提出了：

《易经》开创了人类应对变化事件的智慧；当代科学颂扬了事件的永恒性，而构成了人类知识的两大源流。数量取代事件既是人类的智慧，也是人类陷入追逐永恒的最大误会。所谓“非规则”或“非确定性”的本质为变化性，和变化事件不遵循数量的形式逻辑演绎；变化事件应对了“Diagrams”的数字化，而可以直接进入事件变化的过程性。

“超低温层”引发大气“滚流”完成大气混合的同时，也在进行转折性变化。欧阳首承教授首先以变化信息数字化取得了区域性暴雨预报的成功。尔后的实践中，逐步扩展到大面积和局部强降水、强对流、大风、沙尘暴、龙卷风和大雾、高温等灾害天气的预报。只是大雾和高温灾害天气属于下沉稳定性的灾害天气，并作为下一章的内容。因其立即展示了应用的有效性，相继获得国家自然基金、部级和省科技厅的基金资助，并完成了业务应用软件。目前已经在部分气象台站投入应用中取得了明显的社会和经济效益。目前已经被称为“欧阳位温”，并作为MICAPS 系统 TLOGP 图中的一个模块，在气象业务中应用。实际上，该方法体系不限于气象，并因为其可以展示地热，现已经用于地震的监测、跟踪和预测等推广、发展空间。

4.1.1　区域灾害天气的信息数字化设计的基本思路

4.1.1.1　热量分析的选择

无疑，热量分布不均和变化是引起大气运动的本质性原因。预测不同于产品设计问题，而必须追究事件的原因和过程性。目前传统气象科学界也未否认，大气运动和变化来自热量的分布不均和变化。基于变化事件的非规则性，和“热”本身也展示为非规则，为此欧阳首承教授选择了气象学中的可以体现热量垂直分布的位温，但不同于现行气象体系的 T-log$P$ 的做法，而完全还原为曲线的原始形式。即

$$\theta = T\left(\frac{p_0}{p}\right)^{\frac{R}{c_p}} \tag{4.2}$$

式中 θ 为位温（位势温度），T 为气温（以绝对温标 K 表示），p_0 为海平面气压（以 hPa 表示），p 为任意高度的气压（以 hPa 表示），R 为气体常数，C_p 为定压比热。本软件设计出于通用性，采用了中国气象局气象常用表的统一计算公式。应当说明的是，本软件之所以采用位温表示，既有出于该公式的经验性，也在于其体现热量的结构性和热量本身来自基本粒子的非规则运动。作为实际应用，欧阳首承教授在工程领域养成了相信实践的习惯，曾经以实测数据反复检验其描述性，而最后决定采用位温公式。经历实践反复检验，发现了上述公式在高层大气中出现数据错乱，并给出了修正方法，而有目前的软件流行于业务系统。

出于预测的超前性，欧阳首承教授将传统的以凝结高度计算的假相当位温 θ_{se} ，改为露点温度计算的 θ_{sed} 。意义在于凝结高度的温度，表明水汽凝结已经临近降水或降水已经发生，相应地，预测分析应当于凝结之前，否则没有预测意义。即出于预测的针对性而取为 θ_{sed} 。再次之，为了便于掌握大气中水汽分布的对比性，又给出了假定为当时气温的纯饱和位温 θ^* 。并必须注意大气降水不在于其“空气柱”中的总水汽量的多少，而在于水汽量的垂直分布不均。例如，若“空气柱”中的水汽量集中于大气对流层的上部或均匀地分布在气柱中，反而不会有降水发生。或者说，对于降水量的数量来说，也在于水汽分布的结构特征——非均质性。降水展示为水汽集中大气的中、底层，而上层干燥，则为降雨的基本结构特征。一般将风向、风速标识于 θ^* 曲线上，并与 θ，θ_{sed} 构成的 3 条分布曲线，被学生简称为“V-3θ 曲线”，现在的业务预报员已经习惯地称为“溃变图”，其中“V”为矢量。

4.1.1.2　信息序与“反序构”

前面已经特意强调过，大气的水平“气压”信息是大气中诸多信息中的滞后信息，欧阳首承

教授历经多年的实践，证实了热量分布及其变化才是预测问题的首要因素。

1)目前传统的气象预报立足于气压梯度力的推动，一直沿用的信息序是“气压、温度、湿度和风”，并以气压系统为核心。其预报的分析工具，由 20 世纪 30 年代盛行的等压面图或等高面图、延续到现在的数值预报图也都是以气压或等压面图为依据的。或者说，对于转折性问题，气压系统不能作为预测因子。为此，欧阳首承教授特意提出了信息的“反序构”方式，即风向、风速、湿度、温度和气压（实际上气压因子根本不使用），这也符合人们熟知的“山雨欲来风满楼”。其中特意将风要素分为“风向、风速”两个要素，因为风向的误差比较小，而以风向要素为核心的预测“信息序”。无疑，风向要素不能再作为数量，并风速的分布不均也是结构的图像问题。遂有本方法中首先启用了具体天气事件发生前的两个有直接意义的预知信息。

其中应当注意的是，风向的变化为转折性变化提供了非常有价值的信息，即“超低温”和风向。并因为风向不是数量，也是改用“diagrams”方法的原因之一。作为实践的验证性说明，当改用“以风向为核心的反序构”信息序，立即改变了天气预报流行的所谓“突发性”的局面，仅试用之初凡是具有 6 h 生命史的天气现象都展示了先兆性的结构特征。

2)将大气湿度因子提到温度之前，最初是来自暴雨预报的需要。对于暴雨预报而言，预报人员首先应当掌握，一般降水与暴雨天气的大气结构的差别。后来在应用中发现，湿度要素对于各种灾害天气都非常敏感，并实质上不亚于风要素。因为水汽问题并不完全在于数量上，更为重要的是在于水汽的结构性分布和变化上，水汽分布的“非均匀”不仅导致了暴雨，也是导致干旱天气的直接影响要素。

顺便说明，传统天气预报应用的是大气水平剖面图，而欧阳首承教授却采用了垂直剖面图（应当注意，垂直方向上的要素变化远大于水平方向的变化），并可展示“滚流”旋转方向上的特征。无疑，掌握水汽来源或源地也是预报的要点，相应的 24～36 h 短期预报，针对被预报地区应追溯到其上游 10～15 经纬距（所以软件中含有区域扩大的移动功能）。

上述基本思路可以概括为：

① 物质运动来自物质的‘热结构’不均，而有旋转的相互作用引发非规则事件，并可以因“对抗”式的破坏性引出自然灾害或人为事故；

② 鉴于数量分析体系不能处理非规则信息，而采用了信息数字化方法体系；

③ “复杂性”问题在于事件构造的特殊性，不能以总体性追逐一般性。或者通俗地讲，数量的总体把握不是处理复杂问题的方法，应当改为“擒贼先擒王”而立足于特殊性（即特殊信息中选择最为特殊的信息）。

为此，欧阳首承教授一再地强调特殊性，选择了信息数字化方法。并采用“先定性，后定量”，注意定性是绝对的，定量为相对的。

区域性数字化方法仅是针对气象探空信息，并重点在于揭示“超低温”、大气结构或“滚流方向”等非规则信息引出的认识和应用问题在于自然界的变化；相应的自动记录信息的数字化不具有学科的限制，凡是涉及变化的问题几乎都可以应用。

欧阳首承教授实践发现：热量不均匀具有事件变化的先决性。至于动力学的第一推动不仅体现于热量非均匀之后，而且动力学的数量又以惯性系和适定性限制了事件的变化和发展。故欧阳首承教授启用了热量计算公式(4.2)配合原始观测数据，揭示了事件的非规则性及其变化问题，并信息数字化中放弃了约束（惯性系、适定性）条件下的动力学模型的数值化。

4.1.1.3　区域信息数字化的 V-3θ 图像（V-3θ Diagrams）及其说明

1）风速矢量 **V** 与大气“滚流”

前面已经陈述了信息序的“反序构”的意义和目的，本方法体系将风速矢量 **V** 作为首要信息。为此，V-3θ 图像（V-3θ diagrams）说明中，首先介绍风矢量和风速度构成的“滚流”概念和识别方法。

“滚流”是欧阳首承教授引用水利学的概念，也是垂直剖面上的涡流概念而可以类似地面上“滚轮”的转动方式。水利学中将河流中垂直剖面上，旋转的水流称为“滚流”。大气中存在“滚流”运动，遂有空气是混合的。现在看来，“滚流”的作用不只是唯有混合空气成分的作用，滚动还导致了天气的变化。其中值得注意的是，启用滚流的真正目的在于运用信息中，尽量避免运用动力学的各种假设损伤或修改信息的原始性。其中突出地涉及了不采用“静力近似”处理的气压。

1）风矢量 **V** 与大气“滚流”

（1）风矢（方向）滚流

为了概念明确和读者容易识别，按北半球分别给出图 4.4、图 4.5 的方向的上、下配置的典型情况。其中图 4.4 给出了低空为东风、高空为西风（图 4.4a），低空南风、高空为北风（图 4.4b）的顺滚流；图 4.5 给出了低空为西风、高空为东风（图 4.5a）；低空为北风、高空南风（图 4.5b）的逆滚流。

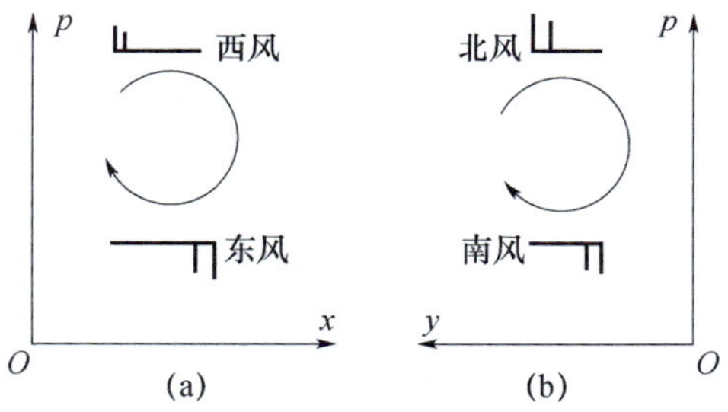

图 4.4　顺滚流

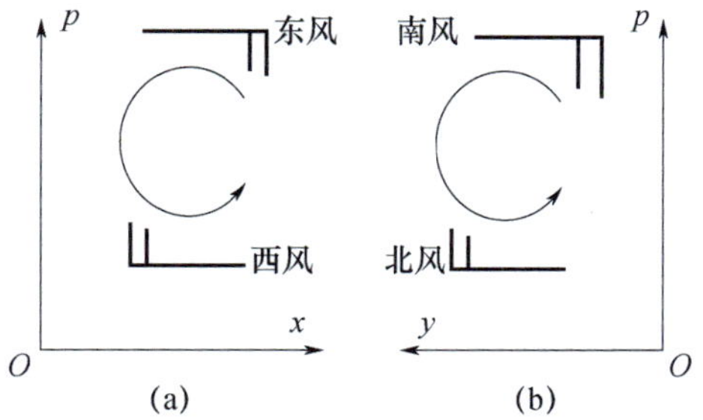

图 4.5　逆滚流

（2）风速不均匀滚流

风速不均匀是指风的方向一致条件下，因风速的垂直方向的分布不均匀（按一般情况的风速随高度加大的情况给出的不均匀，其他情况读者可以同样原理自行判别）给出了“顺、逆滚流”的基本特征。其中图 4.6(a)是一致西风随高度加大为顺滚流;图 4.6(b)是一致东风随高度加大为逆滚流。鉴于《走进非规则》一书主要是对专业工作者,故其说明有些简要,一般读者可能遇到困难。图中由横杠和竖杠构成的类似旗子的标记为气象上专用表示风向、风速的符号。其横杠为风向杆,竖杠为风速等级的标记。鉴于目前,人们已经习惯于图的“左东、右西和上北、下南”的“约定俗成”。剖面图的南北方向,只能展示为侧身方式,结果使文字描述变为困难的问题。曾经采用反向描述(《走进非规则》),结果读者还是“一头雾水”。为此,读者只需记住竖竿朝上者为北风;竖竿朝下者为南风。其中风速以竖杠表示,一竖杠表示 4 m/s,而二竖杠为 8 m/s,……对于专业人士可以无须说明就可以知道。讲述者应当以具体实例说明,反而读者可以“一看即明”。文字的描述能力还是不如实例讲述,而令读者清楚。

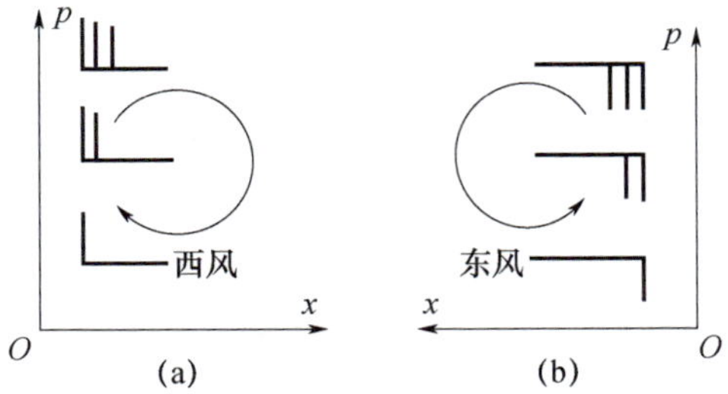

图 4.6　风速不均匀滚流

为了便于读者了解和掌握滚流的分析问题,这里以实例图 4.7 略加说明之。图 4.7 中 200 hPa 以上的为东北风,并依次向上为 10 m/s,20 m/s;而 200 hPa 以下,除了 700 hPa 处几乎为南风外,其他层次均为东南风。为此,图 4.7 总体为低层大气为南风与高层大气的北风构成“顺滚流”。如果 200 hPa 以上的两层风向也为东南风,则表明该测站位于副热带南部。此时,若依然高空为东南风并配合超低温存在,则为具有热带性质的顺滚流,其天气展示为强雷击式暴雨天气。

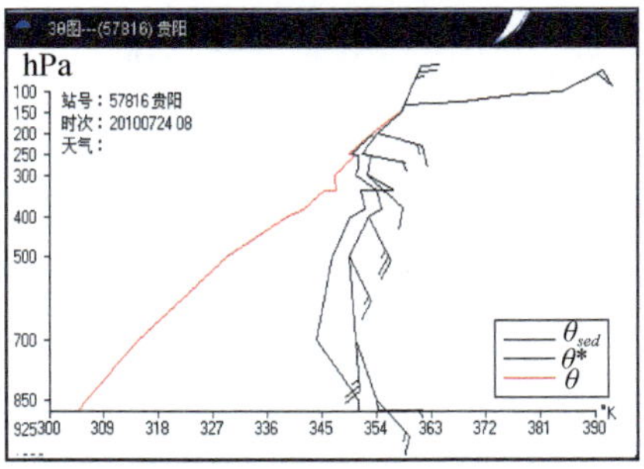

图 4.7　实例说明图

应特别注意,北半球的南风顺滚流几乎都出现于东风急流以南,并用于分析热带的台风和热带风暴或台风北上后的台风西南侧的大风、暴雨天气等,类似于分析南半球的情况,其灾害天气多见于台风或热带风暴北上。即若图 4.7 中最上层风向均为东南风,则不仅是特大暴雨,而且将有高频次的雷击天气。基于中国的地理位置多展示为东南风。

若为纯东风或东北风则为副热带高压下沉气流的标志;若配合有超低温则需要追溯至上游至少三个站,确定其是否为上升气流。上升气流者则为顺滚流的南风条件下高层大气的“超低温”及其激烈天气。注意此种情况下判别的关键点为超低温，即超低温存在条件下的南风也为顺滚流。所以，超低温是决定对流天气的本质。

应当注意的是，以上仅是针对风向、风速的总体情况说明如何识别滚流问题，实际个例的具体情况不会这样单纯。例如，经常出现的西北风、东北风或东南风等还不是等量分布(例如，西北风不会正好是 45°分布)的。不过，对于北半球而言，大体上掌握西北风为冷空气的代表，中、低层大气(700 hPa 以下)为偏南风(包括西南、东南风)或临近海洋的东风配合高层大气(500 hPa 以上)则为“顺滚流”；反之则为“逆滚流”。一般说来，结合实例经过短暂实习(3～5 d)即可以掌握。对于海洋位于陆地西侧的地区，则应当视水汽分布结构而另行标识。

基本原理是导致上升者为顺滚流(顺滚流伴有超低温发生、发展)；而引发下沉者为“逆滚流”，单纯的逆滚流没有“超低温”。

顺便说明，超低温层的发现和滚流的作用，既是最初引起欧阳首承教授注意的问题，也是改变思维观念的核心问题。其中滚流方向变化为预测转折性的决定性信息。所以，滚流方向、超低温和结构稳定与否，为天气转折变化的关键分析方法。

其一，超低温层等的非规则信息是导致对流活跃的灾害天气重要信息，称为大气灾害问题中的首要非规则信息或称为特殊信息中之“特殊性(特殊之王)”；

其二，滚流问题不是第一推动的力学体系的问题，而是“相互对抗”的搅动力及其引起的旋转运动，只是灾害天气“对抗”更为激烈而已。由此涉及了“对抗(confrontation)”的原因和搅动力的来源和变化；作为溯本求源，则是对抗物质的结构变化实质于力矩的变化而具有破坏性的“溃变”。沿袭“均质性”质点式的推动体系，不可能解决转折性的灾害天气预测问题；

其三，3 条 θ 曲线位于角度 45°线的左侧为不稳定结构；接近或与 45°线重合者则为稳定结构；小于 45°线则为超稳定结构。超稳定结构较少出现，和注意超稳定结构不等于都是好天气。尤其是“超低温的超稳定”则多为寒冷天气，若配合对流层顶降低和暖层云，则为长历时的大雪或暴雪天气，并可展示为“超低温”的高度降低至 400 hPa。

特别是，对于流体极易因结构的非均匀，引出搅动下的旋转变化和“滚流”变化。现在流行的英文词汇“evolution”的含义为“渐变、演化或进化”，但其来源的拉丁文最早意思是“向前滚动”，这也说明了旋转是变化的原因，或者说西方人的祖先们也曾经关注物质变化的问题。尽管“滚流”是欧阳首承教授引用的是河流水利学名词，流体的实质是“滚流”运动，大气也不会例外和具有广泛的旋转性。

所以，若气象行业遵照 V. Bjerknes 的环流定理的路线发展，应当会取得更多的突破性进展。欧阳首承教授“移植”水利学名词的目的之一，是在于引起气象界人士的思考，也是因为“大气滚流”对于天气转折性变化非常重要。甚至可以说，若把握住“滚流”，基本上可以把握住天气的转折性变化。其预测意义在于，滚流方向的转换可以先于天气变化的转变，并风向的误差比风速、湿度和温度等要素的误差小，而展示了预测的先于事件性。

这也是欧阳首承教授特意强调“方向是认识论，也是方法论”的原因，并配合大气中的水汽含量的分布特征和输送方式，可以基本上把握住暴雨、暴雪和冰灾等重大灾害天气的预测。

作为对“滚流”的认识，正如“evolution(向前滚动)”的本意一样，向前滚动的问题原则上不具有重复性，或偶尔也只是准重复或近似重复。其原因是滚流对抗中具有事件形态或结构性质的变化性，而多表示为非周期性的变化，遂使当代科学遇到了世界性难题。应用中应当注意，大气层结或称为大气垂直方向的差异，远远大于水平方向上的差异（至少可以相差两个数量级以上）。激烈天气现象的征兆，在垂直方向上表现得更为明显，而且滚流方式的涡旋变化也先于水平涡旋（天气图上的气旋、反气旋）的变化。这也是为什么欧阳首承教授可以有勇气一反传统的水平方向"波动——气压系统"，而改换为垂直方向上的"滚流"。即使是使用同一时刻的信息，则"滚流"信息也超前于气压系统的信息。因为现在的气压系统已经有密度先假设为常数而导致变化的滞后性，滚流具有率先识别转折性变化的功能。遂有该方法可以预测转折性，同时，不仅是促使人们思维意识的改变，也实质地解决了预测的关键性问题，故其预测的准确率展示为本质性的提高。并可以在预测天气要素之后，再预测气压系统的变化。或者说，运用信息数字化方法可以直接预测要素，无须经过预测气压系统后再预测要素。

运用大气滚流预测天气，可以无须使用天气图（只是初学者一时不习惯，也可以进行实况检验后再使用）。滚流分析已经包含了整个对流层大气变化的分析。只要将资料发送给欧阳首承教授，则可以做到人在家里或异地利用电脑上的"溃变软件"，即可预报灾害天气。曾经在成都预报出广东阳江市的暴雨预报和北京的强降水或异域的龙卷风。

鉴于目前气象界对非规则信息的认识与欧阳首承教授的看法有较大的差距，多数国家或地区不是限制性地公布"非规则"信息，就是以"拟线"方式修改或放弃了非规则信息。只好尽可能地使用可能获得的部分非规则信息，以"特性层"信息为主设计了目前的可以勉强使用的 V-3θ 图。若今后充实或重视非规则信息的发布，预报精度还有可提高的空间。这也是为什么欧阳首承教授于国外讲学其间与国外学者合作撰写的《走进非规则》著作，先以中文在国内出版。

1）大气滚流与天气演化的关系

（1）滚流可以改变对流层大气热量结构，促使非一致的多重分散的大气涡流，构成对流层内整体性自循环体系。这正是对流系统发生、发展的必要条件，并正因为滚流具有自循环体系，才能构成不同尺度的相对独立的气压系统。也说明了气压系统滞后于滚流的原因。特别是滚流方向不仅先于气压系统，而且也超前于天气现象。有应用或实际意义的是，一般对人类正常活动有影响的、具有 6 h 生命期的自循环体系的坏天气，均能以对流层内整体性顺滚流方式出现；逆滚流则向好天气转变。

为此，可以先于后面内容而提前说明，对流天气中的冰雹、强降水、大风、沙尘暴、龙卷风和暴雨等对流性灾害天气，均为滚流的"顺滚流"。其差别完全可以由 V-3θ（目前已经被应用者称为"溃变图"）的信息数字化识别。

（2）确切地讲，滚流发生于西风带体系的水平流场"槽前、脊后"的不连续带之前（东风带体系反向对待）。这里只是沿袭传统的提法，否则可以简洁地称为"滚流带"具有预测的超前性。由于滚流前、后的上升、下沉气流的方向不一致，可以改变水平天气尺度系统的分布特征或结构配置。乃至于较强的滚流可以导致原天气尺度系统的分裂。重要的是滚流方向的变化预示了变化的转折性。

作为认识滚流的强弱决定于结构的非均质性，也是非规则信息的来源。出于启用"非规则信息"而采用了数字化分析，并"非规则"信息本身就是"变化信息"。既然"力"来自"非均匀的梯度"，则启用非规则信息的本身就已经先于作用力，而预知运动的走向和变化方式。所以，启用"非规则"的本身，已经具备了"先知"或"先觉"地预测于事件发生之前了。并"非规则"本身已经实质于变化性事件。所以，欧阳首承教授提出“非规则”的目的在于针对“均质性”，也实质于变化性。即“非规则信息”就是变化信息！并为欧阳首承教授之首倡。

其次，物质世界中没有“畅通无阻的第一推动”，自然灾害的问题必须考虑“对抗的相互作用及其非均质引发的物质或事件的变化”。

其三，将预测问题作为当代科学的分支学科的重要问题是，当代科学的规则化损失了变化信息；并依赖气压系统的外推的本身不是预测，而是来自牛顿力学的外推式跟踪报道。因为现行气压系统来自密度为常数的假设，已经使其变化滞后于要素的变化。所以，经常出现降雨后才见到气压系统。无疑，若在认识上还将预测纠缠于监测式的“预警”，实质上是将自己拒绝于预测科学的大门之外。

(3)滚流效应除了水平热量、质量结构的非均质性外，更重要的还是垂直方向上的非均质性。尤其是对流层顶的超低温与地面的升温所构成的热量非均匀，是强盛对流发展的本质性原因。诸如，盛夏的中、低纬度地区对流顶的超低温与地面的气温差可以达到 100～120 ℃，似乎运用长波辐射理论不能给出圆满的解释。这本身就是摆在气象科学面前有实际意义的课题。

长期以来人们在当代科学体系的灌输下，总认为数量具有方便性，遂导致非规则信息成了排除的对象，由此也忽略了旋转所具有的简洁性。无疑，旋转对于数量分析是个麻烦，但运用“旋转或滚流”对于任何定位系统，只有“内旋、外旋”简单形式。乃至于无论如何复杂的运动，都可以“内旋、外旋”做到“经纬”分明的简洁性。并还可以广义地扩展到数字化的两类符号，如果将其上溯到 4000 多年前的“阴、阳爻”，既可以说明“内、外”旋的简洁化和体现于运动“方向”的可识别性。比数量分析简洁而有效，并无须陷入数量的非规则和所谓的“复杂性”。

不过，立足于数量分析体系的学术界，即使目前还将“复杂性”称为最新进展，实质还没有离开数量的统计方法体系。所谓“复杂问题，总体上把握”的结果，是什么也没有把握住。实质上，复杂问题在于特殊性事件，并以特殊事件的主要矛盾，处理其主要事件的问题为手段。或者说，“总体”不在于回避特殊性，而是针对特殊性给出解决问题的办法。所以，欧阳首承教授针对数量的“总体把握”，特意地强调了“擒贼先擒王”，既是方法的简洁性问题，也实在地隐含了哲学的深层次道理。

正如，研究大气变化问题的特殊性在于对流的发生、发展；而对流的发生、发展，则在于“超低温层”与地面的气温差。气温差的变化中，超低温的变化成为问题的主导方面。遂有大气的变化问题，应当首先解决“超低温”的认识和其应用。

无疑，若“超低温层”是特殊的非规则信息，则首先就得解决处理运用非规则信息的方法。否则研究天气变化的问题，必然陷入盲目而无法下手。目前将变化的问题套用不变化的理论，就是最大的盲目性的体现，并至今还没有醒悟。为此，欧阳首承教授强调了，历经重大灾害的预测失误，应该重视非规则信息的研究了。

(4)数量的认识和分析，应当看到数量的基本特征和问题的实质，数量变化无非是：数量不变、数量增大和数量减小等三种情况。并此三种情况中恰恰含有数量自身不能处理的问题。

无疑，数量不变的实质是维护事件或事件的不变化，是当代科学体系的核心问题；数量增大，则遇到了数量不能处理的数量∞问题，遂有当代科学不得不引入适定性条件，适定性条件的结果还是数量不变化；数量减小，实质上与数量不变没有本质的差别，并在数量算不准中还有“伪造事件”问题(如因数量的“大数小量差”中,将误差当作事件)。实质上是当代科学丢失了或根本没有触及数量变化的问题,300 年来出于崇尚“量变到质变”的当代科学,却将数量变化在“适定性”的实施中限制为不变化。或者说,数量分析的具体实施中已经限制了数量变化,则其“质变”已经成为“空谈”! 何况,变化问题的实质在于质变,数量变化不能代替性质变化。

此外,现在流行的复杂性不在于数量规则化的本身,而在于人们如何认识复杂性。差别或不同本来是世界的真实面貌和实质,不能因为数量不能处理它,而按数量的观点将其称为复杂性。

实质上,所谓“复杂性”已经表明了“事件”,尤其是“变化事件”不遵循数量的形式逻辑演绎。由事件的性质看事件,实质上比数量还简单。诸如,世界上六十多亿的人口可以说是“万差亿别”,但以其男女的性别识别之,却可以说简单到两种形式;类似地,无论事件的非规则有多么复杂,则按其旋转方向也是两种而已。为此,滚流的分析可以参照右手螺旋法则,针对中国的情况给出如下规则供读者参考:

① 对于北半球(南半球或类似于东风急流南侧的热带天气则反之)而言,若对流层内出现上、下层气流的方向不一致,则可以将右手的四指取为南风或东风的风向,在坐标原点取为测站的左侧(纬向)或右侧(经向),所构成的滚流为顺滚流(顺时针滚流,图 4.4);反之则为“逆滚流”(逆时针滚流,图 4.5)。

顺滚流将预示大风、行云或播雨等,由晴天转换为坏天气的转折性变化的标志;逆滚流则反之,即为坏天气转换为好天气的特征(但长期的“逆滚流”控制,则为干旱天气的罪魁祸首)。其中矢量风可以按其分量分解之,再整体分析对比后,以分量大者决定。

对于北半球而言,其上层为西北风,下层为东南风者,则为最明显的晴天转为大风或阴雨天气的标志,也是北半球常见的转折性天气变化。作为具体涉及大风或阴雨天气的程度的预测分析,则应当注意整体对流层大气内的温差分配、水汽结构的分析,即可以给出相应天气发生的程度。遂有具体运用中“先定性、后定量”方式运用 V-3θ 图。后面将结合降水量的预测实例说明相应的分析方法或注意事项。必须注意到事件或物质的差别性首先是性质的差别,数量分析中贬低了‘定性’的本质性概念。欧阳首承教授认为,所谓“量化可比性”实质上是颠倒了事件“性质”与“数量”的本质性问题。数量永远是事件后的形式概念,并不单独存在!

② 对流层内为一致风向时,则一般情况是由于地形摩擦和大气密度随高度减小,遂有风速为下层小、上层大(应注意实际中也有上层某一层或某几层的风速小于下层风速的情况,其原因一般是探空气球遇到涡流或进入了云层所致)。天气预报员应当掌握此种情况,可以风速的切变作用而产生滚流。即一致风也会有滚流发生,这也是为什么对流层大气始终保持混合的原因。也可以说,“有物混成”是来自滚流的搅动。对于此种情况,可以右手的四指按最大风速的指向,坐标原点均在测站的左侧所构成的右手螺旋规则,判断滚流方向(参照图 4.6、图 4.7)。

应注意的是,东、南或西、北方向为一致风向时,高层风速大的东或北风是逆滚流,而高层风速大的南、西风是顺滚流,遂有相互抵消的作用。为此,分析者应当掌握和注意,风速的大小和风的来源地。例如,风来自干旱的沙漠和潮湿的海洋上空的效果是不同的,所以风向的运用绝不是仅仅为数量的大小问题。

此外,应用中不要将一致风和非一致风混淆起来,注意风速也有随高度减小的情况和注意：北风、东风随高度减小则为顺滚流；西风、南风随高度减小则为逆滚流。无疑，仅凭文字阅读读者可能不会立即掌握。事实上，只要结合实例讲述或读者自己逐一对照数字化图像，远远比求解数学物理方程容易得多，并毋须三、五天就可以具有享受或欣赏，初知“风云变幻”的乐趣或成就感。

总之，滚流可以改变物质的层次结构，遂有“力”也可以因旋转而变化，气层结构向均匀化转变，则是“力或能量”减小的体现；而气层结构转变为非均匀化则为“力或能量”增大的标志。所以，信息数字化方法显示了问题的深入性，预测分析中不仅涉及了“力或能量”，而且还涉及了“力或能量”的变化，重要的是“非均质性”先于“力”出现，并为预测需要抢占了先机。所以，滚流方向的运用不仅可以解决转折性变化，又极大地挖掘和启用了信息的潜在资源。这也是《易经》中的知几（音 jī，为微小变化的意思，不能误读为第三声的“几个”的“how many”）可以知变的原因，即可以预知于事件发生之前。

4.2　V-3θ（溃变）图的数字化设计及其功能

首先说明，欧阳首承教授设计 V-3θ 图时始于 1963 年。当时业务应用中还没有正式使用卫星云图和雷达探测。遵照尽可能地启用非规则信息的功能，突显云层性质和实际高度的前提下，将传统气象学的运用对数方法得出的直线式 T-ln$P$ 图，还原为 P-T（气压、温度）图的曲线，原因是按密度为常数的高度计算存在误差问题。目的在于凸显包括“超低温层”在内的特性层信息的结构图像，按风矢量、湿度、气温要素绘制了 V-3θ 图。或者说，本方法不同于传统方法是，将其丢掉的或不使用的非规则信息（特性层信息）都包括在内，并还以特性层信息为核心。按垂直剖面揭示变化信息滚流方向的结构特征，以滚流转换为目的显示不同灾害天气的基本特征。即分析：

（1）现有流场的滚流效应；

（2）潜在的滚流效应。

其中，现有流场的滚流效应，是指阴雨天气发生和维持期（尤其是指维持发展期）都为顺滚流；或相反地，晴好天气发生和维持期为逆滚流；潜在滚流效应，则是指晴好（或阴雨）天气前 24～36 h 前出现顺（或逆）滚流，则晴好（或阴雨）转为阴雨（或晴好）。对应于 3θ 的要素结构的相应配合，则是若 3θ 场的结构为非均匀的，但其流场是逆滚流；若 3θ 场的结构是均匀的，但其流场是顺滚流称为“相反配合”，则其逆（或顺）滚流将 12～24 h 内逆滚流转为顺滚流，相反地顺滚流将转为逆滚流；或者 3θ 场变为非均匀，则顺滚流加强（逆滚流减弱）；3θ 场变为均匀，则逆滚流加强（顺滚流减弱）。注意，结构的“非均质性”为核心问题。并应用中细致地分析风向和风速的差异，没有错情时应当主要注重风向的差异。

如果对照传统气象学的概念，则上述分析方法是突出了大气的斜压性或在于更为细致地分析“斜压性”，同时也表明了斜压大气绝不是“波”。或者说斜压大气“导演”的是滚流，而不是“波”。或者说，斜压大气不能再沿袭波动理论。

V-3θ 图中的 V 是探空资料中直接观测的风向、风速信息。遗憾的是出于观念的原因，目前运用的规定层信息，已经是人为地“拟线”处理了。不过，这不能责怪观测人员，而是在于制定规则的人们存在认识上的差距。应当说，观测问题本身就是“以物测物”，必然存在相互干扰而互有测不准的问题，并且是物质世界的必然事件。所以，至今人们不使用实际观测获得的特性层信息，无疑是认识问题浪费了资源。为此，欧阳首承教授在历次讲演中强调，科学发展观首先应当落实于：已经获得的信息不应当被抛弃。

此外，风矢量按气象惯用的标识符号设置在 θ^* 线上，相应的 3 θ 分别为 θ 、θ_{sed} 和 θ^* ，并在 P-T（T 以绝对温标 K 表示）坐标图上构成 3 条曲线，作为每一个测站的 V-3θ 图。

应当说明的是，传统气象学中使用的是假相当位温是 θ_{se} ，欧阳首承教授出于预测的超前性，将原来的凝结高度的温度改为尚未凝结的露点温度，遂有软件输出为 θ_{sed} 。至于 θ，θ^* 已经有过详细说明而不再赘述。只是曾经学习过传统气象学的人士应当注意，V-3θ 图是 P-T 坐标图，不是 T-ln$P$ 图，并启用了特性层信息和风向、风速滚流信息而称呼 V-3θ 图。特别值得强调的是，V-3θ 图涵盖了由地面到 100 hPa 的气层中，尽可能地将特性层信息都包括在内。只是目前基于认识上的差别，还有诸多观测信息没有被使用。目前可保障运行的 V-3θ 图，只能勉强做到涵盖部分超低温和非规则信息。

作为认识问题，位温揭示的是热量。V-3θ 图的主要功能，是建立在大气热量结构非均匀基础上的方法体系，其核心还在于结构的非均质性而非质点的数量化。方法立足于大气对流层内垂直方向上的“非均质性”，激发滚流发生、发展、维持和转换问题；和以旋转运动导致流动分离的认识观念，以及事件本身演化的转换理论。

V-3θ 图的设计思想，完全是出于当代科学不能处理非规则信息，而引发的叛离数量分析体系和进入物质热量分布的图像（diagrams）。或称为容纳非规则或变化信息的数字化方法，其中突出了特殊性引发的旋流转换。以揭示当代科学视为世界性难题的转折性变化，和遵循搅动能量守恒与否而应用于物质老化、变化和转折性变化在内的演化科学问题。必须说明的是，“图像（diagrams）”概念或方法并不是纯几何的静态图像问题，而是涉及了事件的直接转换规律。即能量转换必须借助物质变化的过程阶段，而需要相应的“时间”和转移的空间，而可以给出搅动能量守恒定律。其中应当明确的基本概念，能量的积聚必然突出地显示物质结构的非均匀。为此，V-3θ 图的设计的核心思想，是首先考虑了非规则信息的结构或称为图像（diagrams）特征，体现结构或 diagrams 的非均匀或异常性：

① 若 3 条 θ 曲线随着 P 的减小向右倾呈现线性增长，则表示大气对流层内的结构是均匀的，并实质上是一种非实在的人为地理想情况，实际中几乎很难见到纯粹均匀的大气状态。所以，纯粹均匀的线性分布只是应用中的比较，而便于识别非均匀或超均匀的结构状态。

② 若 3 条 θ 曲线随着 P 的减少向左倾或呈现垂直 T 轴或随着 P 的减少不变或少变，则表示对流层大气的垂直结构极度不均匀（特别是呈现左倾的负斜率，则为地热不稳定结构），并积聚了不稳定能量有待释放。一般而言，极度不均匀多为某个别层次，并发生于阴雨天气发生之前的中、低层大气的 θ_{sed}，θ^* 的结构状态。若再配合 θ 曲线左倾和与 T 轴的交角大于 70°，或近似地垂直于 T 轴，配合对流层内为整层顺滚流，则必有激烈天气发生。若为非气象因素，则对应相应事件（地震等）的异常。

③ 若 3 条 θ 曲线随着 P 的减小并偏向①类型的右侧，则可分为整体状态和局部情况。若为整体右倾，则为绝对稳定；若为局部右倾或个别地呈现准平行于 T 轴，则多为暖层云特征，并表现为 θ_{sed}，θ^* 曲线接近或重合状态（图 4.8）；冬半年超低温层降低，也有整体右倾的状态，但应当注意此种整体性超右倾中含有局部层次的左倾非规则情况，则为大雪前或大雪进行中

多配合暖层云(图 4.8)。图 4.8 显示了 3 条 θ 曲线随着 P 的减小整体右倾，

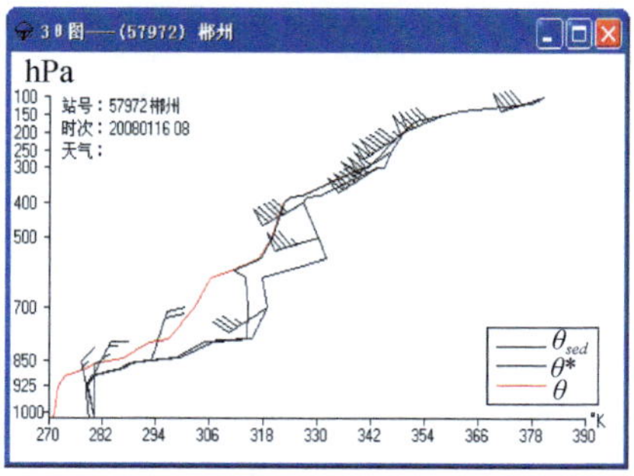

图 4.8　整体超右倾的局部非规则左倾与暖层云

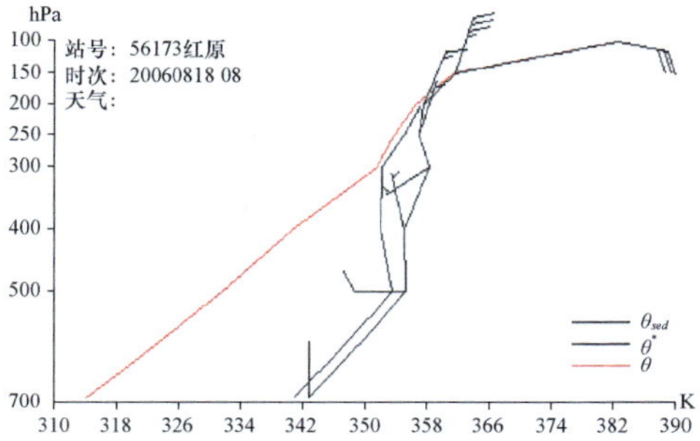

图 4.9　晴好天气的整体右倾的稳定性特征

其 900 hPa 以下为极不稳定的左倾，700—600 hPa 为相对不稳定的左倾和 500—400 hPa 为极度不稳定超低温层左倾；并 925—800 hPa 气层则为 θ_{sed}，θ^* 曲线接近或重合状态的暖层云云层。

这里是借助图 4.8 同时说明了三个问题，并应当说这是少见的个别情况。一般而言，整体超右倾是稳定的，即使对于风雪灾害的恶劣天气也是稳定的(即坏天气也可以维持的持续性)。所以，V-3θ 图的结构稳定性，并不是完全的仅仅限于晴好天气的稳定性。作为稳定性的倾向定量(时间维持的长短)而言，超右倾的稳定性一般可以维持 15 d 以上。2008 年 1 月雪灾过程的可能维持的时间，欧阳首承教授曾经于事件之前，给出雪灾可以维持 15～20 d 的预测。实况是大面积降雪过程基本上由 2008 年 1 月 12 日持续到 2 月 1 日，其中 1 月 12—27 日为主要降雪阶段，可以说正好是 15 d。

晴好天气的稳定性与恶劣天气的主要差别是，晴好天气没有超低温层，并往往配合相应于超低温层处，有温度升高的局部右倾现象(见图 4.9 的地面到 300 hPa 的 θ 线右倾至折拐，而展示温度增高)。所以，同是右倾整体稳定性，也不等于其结构状态是相同的。无疑，这是预测分析中应当注意的问题。

这里顺便说明，图 4.9 是“东风逆滚流”的副热带高压西伸控制下的超稳定性结构，而图 4.8 则是“西风顺滚流”控制下的具体(分层)不稳定的总体超稳定结构。或者说，熟悉的分析人员可以直接按滚流方向决定之，而无须拘泥于 3 条 θ 曲线的形态。所以，复杂问题的总体上把握，有其总体稳定性的特征，但总体稳定性不等于具体事件是相同的。这也为什么欧阳首承教授一再强调特殊性的重要性。简言之，图 4.9 的超稳定结构所表示的稳定性是晴热天气可

以维持的稳定性；图 4.8 的总体超稳定而局部非稳定结构，则是冰雪天气的维持性的总体稳定性的特征。晴好天气与恶劣天气的稳定性主要差别是，晴好天气没有超低温层，并往往配合相应于超低温层处有温度升高的局部右倾现象（图 4.9 的 300 hPa 处 θ 线向右折拐而温度升高）。

④ 一般而言，对流层大气中、低空的 V-3θ 图的 3 条 θ 曲线略趋向左倾，以 θ_{sed}，θ^* 曲线的左倾为明显，并可以达到与 T 轴成钝角的程度。其原因是低空大气因地面加热和水汽的作用，所引起的微弱的对流不稳定。所以，3 条 θ 曲线向左倾斜总是不稳定大气结构，只是灾害天气表现得更为突出。θ 曲线除了激烈的灾害天气或强烈地热以外，总体上总是向右倾斜；一般则表现为中、低空略有左倾。应当注意的是，3 条 θ 曲线同时向右倾，则总体上均为稳定的结构形式。但总体性稳定不等于都是晴好天气，恶劣天气的稳定性也可以表现为总体性右倾（图 4.8）。遂有具体情况，应当以其特殊性给出具体结果。或者说，灾害问题在于“个性化”。至于中、高层大气 V-3θ 图的 3 条 θ 曲线区域一致或重合，则是高层大气水汽稀少有关。

由图 4.10 中首先看到 400 hPa 以上 θ_{sed} 曲线率先与 θ 曲线重合，到 200 hPa 以上则 3 条曲线完全重合。再往上出现准平行于 T 轴的弯曲时，则表示已经进入了平流层大气。

⑤ 北半球出现偏南风，有 3 条 θ 曲线趋向左倾；偏北风则 3 条 θ 曲线趋向右倾，则是合理的配合或称为“正配合”。若反之，则称为“反配合”，此种情况揭示了信息有错情，预测分析人员，则应当查找原因，并属于错情的分析内容。

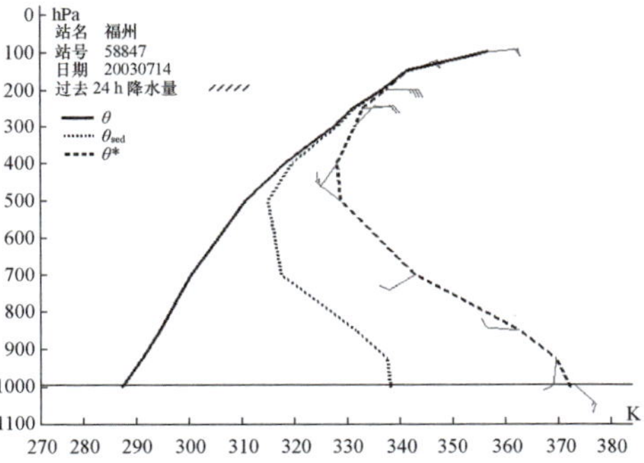

图 4.10　2003 年 7 月 14 日 08 时 V-3θ 图

⑥ 一般情况下，3 条 θ 曲线趋向左倾，并 θ 曲线与 θ_{sed}，θ^* 曲线一致，或 θ 曲线右倾而 θ_{sed}，θ^* 曲线左倾，都是合理的配合；若 θ 曲线左倾，但 θ_{sed}，θ^* 曲线右倾，则为不合理的配合。预测分析人员应当检查信息的错情，并首先以 θ 曲线为准，仔细检查 θ_{sed} 曲线的错情。

⑦ 若 3 条 θ 曲线趋向左倾（尤其是中、低空大气）的非均匀结构，则必然存在潜在的顺滚流，或者说此种情况为逆滚流，则不是滚流信息有问题。即使其逆滚流是正确的，则未来 12～24 h 内，也要转变为顺滚流；若 3 条 θ 曲线趋向右倾（尤其是中、低空大气）的均匀结构（这里是指具体或整体结构都是均匀的，不是整体均匀而局部不均匀的类似于图 4.8 的情况），则存在潜在的逆滚流或无滚流。或者说，此种情况即使为顺滚流也将改变为逆滚流。这表明结构是决定性的，滚流或运动方向仅仅是结构特征的体现。即信息数字化分析的本身，不仅触及了力，还涉及了力的来源及其变化的问题。

⑧ 目前的特性层信息还不是全部发布的，特别是世界气象组织仅仅协议于交换人为处理

后的“规定层”资料。但仅由发布的特性层信息的 $V\text{-}3\theta$ 图中，也还可以看到 300—100 hPa 附近会出现陡然左倾或准垂直于 T 轴或右倾中有拐角者，即为对流层附近有“超低温”，并注意其他条件和警惕灾害天气的发生。乃至于可以说，若没有“超低温”现象，则不会有对流式的灾害天气发生。本书之所以强调“超低温”及其重要性，是在于“超低温”是复杂、特殊信息中，最为复杂和最特殊的关键性信息。

⑨ 考虑到暴雨等灾害天气与云的性质和高度有关，为此，$V\text{-}3\theta$ 图的设计于卫星云图运用之前，就可以给出云的性质和确切高度，而以露点温度设计了 θ_{sed}，并配合饱和的 θ^* 即可明确云的性质和高度，而展示出明确的结构特征和高度的精确性。遂有今天已经通行云图的情况下，$V\text{-}3\theta$ 图的云层性质和高度的显示方式仍然不落伍。至今云图在识别云高度的精确性、层次、浓密程度的展示还不如 $V\text{-}3\theta$ 图。而且 $V\text{-}3\theta$ 图还可以识别暖层云和冷层云，以及非规则信息充分公布的条件下，能够给出对流云的层次性（图 4.11 和图 4.12）。由图中可以分别看到层云的高度和其浓密的程度，和层云之上的对流云（图 4.11）；相应地可以由图 4.12 的 700—600 hPa 高度处左倾和 θ_{sed} 与 θ^* 曲线趋于重合的高度为冷层云，以及其下层大气的对流云。

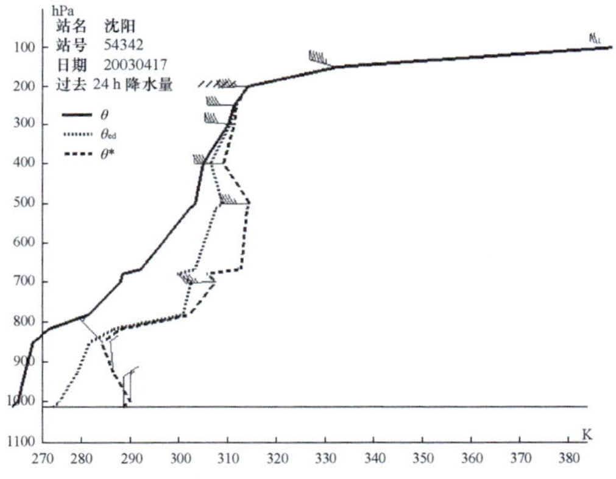

图 4.11　沈阳 2003 年 4 月 17 日 08 时 $V\text{-}3\theta$ 图

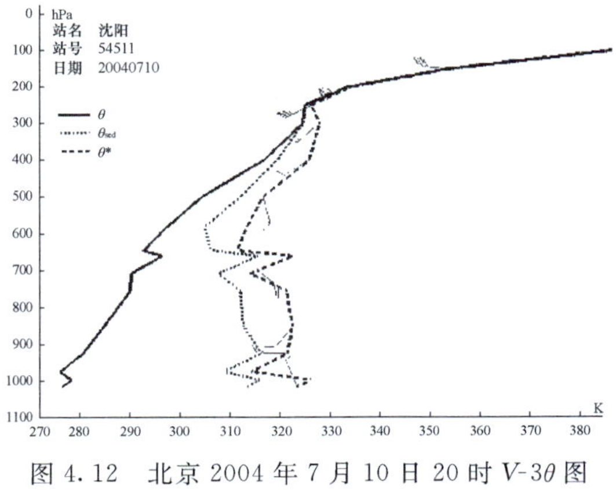

图 4.12　北京 2004 年 7 月 10 日 20 时 $V\text{-}3\theta$ 图

按欧阳首承教授及其学生的多年的实践分析得出：当 θ_{sed} 与 θ^* 曲线靠近并接近于 3K，若 3 条曲线呈现多层折拐状态的非规则分布，则表示有积云存在，并折拐的高度即为云的高度；若

3条曲线接近重合或重合，并右倾折拐几乎与 T 轴平行的强逆温状态，则为暖层云（图 4.11 和图 4.8）和强逆温高度即为暖层云的高度（冷层云则反之），其浓密程度即为 θ_{sed} 与 θ^* 曲线靠近的程度和延续的长度。

特别是，若层云的上空大气呈现多处 θ_{sed} 与 θ^* 曲线靠近和折拐，则表示层云的上空有积云存在。并此种情况的暴雨雨量要加大，且至少加大一个级别。

灾害天气按其性质的差别可以分为两类：对流性灾害天气与非对流性灾害天气。

4.3 主要对流性灾害天气的结构特征

对流性灾害天气主要包括：雷击、冰雹、暴雨、强降水和大风（龙卷风）与沙尘暴或冬季的冰雪灾害天气。并主要针对转折性变化下的重大灾害天气预测，但不排除持续性外推或外延的监测性报道。非对流性灾害天气主要为高温、干旱、大雾等。

4.3.1 强对流天气

对流天气的类型比较广泛：局域性冰雹、强降水、阵性大风、沙尘暴和龙卷等都属于强对流天气。不同形式的强对流天气，其表现的 $V\text{-}3\theta$ 图的结构特征也各不相同，尽管强对流天气的发生之前都有“超低温”，其不同形式的对流天气所对应的“超低温”特征也是有差别的。限于图表占据空间较大，这里主要针对中国中纬度地区常见的强对流天气给出相应地介绍（国外之所以较少列入，则是目前的信息交流规定限制了特性层资料的传输）。至于书中没有特意介绍的某些灾害天气类型，读者可以引用具体实例，一般经历 10 个典型过程，就可以掌握其预测要点。不过，应用中应注意训练形象特征的记忆能力，和“品味事件”的变化过程（事件性质，而不是数量形式）！

4.3.2 冰雹灾害天气

冰雹灾害天气的超低温特征与强降水、龙卷或大暴雨等灾害天气不同的是，超低温相对比较深厚，严重者可以达到 50—100 hPa 厚度的降温层。并应注意，$V\text{-}3\theta$ 图中的纵坐标为气压 P，不采用 $T\text{-}\ln P$ 图的高度。原因是，传统的 $T\text{-}\ln P$ 图设计已经假定了密度为常数的静力近似，致使高层大气的误差较大而不符合实际。但不能因为采用了 P 坐标而忘记了高层大气的 1 hPa 与低层大气的 1 hPa 对应的高度是不等的。

冰雹天气超低温的形态多显示为陡角或左倾式的突然折拐。相应的物理背景明确，毕竟是结成冰雹需要深厚的“冷冻层”，而唯有深厚的“超低温”气层才能完成“制造”冰雹的“任务”。

其次，构成冰雹大气的结构特征，还涉及大气的水汽分布问题和整个对流层大气为顺滚流。冰雹天气不要求中、下层大气水汽非常丰沛。多数是某一气层相对较湿，而其他层次可以相对较干（图 4.14）或水汽分布相对较均匀（图 4.13）。顺便说明，图中横实线表示海拔高度，并为本工作的早期软件系统的表示方法，第二期软件已经改为纵坐标自动伸缩的方式，而无须标明海拔高度的横线。近地层或中空的某一层次温度、湿度相对较大，尤其是大气中层存在冷层云（图 4.13 的 500 hPa 附近 θ_{sed} 与 θ^* 曲线靠近的左折拐）等都引发对流不稳定。并应注意冷层云的对流强度大于暖层云的对流强度。

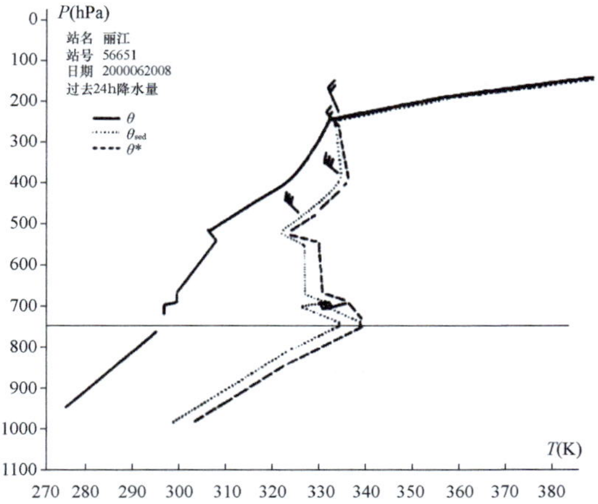

图 4.13　丽江 2000 年 6 月 20 日 08 时 V-3θ 图

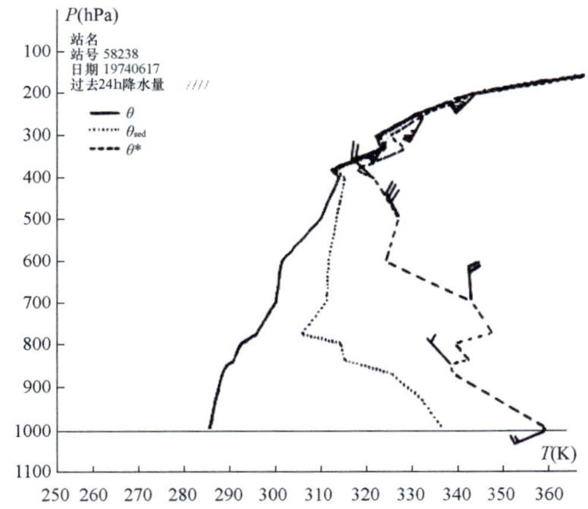

图 4.14　江浦(南京)1974 年 6 月 17 日 08 时 V-3θ 图

必须说明的是,大气层中湿度大则有利于"量"的预测,图 4.13 则因其气层的湿度较大,遂有丽江出现了区域性(几十平方千米)特大冰雹灾害;而类似于图 4.14 结构的冰雹,则只能预测其局地有强冰雹,而很难给出明确的定量预测。总体说来,限于目前的观测站的空间和层次密度的布局和发送的信息现况,冰雹的是否可以发生的预报,本方法提出了改进方法。但其定量预报还是个有待研究和解决的课题。并涉及了设站密度或观测时次。所以,即使不能增加测站的空间密度,若能增加信息的发送层次和"超低温"位置的正确定位,也可以改善冰雹目前的定量预测水平。

冰雹的落区可以说也是目前测站布局限制下的预测难题之一,特别是由于目前的探空站布局比较稀疏的情况下,几乎是没有可以信赖的方法。但按照这里的方法可以根据超低温的所在位置,以及配合超低温的风向、风速的汇聚区可以给出相对缩小预测区域的预测,若配合云图的"超低温纽结"位置可以改善无法预测的现况,但预见期相对缩短。无疑,正式发布的探空信息能够配合GPS定位系统也是改善预测落区的现实方法之一。

预报人员，应当掌握“超低温”拓广性应用，其所在位置恰恰是大气“纽结”处对应的发生地点，并可以把握住冰雹的可发生范围缩小为100～150 km的区域内，这是目前300 km^2 设置探空站所能做到可能限度。不过，这已经要求预报人员具有足够细致分析信息的能力和耐性，否则其预测极易导致漏报。所以，对流天气的易发生区，预报人员必须具有细致分析信息的基本要求。欧阳首承教授的学生中有结合实践的地形特征，对多发强对流的某地区运用本方法曾经做到预测准确达到90%以上。只是汛期间每日工作中需要保持高度的警觉而非常辛苦而已。工作中也总结出，及时直接运用本地探空站探测的信息，既有信息的原始性和获得信息的及时性，而不必等待信息集中后的线路输送信息。只是目前发布信息的情况下，具备探空观测的台站才能做到。更为重要的是，预报人员具备事业的责任心。

强对流天气的预测应当注意的主要结构特征：

1)除了3条θ曲线的非均匀结构的特征外，比较突出的特征是θ_{sed}，θ^*曲线与T轴成钝角，正是强对流天气发生前与暴雨发生前主要差别，而构成了强对流天气物理背景特征。即同属于对流天气，则强对流与暴雨的对流天气是可以严格区分的。

2)“超低温”现象，不是单站或其周围的个别现象。冬季可以出现于青藏高原的上空或低纬度的上空，特殊情况的东半球或西半球“超低温”所携带的西风层可以南扩至10°N左右；春到夏季初的干旱地区可以出现在50°N以南；夏季季节“超低温”可以出现于50°N以北地区。这也表明了“超低温”现象与太阳直射方位有关联(但不是唯一关系)，并体现于太阳给地球表面大气“增暖”之前，而先给对流层上层大气“制冷”。遂导致了对流层大气出现激烈的对流现象，和“超低温”为什么对天气系统有引导作用的原因。并与传统的500 hPa作为引导系统不同。

实际上，欧阳首承教授于研究短期预报的同时也着手于长期预报，已经培养出专职长期天气预报的领班预报员。长期预报的核心问题为地球转速的变化，和引起地球转速变化的原因，并转速的问题不在于速度变化的大小，而在于速度变化引出的“力矩”的变化。

所以，对于灾害天气预测的问题，不能只注意中、低层大气和下垫面的问题。如果套用当代科学的习惯用语，中、低层大气及下垫面只能是为灾害天气的形成提供了充分条件；其更为重要的必要条件是太阳辐射引起的热量变化及其相应的超低温变化。

应当注意的是，分析超低温不在于其绝对值的大小，而在于超低温与近地层大气的相对温差。尽管相对温差各地区也有相对的差别，欧阳首承对已经经历50余年的实践总结为：对流层顶与近地面相对温差达到80～100℃，则应当警惕有发生强对流的可能。具体预测中还应当注意对流层内的滚流方向，一旦出现顺滚流和湿度变化激烈，就应当给出相应的预报。

强调“超低温”不能按绝对数量差概念，则若图4.13、图4.14中整体降低或升高5℃，则都可以发生强对流的冰雹灾害。所以，只要有超低温现象出现，并与中、下层大气水汽、温度等条件配置适当，无论春季、夏季，乃至于冬季都可以发生冰雹现象。或者说运用本方法切忌信息的绝对数量概念。实际应用中，超低温先于天气现象出现，预报人员一旦发现超低温，就应当密切注意对流层大气中、低层湿度、温度的配置情况，待其变化符合某种强对流的类型，配合“顺滚流”就可以发出准确的预报。

3)高原或山区的超低温,一般比平原地区有偏低的倾向。其原因在于高原或山区上空易构成“瓶颈”效应,并配合地势偏高而因太阳直接辐射易导致下垫面增温,高于平原上空同等高度的自由大气,极易构成比平原地区上空大气强烈的非均质性。遂有高原、山区比平原地区更容易出现对流天气的原因。原则上,在信息充分和没有错情的条件下,启用非规则及自动记录等信息,强对流天气的预测本应当有本质性的改善。现在的主要问题是,中国探空站的设置过于稀疏(特别是山区和高原地区),取样信息并没有得到充分利用。核心是人们或学术界存在如何认识非规则信息上存在重大差距,乃至于达到完全相反的认识和看法。毋庸讳言,欧阳首承教授不同意现行的消除非规则信息的认识和所谓滤波等伪造信息等作法。实质上非规则信息是变化信息,滤除非规则信息就是消除了变化。图 4.13 的丽江特大冰雹灾害,就是在欧阳首承教授的业务软件安装后,配合预报人员重视非规则信息的经验,而有勇气在其发生的 9 h 前发出了预报,并受到地方政府的表彰。

4.3.3　局地强降水与风暴和雷阵雨

4.3.3.1　局地强降水

局地强降水也称为局地降水量达到暴雨以上的阵性降雨,并往往几个或十几个小时就可以达到大暴雨或特大暴雨的强降水。尽管时间短,但降水强度大而往往导致城市交通瘫痪,公路桥涵垮塌或中、小型水库垮坝或因其伴有雷击而导致通讯中断等灾害。此种天气现象基本类似于冰雹灾害,具有局地性、突发性致使传统的外推方法失效。正由于其具有突发的转折性,则启用变化信息的数字化方法显示了优越性。只要目前设置的探空观测网可以捕捉边缘信息,配合自记“振荡”信息数字化方法(第 5 章),基本上可以做到有效预测。这里主要介绍探空信息 V-3θ 的数字化特征,自记“振荡”信息的数字化将在第 5 章中给出专门的讨论,并自记“振荡”信息的数字化已经成为演化科学(含生命科学)的通用性方法。

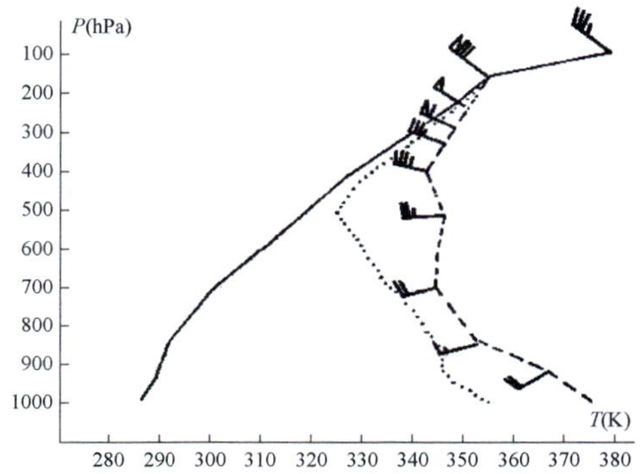

图 4.15　武汉 1998 年 7 月 20 日 08 时 V-3θ 图

局地强降水的结构特征可以结合图 4.15、图 4.16 给予概要地说明:

由图 4.15、图 4.16 可以明显地看到 300—100 hPa 有超低温,但此超低温的形态与冰雹的超低温不同。厚度较薄并表现为简单的折拐(对于有探空测站的气象台,应当与观测人员及时联系而核对超低温的厚度,可以使预测成果的质量更好);

其次,中、低空大气的 θ 曲线略呈现左倾,而表示了对流层大气具有对流不稳定结构,并

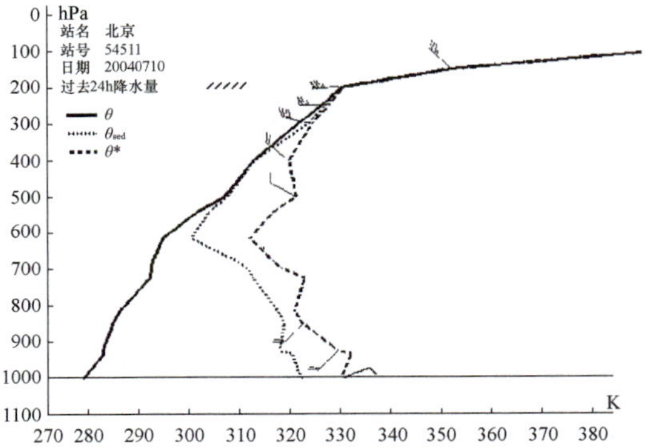

图 4.16 北京 2004 年 7 月 10 日 08 时 V-3θ 图

θ_{sed}，θ^{*} 曲线基本上是自 500 hPa 以下的中、低空呈现准平行的与 T 轴成钝角。这表明中、低空大气中的水汽分布已经具备和热量高于区域或大范围暴雨；

再次，整个对流层大气是以中、低空的西南风和高层大气的西北风构成了整体顺滚流。为此，可以断定未来 12～24 h 内出现局部强降水。其中，对于武汉市（图 4.15）的西南风已经超过 500 hPa，故其降水量应当至少预报为暴雨一大暴雨（实况是 24 h 为 159 mm）。这里顺便说明，参加此次降雨过程预报的仅仅是欧阳首承教授刚刚毕业的学生，尽管初次遇到此种情况也根据溃变原理，鼓足勇气坚持发出“灾害性”暴雨预报（相应的湖北气象局，因初运用该软件而以服务方式公布的），并因此得到当地政府好评和赞扬。此场暴雨几乎导致武汉市全市交通瘫痪；相应地对于北京市（图 4.16）的西南风仅达到 700 hPa 以上，并 θ_{sed}，θ^{*} 曲线与 T 轴所构成的钝角也小于图 4.15。为此，只能预报为大雨—暴雨量的级别或个别的局地可以达到大暴雨。降雨的局地性较强，分布极不均匀，降雨主要集中在市中心和城南地区，如天安门降雨量为 104 mm，门头沟降雨量为 84 mm，石景山降雨量为 74 mm，但北京北部的延庆、密云和平谷地区基本上没有降雨。这场局地强降水的暴雨，使城市的诸多立交桥的下通道积水，交通大瘫痪达 4 h。

此外，作为拓广性应用，应当注意冷层云的作用，或者说冷层云的“抽吸”作用，实质上不亚于超低温（在灾难性暴雨中，也特意提及过。见《走进非规则》《信息数字化与预测》）。为此，参见 2010-05-06 重庆风暴和 2010-05-07 发生的广州强降雨。在图 4.17 和 4.18 中，特意给出前 36～48 h的含有冷层云引发灾害天气的例子。

2010-05-06 重庆强风暴的破坏性，已经有新闻媒体的专门报道死亡近 30 人，2010-05-07 广州强降雨导致的城市内涝灾害，直接涉及了城市建设规划的防护能力问题。为此，书中列出对应的数字化分析方法列的图例，即便于读者有所了解或对于相应行业的预报人员作为参考！

4.3.3.2 重庆局地强风暴

2010 年 5 月 4 日 08 时，重庆的大气热结构展示了除高空的超低温外，其 500 hPa 附近为较强的冷层云，并其上、下层为对流云和 850 hPa 附近还有水汽较松散的暖层云。5 日 08 时演变为上干、下湿结构，超低温呈现双层和主层风速达 40 m/s。大气结构具有异常的强对流特征。鉴于重庆本地区上空水汽的不充分，则必有大风。即使按 5 日 08 时的特征也预示当晚和

6 日的强风。配合 5 日 20 时的大气结构特征，则应当发出强风暴预报。因为其结构已经是非常典型的强不稳定大气结构。作为，预报员应当特别地关注，4 日 08 时的冷层云配合超低温和近地层不稳定结构。并因 05—08 时的水汽不充分也含有冰雹，但以风灾为主(图 4.17)。

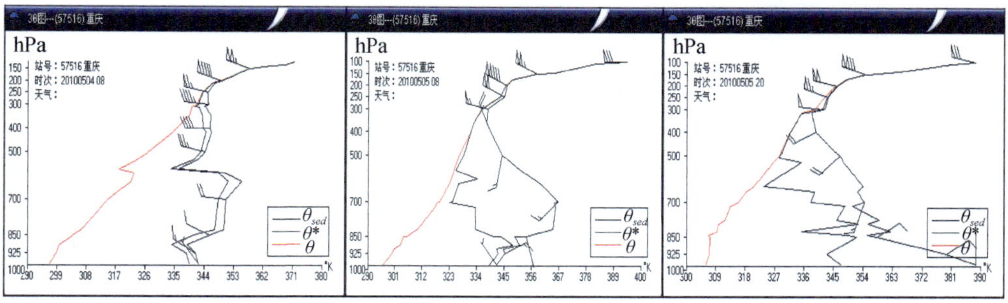

图 4.17　重庆 2010 年 05 月 04 日至 06 日强风暴前的大气热结构变化

4.3.3.3　广州市强降雨

尽管目前流行局地强降雨列为“世界性难题”。但相对说来，运用热结构的数字化方法能够给出正确的预报，并注意沿海地区的降雨量比内地加大一个量级。图 4.18 系列应当给出雨量预报为暴雨—大暴雨。即使按 6 日 08 时的大气结构也可以给出准确预报，只是分析此例案应注意冷层云，4—5 日 08 时结构特征已经给出警示信息。顺便指出，城市的积水内涝在于规划设计的防洪、排泄能力，并对于强降雨至少应当考虑 12～24 h(大都市应当考虑 6～12 h)内不低于 150 mm 的降水量。

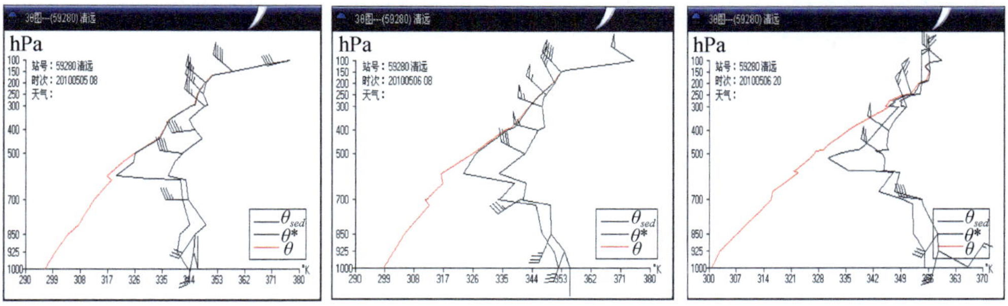

图 4.18　广东清远 2010 年 05 月 05—06 日强降雨的大气热结构特征

4.3.3.4　雷阵雨

应当说，一般强降雨的暴雨中多为雷雨交加。只是雷阵雨中不都是强降水的暴雨或大暴雨。为此，需要给出对应的区别性，应当注意：雷阵雨过程中，有时探空信息中能够捕捉到雷暴发生时的特征(本章图 4.2)。

但一般说来机遇较少，毕竟是探空施放探空气球是限定时间的，而雷暴的发生不会遵循人为的规定时间。图 4.2 中 500 hPa 高度附近的温度突变，不能认为是信息出错，而是雷击中因离子效应的气体突然膨胀和收缩的效应。所以雷雨的灾害天气中，其对应的气象问题不只是分子态的物理学，而还有离子效应问题。对比图 4.2 和图 4.15、图 4.16，除了 500 hPa 附近突变外，其他基本特征是类似的，遂有读者也可以判断 2007 年 7 月中旬的重庆市也发生了局地强降水的雷雨的大暴雨。但对比图 4.19，则可以看出尽管图中的 θ 曲线与图 4.15 和图 4.16

的 θ 曲线没有多大的区别，也表现为顺滚流。只是其 θ_{sed}，θ^* 曲线与图 4.2、图 4.15 和图 4.16 有结构性质的不同。其一，为 θ_{sed} 与 θ^* 曲线不是准平行结构，呈现疏密相间而揭示水汽没有强降水充分；其二，θ_{sed}，θ^* 曲线与 T 轴没有构成真正意义的钝角，而揭示相应大气状态的不稳定程度相对于强降水而言，则降水量相对较小。

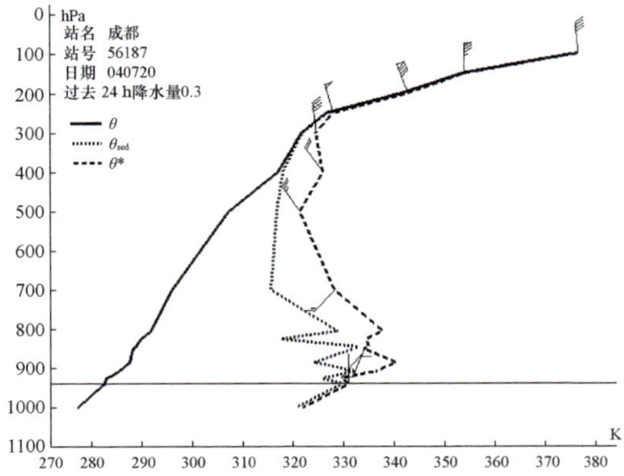

图 4.19　成都 2004 年 7 月 20 日 08 时 V-3θ 图

这里顺便说明，作为雷阵雨问题的 θ_{sed}，θ^* 曲线的疏密相间，并不一定集中于大气的中、低层；也可以出现于对流层中层或略偏于上层，而构成“蜂腰”状(图 4.20)。再配合超低温和顺滚流，则均可以发生雷阵雨天气。但雨量多为非均匀或零散的降水，一般雨量不大，但不排除个别地点出现几十毫米或可以达到暴雨或大暴雨。显然，图 4.20 中的“蜂腰”(水汽集中带)不在近地面和仪器的飘移，济南市不是降水中心，其测站 24h 降雨量为 80 mm。

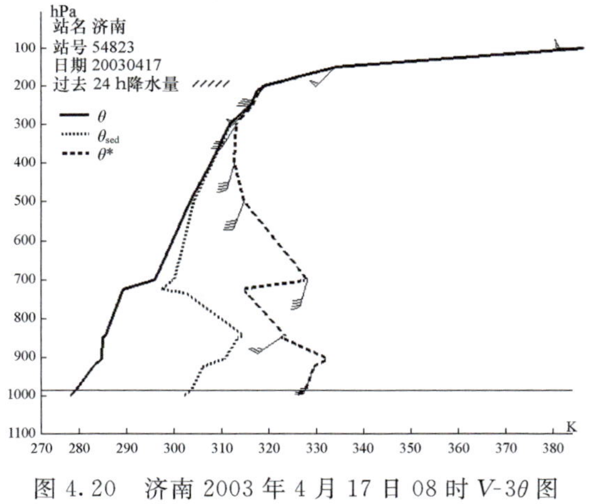

图 4.20　济南 2003 年 4 月 17 日 08 时 V-3θ 图

按目前探空站网的布局偏于稀疏，雷阵雨的降水量的落点不一定正好发生在测站位置处。遂有雷阵雨和雷击预报，得借助云图的“纽结”或自记信息的结构转换分析方法(见第 5 章)，并对于飞机起、落和航天或军事的导弹发射、卫星或飞船回收等预测有直接的意义。所以，雷阵雨并不能因其雨量不大(图 4.19)，而不给予重视。何况，雷击直接涉及了大气的离子化，还有更深层次问题有待挖掘和研究。

4.4　降雨量预测

应当说，降水量预报涉及了数量分析关键问题。当代科学以追求数量化的“定量”为科学，某种程度上过分夸大或歪曲了“定量”性。恰当地认识数量，则永远是相对性和大概性概念。或者说，提倡“定量化”者似乎应当清醒的是，数量作为形式计量的描述不存在绝对的“定量化”，并应用中也是按不同性质的问题有不同的要求或人为地规定。无疑，精密仪器所要求的量化精度相对于简易的木工房屋构建的精度，可以说是前者几乎达到数量化的绝对性；但现在的纳米量化的精密性对于人们已经习惯的精密仪器的数量精度，又可以称为数量化更为绝对性。遂有精密定量化的无穷性问题，或者称为定量化的最终结果是相对意义下的“差不多”而已。故人们盲目地追随“量化可比性是科学的唯一标准”的提法，并没有真正懂得数量是什么。

对于每 300 km 设置的气象观测站网，其可能地数量化的精度只能是“渔网上绣花”，相应地可能捕捉的“鱼”似乎得接近 1000 km。即使运用自记气象地面站网信息的数字化方法，其可能捕捉的“鱼”也得在几十或百千米以上。

中国历来对于降水问题极为关注。针对农业和水利水电工程的设计需要，必然注重一定流域面积上的暴雨量问题，而正好相当于区域性或大面积降水量的研究和探索。所以，本章的非规则信息与区域数字化方法，坦诚地讲，应当不是欧阳首承教授自觉或自愿的发明，而是区域暴雨量的预测任务的迫使，或者说成出于无奈的情况下不得不应付差事的产物。

实践中发现，可以导致或引发流域破坏性规模的灾害性暴雨，基本是来自面积较大的层云降雨，其间对流云主要是配合层云而使雨量加大而已；纯对流云尽管降水的强度很大，但总体雨量总是有限的而不会导致流域性灾害。迫使欧阳首承教授改变观念的问题是，冷层云的对流作用不亚于对流云，并当其与对流云组合或重叠时，其降雨量完全超出了当时人们的想象。也许是科学真正的含义更在于挑战人们的智慧：即数字化方法本是来自无奈地应对差事，却变成了主动出击地进入了演化科学领域的新发现和有效手段。

至此，读者也许可以明白设计 $V\text{-}3\theta$ 图时为什么凸显层云特征，和即使 50 余年后的现在，其云图在清晰地显示云层高度、层次性和密实性方面，还不如欧阳首承教授受信息非规则性启发而依据“热量非均匀”设计的 $V\text{-}3\theta$ 图。

其次，必须说明的是以前公布(见《走进非规则》等)预测雨量的“计算”，不是来自传统气象学理论，而是受到水利水电行业的流域概念的启发。简单的例子是，若暴雨只降到河流的河道上，其所产生的洪水还不如小雨或中雨降到整个流域上所产生的洪水大。特别是曾屡经实例计算，降水量的大小不决定于气柱中水汽含量，而是决定于大气中、低空水汽流入范围内的流入量。或者说暴雨过程中的水汽“流入空间”，相当于河流的流入水量的“流域”，而所谓“暴雨”则相当于空间‘河流中某截面的“洪水”’。相应“暴雨量”则又决定于水汽“流入空间”的高度。无疑，“流入空间”越高，其降雨量越大，并高度中也可以显示层云和对流云的重叠。欧阳首承教授进行了 100 余实例的检验和对照，最后总结出运用于实际业务预测的一般规则。

欧阳首承教授以前发表的文章和著作中，出于当时学术界非常执着地追逐所谓的“理论计算”，而有意地回避了这个问题。鉴于几十年的实践，欧阳首承教授提出雨量预测方法的预测结果，尤其是暴雨及其以上的雨量级别的预测与实际基本符合，并为暴雨或大暴雨以上降水量给出了预报员敢于预测应用的方法依据。因为科学在于挑战人类的智慧，同时也应当为后人留下坦诚，并希望读者在实践中提出新的方法而适应时代的需要。

4.4.1 一般降水量的预测

无疑，基于农业和水利水电工程建设和运行的需要，和预测服务的直接对象而言，有实际意义的降水涉及了大面积或一定区域的暖层云降水。其雨量一般限定为暴雨以下的大雨到小雨的量级。其非规则信息的数字化或称为一般降水量预测的 V-3θ 图的一般特征：

1）一般有较弱的超低温层。

2）V-3θ 图的 3 条 θ 曲线可以在 850—700 hPa 附近或至多高至 600 hPa，出现同一高度的准平行于 T 轴或略向右倾斜与 T 轴成略小于 30°夹角的，θ_{sed}，θ^* 曲线准平行或几乎重合的状态，则表示近中、低空大气中有将发展的或发展强盛的暖层云。其 θ_{sed}，θ^* 曲线准平行或几乎重合的高度，即为暖层云的高度，若配合有 10 个经纬距距离的水汽源地，则都属于一般性降水量的范畴。

3）一般降水的 V-3θ 图上，可以见到暖层云以下的气层 3 条 θ 曲线向左弯曲的现象。

这表明云层以下的气层处于不稳定状态，相应的 θ_{sed}，θ^* 曲线靠近和呈现准平行的垂直于 T 轴或与 T 轴成钝角。

4）几乎以云层为中心构成整体顺滚流。

必须注意的是，构成有实质意义的降水（系指行人得携带雨具）的大气“顺滚流”必须是对流层内为“整体性顺滚流”；相反的构成实质意义的晴天（至少是少云的天气），则必须是对流层内为“整体性逆滚流”。

整体滚流是指对流层内仅为一个整体性滚流，并包括顺、逆滚流。若对流层内有两个或两层以上的滚流，则称为“非整体滚流”或多层滚流。一般而言，非整体滚流或多层滚流时，其相应的天气不会太好，也不会太坏。可以参照水汽的来源的充分与否，而介于多云、阴晴相间或阴天之间，相应的风速也多介于微风和大风之间，并夏季至多是雷阵雨天气。

其降水量预测可以参照如下规定：

① 若 V-3θ 图中的 $\theta^* - \theta_{sed} \leqslant 10 \sim 8$ K 并呈现准平行地垂直于 T 轴。这一特征可以体现于暴雨、大暴雨或特大暴雨中的结构状态，只是低层或下层暖湿空气的高度和被预测的测站的东部逆滚流的程度或结构稳定性具有维持的时间长短的差别。

这表明一般性降水或大面积的灾害性暴雨的对流强度，比强对流天气的对流弱得多。或者说，大面积的洪水性暴雨与强对流的局地性暴雨，则数字化的 V-3θ 图可以给出结构性的差别。遂对于类似中国大江河流域的暴雨洪水预测有极特殊的意义。

② 注意预测地区的东北侧、东侧的 5～10 个经纬距内仅 850 hPa（约 1500 m）以下为逆滚流或水平面上为反气旋流场，则其 200 km^2 以内的降水量的预测可以掌握在小雨到中雨（即 1～10 mm），并以小于 10 mm 为主。具体落点的预测，则应结合自记记录信息的数字化转换方法分析给出相应的具体地点的预测。对于没有自记记录站点的预测，则只能以超低温层所在大致位置给出估计预测（熟练掌握后，根据超低温层的风速判断超低温的位置，或超低温层的

辐合带为降水的积聚区）。

③ 若被预测站东侧的逆滚流的厚度可以达到700 hPa（约3000 m），其相应200 km^2 内的降水量可预测为中雨到大雨（即11～25 mm），并以小于25 mm为主。落点预测方法对于有自记记录的测站，也可以运用②的方法。

④ 若被预测站东侧逆滚流的厚度可以达到500 hPa（约5500 m），其对应的约200 km^2 内的降水量预测，可以考虑为大雨到暴雨（即26～50 mm）并以大雨或小于50 mm为主。即降水量的大小与含水汽的辐合层高度有关，见前面的“空间流域”概念。

显然，上述所列规则原则上是针对农业和水利设施调度需要的一般性，并基本上是正常运转条件下的非灾害性降水量预测，针对沿海地区的大气湿度丰沛，经实例检验一般可以加大一个级别，基本符合大面积降水的实际情况。但局部暴雨或局地强降水不在此例。

4.4.2　一般暴雨及其以上的降水量预测

目前规定的暴雨量是以日（24 h）为计量的，并流行的提法中称为暴雨“定义”。欧阳首承教授认为“暴雨定义”的提法欠妥，应当称为“规定”较为确切。因为暴雨量问题，涉及了暴雨发生的频次和发生地区的防护能力和降水的性质问题。例如，强降水可以在1 h或几个小时内足可以超过50 mm，持续性降水虽然可以在24小时内达到50 mm，无疑两种降水的性质是完全不同的。由于持续性暴雨的面积较大而易导致洪水而造成严重的生命、财产损失，故只以落点的暴雨量规定为暴雨还有其不明灾害的情况。并考虑到运用数字化的V-3θ图方法可以区分两类暴雨的性质，故这里所说的暴雨是指持续性暴雨。将强降水的暴雨列入强对流天气的分析中，中国表现得尤为突出。例如，有的国家降水多数不超过24h，而中国连续降水超过3d并不稀奇。

一般暴雨及其以上的降水量预测可以按V-3θ图的结构特征说明如下：

暴雨、大暴雨以上的降水量，或称为灾害性暴雨，其水汽辐合层比较深厚，至少应当考虑预测地点以东的5～10个或以上的经、纬距内，其对流层内为逆滚流所控制。水汽输送至少按其输送方向上的相应测站，具备一致风向的水汽通道（即使按300公里设置测站，也应当有3～4个测站为一致风）保障水汽输送具有持续的源头。其中，一般性降水 $\theta^* - \theta_{sed} \leqslant 8 \sim 10$ K；持续暴雨往往是 $\theta^* - \theta_{sed} \leqslant 3 \sim 5$ K，并 θ^*，θ_{sed} 曲线呈现准平行的垂直于T轴。其西南、南或东南（北半球）风的厚度，可以分别按500、400或300 hPa而有不同级别的暴雨降水量。其特征为：

1）对流层气层的整体为顺滚流。

2）暴雨、大暴雨以上的降水量上空的超低温层，仅为折拐的薄层状。或者说暴雨类的超低温厚度相对强对流而言比较浅薄（见图4.15、图4.16）。

3）θ 曲线呈现左弓状，并伴有非规则性折拐。应当注意，θ 曲线非规则性折拐表示有对流云发展（若全部公布特性层信息，则不仅信息明晰，而且可以明确地改善预测效果）。

其暴雨量预测可以参照如下规定：

① 若水汽辐合层达到500—400 hPa，且测站的东侧为整体逆滚流，且范围在5～10个经纬距以上，则可以预测为暴雨或大暴雨，即50～100 mm。相应的内陆地区以小于100 mm；对于沿海地区，则应考虑为以100 mm为主或大于100 mm。

② 若水汽辐合层达到 400 hPa 以上，测站东侧为整体逆滚流，且范围在 5～10 个经纬距以上，则可以预测为大暴雨或特大暴雨，即 101～200 mm，并对于内陆以小于 200 mm 为主，但低纬度或沿海，或台风上空的超低温的温度低于－70℃，则雨量应当加倍。

③ 若水汽辐合层的厚度可以达到 300 hPa 且其测站的东侧为整体逆滚流，并控制范围可以达到 10 个经纬距或以上。可以说当代气象科学基本上不能回答其原因，其相应的雨量曾经被称为无法想象的地步，并 24 h 的雨量完全可以超过 500 mm 或以上。此种情况将在主要灾害天气举例中说明。

应当指出的是，对有关业务预测的实况调查表明，即使到目前为止除了有经验的预报员外，当代科学中几乎没有计算出超越大暴雨的实际预报例子。仅就欧阳首承教授 3 万余个实例检查的核对，则实际灾害天气偏偏发生在非规则或变化信息中而无一例外。在解决具体问题中欧阳首承教授于五十余年的实践中，曾经 4 次成功地预报出 800～1000 mm 的日降水量。

尽管如此，欧阳首承教授依然认为非规则信息的数字化处理方法，还不能说是处理非规则信息的最好方法。但至少说明了引入了非规则信息或称为变化信息，才能进入解决灾害事件的门径。

作为认识或理论问题，自然灾害问题实质上是迫使人们正确地认识变化事件及其信息，研究启用变化事件信息的应用方法。或至少也应当使人们懂得，当代科学体系为什么不能处理非规则信息和认真对待非规则信息。

4.5 大风与沙尘暴及主要灾害天气预测实例

无疑，强对流天气中还包括了大风与沙尘暴天气(或龙卷风)。显然，扬沙和沙尘暴离不开大风，但大风不等于沙尘暴。不过这两种天气现象有关联，且借助 V-3θ 图给出相应的物理背景特征，并可以用于预测。为此，将其放在一起说明。

无疑，沙尘暴发生的首要条件是大风；其次，为导致沙尘天气的沙尘源。没有沙尘源即使有大风也只是大风而已，但两者不是孤立的。应当注意到，裸露无植被的下垫面，在太阳辐射下要比有植被的下垫面升温较快，易导致大气垂直方向的温差增大而加大风速。一般风速达到 6 级(10.8～13.8 m/s)以上的风称为强风；沙尘天气是指强风携带或卷起地面的沙尘使空气浑浊，或近地面空间水平能见度降低的一种天气现象。并可以分为浮尘、扬沙和沙尘暴三类。其中，浮尘是指水平能见度小于 10 km 的天气现象；扬沙是指水平能见度在 1～10 km 内的天气现象；沙尘暴是指水平能见度小于 1 km 的天气现象，并风速大或呈现螺旋结构。强沙尘暴的瞬间风速可以达到 25 m/s 和风力 10 级以上。最严重的强沙尘暴也称为“黑风暴”。龙卷风不同于沙尘暴，在于水汽丰沛(见附录的缅甸风暴)

传统的大风、沙尘暴天气预测，主要是依据天气图上的等压线(地面天气图)密集，以气压梯度加大的方式预测。但等压线密集发生时，或至多是同时或是落后于沙尘天气的发生，而多用于已经出现沙尘天气监测的预警，而不是真正预知于未然意义的预测。特别是，经常遇到没有见到密集的等压线，而发生了沙尘暴。

显然，实在的预测在于先于事件发生的超前性，并启用了容纳变化信息数字化的 $V\text{-}3\theta$ 图方法，居然可以做到真正意义的预报沙尘暴。并突出地表现为超低温条件下强不稳定的大气结构。其基本特征可以概括如下：

1)大风和沙尘暴天气发生前，首先是大气中的水汽含量较少或非常少，并在 $V\text{-}3\theta$ 图中体现为与降水相反的结构，即 θ,θ_{sed} 曲线非常靠近，至少 θ_{sed} 曲线居于 θ,θ^* 曲线中线的偏左侧。尤其以沙尘暴天气显得更为突出，并可以在沙尘暴发生前出现 θ,θ_{sed} 曲线几乎重合的地步。相应的纯大风天气，也表现为空气中的水汽含量少，但大风天气的近地面为 θ_{sed} 曲线可以出现在 θ，θ^* 曲线中线的偏右侧，或接近 θ^* 曲线。这表明相应地区的地面植被或下垫面并不是裸露的干燥沙地，即纯大风和沙尘暴有实质性区别。有趣的是，由 $V\text{-}3\theta$ 图显示的特征，即使预测人员不在当地也可以预测相应的大风或沙尘暴天气。或者说，运用含有非规则信息的 $V\text{-}3\theta$ 图，所谓最难预测的沙尘暴天气，变为最为容易掌握的预测方法。

2)大风、沙尘天气出现的前一天，即可见到 θ 曲线呈现左倾(相对于 θ 曲线的准理论计算值的与 T 轴成 45°角)而大于 45°角，可以达到或接近 70°～80°角，个别层次可以达到与 T 轴几乎垂直的程度。大风天气不同于沙尘暴天气的是，纯大风天气前的近地层的 θ_{sed} 曲线的数量值大于沙尘暴天气发生前 θ_{sed} 曲线的数量值。一般而言，纯大风天气比沙尘暴天气大 10～15 K，并 θ_{sed} 在近地面有逆温现象；对于沙尘暴天气而言，$\theta_{sed}-\theta$ 曲线的温度差要小于 5 K，θ_{sed} 与 θ 曲线几乎重合；θ^* 曲线与 T 轴成钝角，和 $\theta^*-\theta_{sed}\geqslant 20$ K。

3)大风和沙尘暴天气发生前，均有超低温现象，并其超低温程度和整个对流层中 3 条 θ 曲线左倾的程度，是对流天气中最强的不稳定结构(见灾害天气举例)。

4)在北半球，大风和沙尘暴天气的顺滚流，为高空西北风与低空西南风构成的(台风和飓风除外)。

5)一般大风或沙尘暴过程的后期，一旦出现近地层或大气中、低空某个层次 θ_{sed} 增大而居于 θ,θ^* 中线的右侧，则有局地雷阵雨并标志大风或沙尘暴天气结束。其间应当特别注意，超低温现象配合某一层次的水汽增多可以引发雷击的火灾。

前面已经提到，某地区植被条件的好坏，可以 $V\text{-}3\theta$ 图 θ 与 θ_{sed} 曲线靠近的程度给出警示。若某地区的 θ 与 θ_{sed} 曲线靠近程度小于 5 K 或几乎重合，则表示该地区的植被基本或已经破坏，并沙尘暴的预测可以说是运用 $V\text{-}3\theta$ 图中最易掌握的方法。

灾害性大风与沙尘暴天气是 20 世纪下半叶以来，尤其是中国北方和西北地区的主要灾害天气之一。黄河流域已经由预防水患的策略，转而为如何防止干旱或沙化的问题。目前人们的注意力基本上偏向于气候变暖的空气污染，实际上导致西北地区干旱或沙漠化的另一重要因素，则是河流断流的问题。必须注意到，水的热容量远远超过空气的热容量，遂有水流的热交换也必然超过气流的热交换。为了追求局部的经济利益的拦河截流式的兴修水利，是否是真正地兴修水利还是破坏水利，则已经成为人们认识的课题了。毋庸讳言，欧阳首承教授一直主张“山应常青，水应常流”，拦河截流不如贮能放水而启动水循环，并同时改造农牧型经济结构。无疑，对于大风、沙尘暴天气说来，则是“风推沙走，沙助风威”，即改造大风天气也与改造沙漠相联系。因为植被的破坏，必然引出下垫面的增温而导致大气结构的非均匀，遂引起风速加大。所以，大风、沙尘暴天气的大气结构非常特殊，即使对于没有气象学基本知识的人，稍加说明也可以掌握如何识别和预测大风和沙尘暴天气。图 4.21 和图 4.22 均是大风沙尘暴天气的典型例案。其中最为明显的特征是 θ 曲线左倾与 T 轴的交角可以达到 80°，并构成强对流天气中最为不稳定形式。

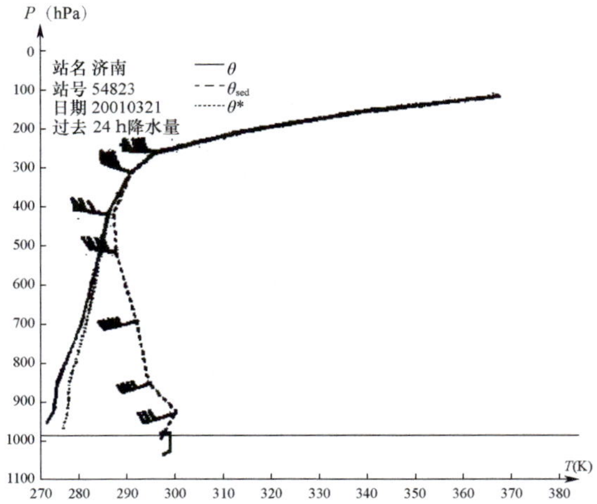

图 4.21　济南 2001 年 3 月 21 日 V-3θ 图

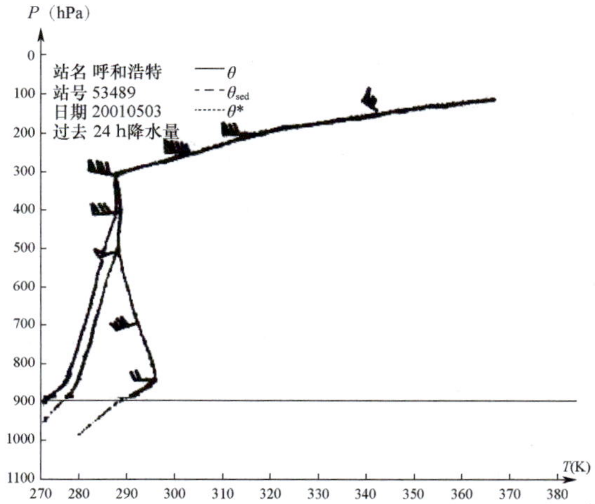

图 4.22　呼和浩特 2001 年 5 月 3 日 V-3θ 图

其次，是图中 θ_{sed} 曲线与 θ 曲线非常靠近，并严重者可以达到几乎重合的地步；相应的超低温也远远强于其他对流天气，和具有西风顺滚流。无疑，θ_{sed} 曲线与 θ 曲线非常靠近或重合，则表示当地的下垫面的植被破坏和大气中的水汽非常少。作为不稳定能量的唯一的转换方式，只能是大风携带沙尘。若其中的 θ_{sed} 曲线居于 θ，θ^* 中间偏右，则表示当地的植被没有破坏的结构，只能是大风天气，只是在植被条件改善后，相应的 θ 曲线左倾度也会降低大气层结的不稳定程度。则对应的风速也是减弱的。

为了便于读者掌握灾害天气的具体预报过程，下面将结合具体的灾害性天气实例给予说明。

无疑，本方法启用非规则信息，在基础观念上不符合当代科学体系的认识和以数量处理事件的体系，也是构成认识和方法分歧的基本实质。不过，出于科学技术的使用价值和主要针对灾害天气预测的实践性，本方法还是受到台站业务人员的欢迎，研究中曾得到地方政府和国家自然基金的资助。

核心还是人们的认识观念问题。数值不是事件的数字，数值来自事件之后的形式计量。没有涉及事件的原因和过程，应当是数字化所要触及的思维变革问题。其中必须明确事件的数字即使运用了数值（或数量）的记号，但事件的数字记号是不能加、减、乘、除或按照微积分规则进行运算的。

鉴于 4.2 节的一般情况介绍中，已经大致上讨论了冰雹、强降水和沙尘暴等强对流天气的特征和预报方法，这里不再重复。直接进入人们更为关心的暴雨灾害的实例，然后再分别介绍大风、沙尘暴、大雾和高温天气预报问题。

4.5.1　灾害性暴雨天气的典型例案

暴雨尤为灾害性暴雨的降雨强度及其带来的危害，在中国的历史记录中所出现的情况，可以说已经达到至今的气象科学理论所不能解释的地步，更不要谈是否预报的问题了。按曾经调查过的 100 余名有经验的预报员，除了极个别的老预报员之外，几乎 90% 以上没有享受过成功预报出 100 mm 以上大暴雨的喜悦或成就感。一般而言，可以成功预报出暴雨的预报员就已经算是优秀预报员了。毋庸讳言，欧阳首承教授能够提出的信息数字化预报方法，不是来自气象院校和行业的培养，而是来自水利界的任务逼迫。即使作为欧阳首承教授的个人的经历，也是迫于暴雨灾害导致的惨不忍睹。无疑，灾害性暴雨，还不在于它仅仅是某个或几个测站的高强度降雨。重要的还在于区域性（200～300 km^2 以上大面积）、持续性超过 10h 的大暴雨以上的暴雨，其危害可以说目前的人们还无法抗拒。

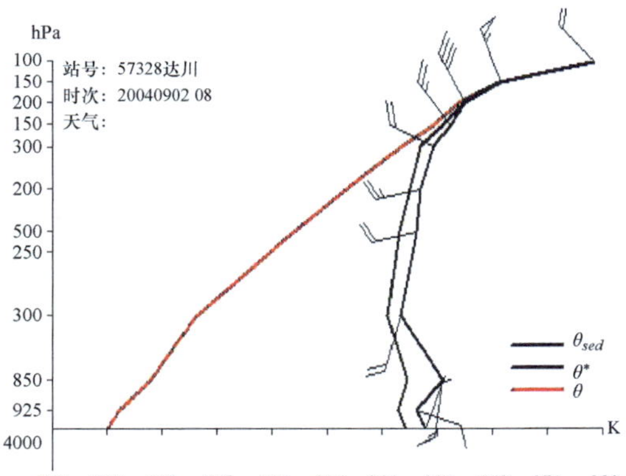

图 4.23　达川 2004 年 9 月 2 日 08 时 V-3θ 图

此类暴雨的特殊特征不同于强降水或局部瞬时的高强度降雨。例如，一般大暴雨降水的基本特征是 V-3θ 图中的 θ_{sed}，θ^* 曲线不仅相距小于 3～5 K，并几乎呈现准平行状态垂直于 T 轴（图 4.23），而不同于强对流冰雹、强降水的结构特征（图 4.13～4.22）。遂有中国的“致洪暴雨”概念（特指：导致大面积洪水的暴雨）。

无疑，类似于图 4.23 的“致洪暴雨”特征的发现，不仅在形式上可以使人们识别暴雨的性质，也为探索此类暴雨的降水量之所以可以达到曾经令人无法解释地步的原因。其中，既有 θ_{sed}，θ^* 曲线准垂直而显示了持续性灾害性暴雨的对流程度小于强对流天气，更有水汽辐合层的厚度不仅可以超过强对流天气，而且直接展示了可能降落的暴雨量决定于水汽辐合层高度和水汽来源的方向。所以，降水量的预测完全可以突破传统理论无法计算的障碍。例如，图 4.23 所展示的南风水汽辐合层已经达到 400 hPa 以上，而可有把握地预测出其暴雨量可以达到 100～200 mm 的大暴雨。不过，不要忘记暴雨的超低温仅仅表现为薄层形式，其强度也远远小于其他形式的强对流天气。所以，“致洪暴雨”不在于某小时或某分钟的降水强度大，而在于持续性和较少有雷声或雨声的频率单一。

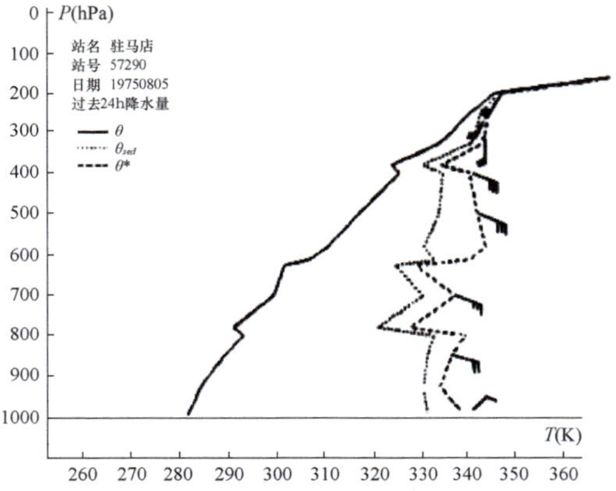

图 4.24　驻马店 1975 年 8 月 5 日 08 时 V-3θ 图

图 4.24 是探空站捕捉到的具体记录有资料以来，可以堪称当代科学体系不仅不能预报，也不能给出解释的中国内地著名的超级特大暴雨的例案。即 1975 年 8 月 5 日 08 时，中国河南省驻马店观测站，观测到的日降水量超过 1000 mm(1060 mm)的超级特大暴雨及其对应的探空资料计算的 V-3θ 图。由图上可以看到即使按限定的发布非规则信息(特性层信息)，则其 θ 曲线也展示了四层非规则左拐(含超低温层)，此种特征是强积雨云发展的标志。其中值得注意的是，超低温层(200 hPa 附近的折拐)没有冰雹等强对流天气的超低温发展得强盛，而成为暴雨类天气共同的特征，即使如此的超级特大暴雨也不例外。

这里之所以引用图 4.24 的例子的另一重要原因，则是因为驻马店测站已经撤销。所以，图 4.24 图实质上不仅具有科学的学术价值，也成为文物的历史价值。在本书之前的著作中也引用过此例，但没有说明这是欧阳首承教授第一次以数字化方法预报其暴雨量可以达到 800～1000 mm，而当时被人们称为“疯子”；当日雨量报道为 1005 mm(后修正为 1060 mm)时，事后又被人们称为“瞎蒙”。不过事后水利界于广州开会讨论“75 · 8”暴雨洪水时，还是特邀了欧阳首承教授参加大会作了学术报告。后来的实践中欧阳首承教授运用信息数字化方法，相继正确地预报出广东省清远和阳江等地出现的 800 mm 以上的暴雨。

其次，由 θ_{sed}，θ^* 曲线的结构形状，可以看出为对流云中积雨云(θ_{sed}，θ^* 曲线并行和频繁折拐，如果若全部发布非规则信息，则其可识别性更为清晰，并呈现极其频繁的变化。并成为人们应当改变观念的重要问题是，预测问题的分析研究，不应当恐惧非规则信息的“杂乱”，而且是“乱”体现了变化)，并其中配合了冷层云(800—700 hPa θ_{sed}，θ^* 曲线接近和左倾的密集层；400—300 hPa θ_{sed}，θ^* 曲线之间左倾折拐)。并请读者注意，暴雨不是气柱中全部水汽的凝结降落，而是水汽分布的“干、湿”不均匀，并以积雨云中配合冷层云，则降水量可以超常发挥。其间冷层云有聚合积雨云的作用，可以导致降水有如倾盆而泄。这也是暴雨预测几十年实际预测中最大教训，也可称为最大的收获之一。特别是冷层云的作用曾经挑战了人们的想象。

其三，由图中可见图 4.24 不同于图 4.23 的是辐合层的高度相差 100 hPa ，但中、高层大气与近低空大气的 100 hPa 不是等高度。因为高层大气空气稀薄，则其相对的实际高度远大于低层大气的高度。特别是此例的水汽辐合层高度在大陆内地可以达到 300 hPa。一般而言，300 hPa 气层是接近水分子在太阳紫外线辐射下的出现离子化的层次，可以说是水汽辐合层接近可能达到高度的极限。所以，图 4.24 所展示的暴雨可以说是内陆中暴雨中的经典范例。这次灾害暴雨所造成的人员伤亡，不亚于唐山大地震，并令人惨不忍睹。

可以说，欧阳首承教授在这里所要传递的信息是，水汽辐合层达到 300 hPa 是可以发生降水量“性质”的变化。如果说，水汽辐合层达到 400 hPa 的降水量可以突破 200 mm 的特大暴雨的限定，则水汽辐合层达到 300 hPa 的降水量就可以突破 500 mm 而直接上升到 800～1000 mm 的量级（此例欧阳首承教授曾给出 800～1000 mm 的预测意见）。相应地，尔后国内沿海城市的阳江、清远等测站经常出现突破 500 mm，并见到 24h 达到 1000 mm 的降水记录（中国广东省的阳江测站），应当不再会感到奇怪了。不过，给出超过 500 mm 的降雨量预报，已经被当地、当时预报人员视为“疯子”了。这里说明，降水量突破 250 mm 的特大暴雨的预测方法：

① 超低温层作为形态，原则上与强降水天气类似，并为薄层超低温；

② 水汽层深厚，即使内陆地区一般也要达到 400 hPa；若为沿海地区的水汽层已经达到 400 hPa，则其降水量应当考虑比内陆地区加倍，达至 300 hPa 则在加倍的基础上再加倍；

③ 若大气对流层内对流云中有冷层云，则一般为积雨云形成的特征而应当提高警惕性。其对流云的识别，则可以由非规则信息的“折拐”性特征识别之；

④ 对流层内为整体顺滚流，并应当善于识别不同方向的滚流特征。图 4.24 即为基本上为东风与西南风构成的顺滚流（对于中国位于太平洋西岸，东风是水汽来源地区之一），并应当注意，中、低层的水汽来源（至少按 300 km 布局设置的探空站网，也应当有水汽来源方向有 3 个以上测站保持风向一致）；和被预测测站或地区的东侧，应当有 3 个测站以上的整体逆滚流控制区。

至于 250 mm 以下的一般特大暴雨与超级特大暴雨的差别，主要是水汽辐合层低于 400 hPa。不过，注意沿海地区应当比内陆地区可以提高一个级别，主要沿海地区水汽条件比内陆丰沛，并“质量密实”。其他基本条件大致相同。

显然，图 4.24 与内陆暴雨不同的是，除了辐合层高以外，还在于其东风层强盛。为此，也可以称为典型的内陆型东风层暴雨，并因其出现的概率较小，而往往被人们忽视。出现的概率小，不等于没有。时隔 35 年后，欧阳首承教授与其学生于四川再相逢于类似的例案。

2010 年 7 月 24—25 日四川盆地区域性暴雨，也属于内陆型东风层典型暴雨。

只是其大气结构呈现强降雨的暴雨类型，并特以附图 1 至附图 12 方式标记，也是 2010 年继台风“康森”后接连由北部湾西北行，并深入内陆的台风“灿都”是继“康森”后进入内陆地台风。其中“康森”是经云南再进入巴基斯坦和印度北部；“灿都”的路径则是深入于内陆而消亡于内陆。其携带的低纬度水汽不仅深入四川，也延伸至北方西部地区的陕西和中原地区的河南等地区。此外，另一个间接作用是，本来的东风带仅仅控制于四川及其南部，由于台风的北上，致使西风带高压系统正好与东风带高压系统同步结合，一昼夜之间致使东风气流直深入到川西北到甘肃的西北高原（对比附图 2、3），可以看到甘肃的酒泉，由 23—24 日 08 时的中、高空西北风，已经开始转向为东北风的逆滚流，并相继延续到四川西北的甘孜、红原（见附图 3、4）。高空东北风下降至 500 hPa，则对应的平面图将出现高压系统（图略）。

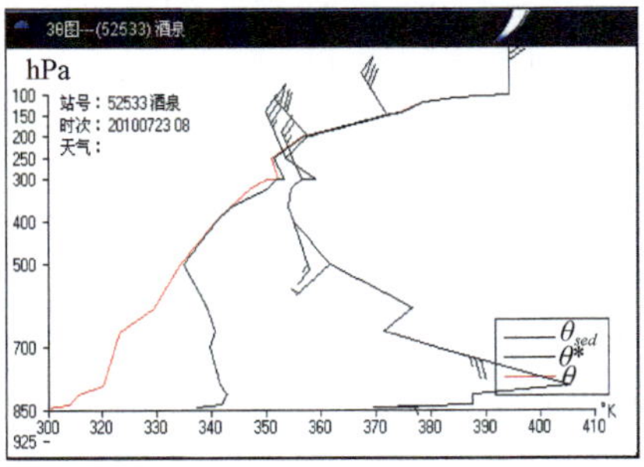

附图 1　甘肃酒泉站 2010 年 7 月 23 日 08 时 V-3θ 图

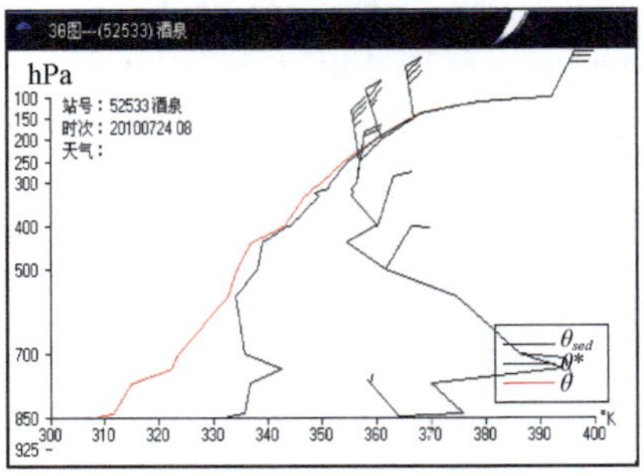

附图 2　甘肃酒泉站 2010 年 7 月 24 日 08 时 V-3θ 图

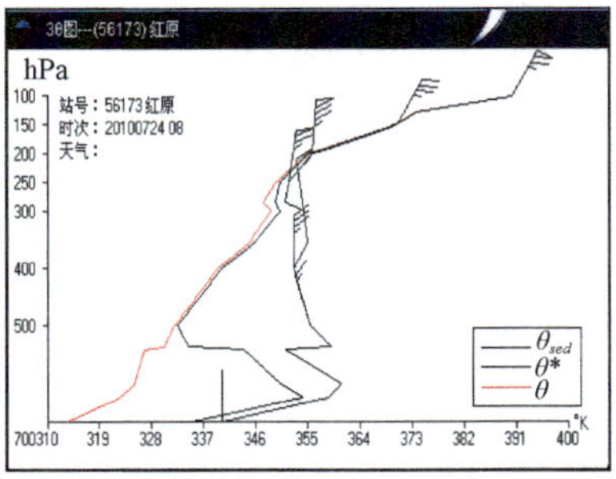

附图 3　红原 2010 年 7 月 24 日 08 时 V-3θ 图

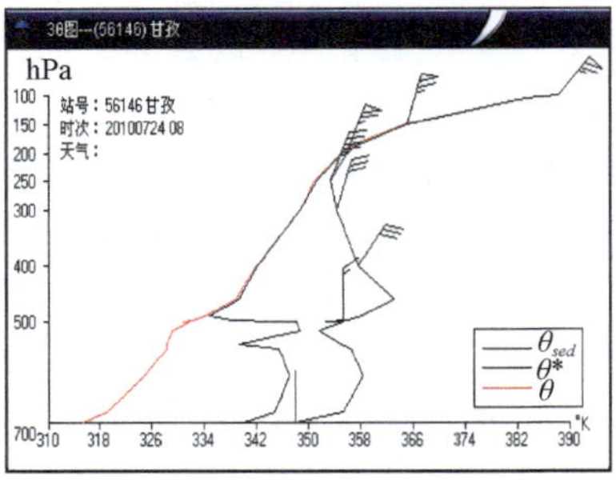

附图 4　甘孜 2010 年 7 月 24 日 08 时 V-3θ 图

或者说，依据附图 3、4 可以预测副热带高压。鉴于此，则东风带应当控制整个四川。如果是纯属副热带高压北上控制四川，则四川盆地的测站应当为纯粹的副热带系统，也将应当为副热带高压控制。由附图 5、6、7 的沿东北、西南方向的达川、温江、西昌和丽江看到的大气结构，则是强降雨特征的大气结构，并可以沿四川盆地的东北方向延续至陕西、河南的淮河流域成为东风带体系内的顺滚流带。重要的是，配合重庆、贵阳和河池东南方向上等站，展示了台风“灿都”变性后的低空水汽通道。必然为强降雨式暴雨提供了丰沛的水汽。所以，继“康森”台风后，台风“灿都”引起的后期降雨，并不亚于台风“康森”的影响。四川盆地区 12 市 56 县市，其中有 20 个县市降了大暴雨，广元站日雨量达 211.3 mm，梓潼、仁寿两县降了特大暴雨，日降水量分别达 273.4、284.5 mm。最大过程降水量出现在剑阁，为 429.6 mm。此次暴雨灾害损失惨重的是巴基斯坦，900 人死亡，上百万人无家可归。

作为业务预报，此种结构的暴雨预报，往往可因成都（温江）西北的甘孜、红原的逆滚流结构而误判。因为内陆暴雨多以“东高西低”，为基本结构特征，此次过程展现的却是“西高东低”。为此，此次过程的分析，应当注意附图 6、7、8，以及附图 12 的腾冲站，均展示了深入内陆腹地的四川盆地，居然呈现出东南沿海的东风带控制下大气结构。应当说，这也是中国自 1975 年河南特大暴雨以来的 40 余年来所首见。并鉴于四川暴雨天气的水汽输送通道，来自孟加拉湾的事实。类似附图 5、6 的热结构，虽然对于四川而言历史上也出现过。但如此典型的类似于东南沿海的典型结构出现于内地还是第一次见到。所以，业务预报中，稍有疏忽即成为错报或漏报。为此,此过程对于内陆地区堪称较为少见的“西高东低”或较确切地称为深入内陆的“东风带西进”典型例案,并可作为范例列入教材。

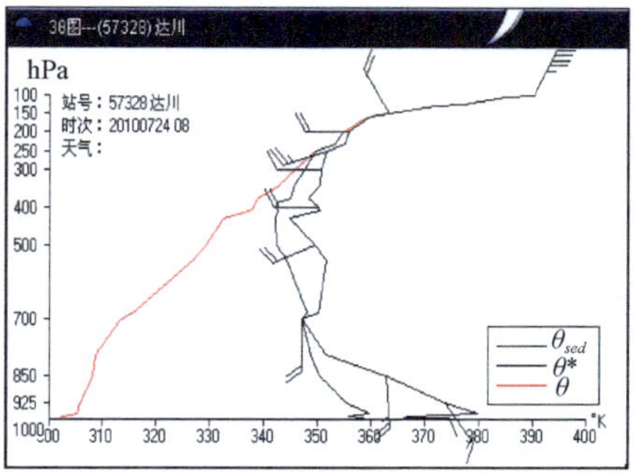

附图 5　达川 2010 年 7 月 24 日 08 时 V-3θ 图

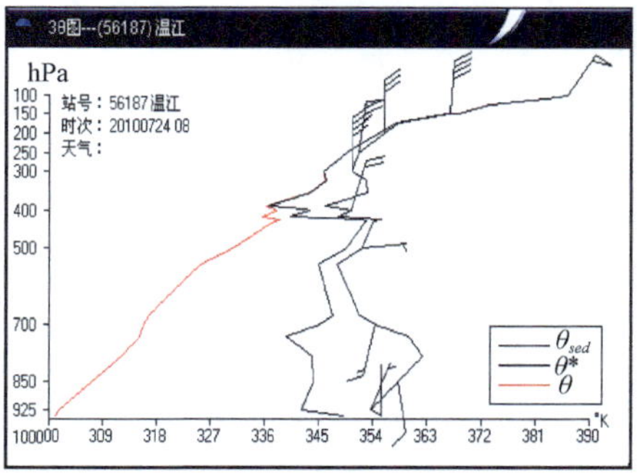

附图 6　温江 2010 年 7 月 24 日 08 时 V-3θ 图

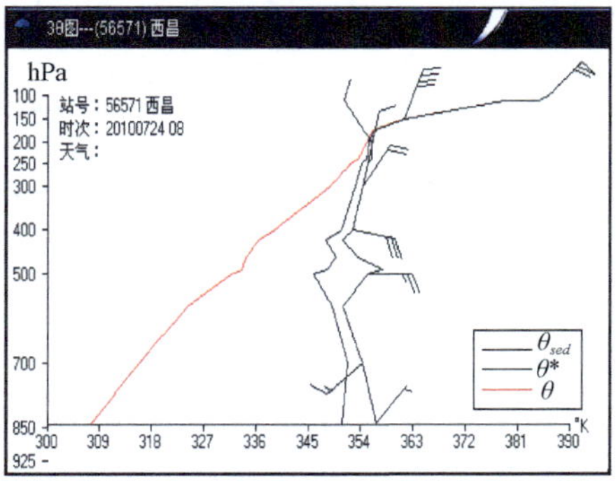

附图 7　西昌 2010 年 7 月 24 日 08 时 V-3θ 图

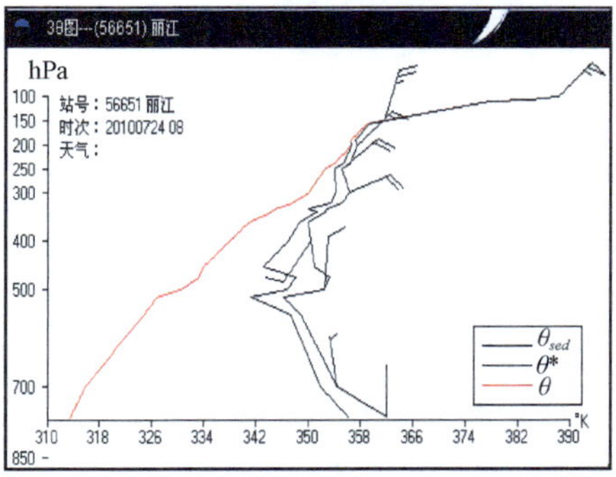

附图 8　丽江 2010 年 7 月 24 日 08 时 V-3θ 图

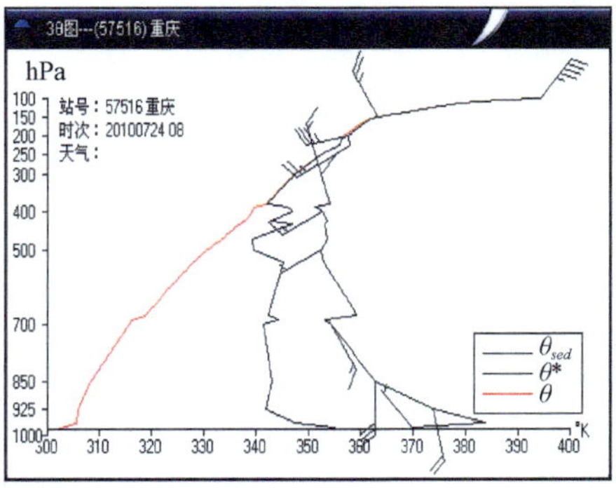

附图 9　重庆 2010 年 7 月 24 日 08 时 V-3θ 图

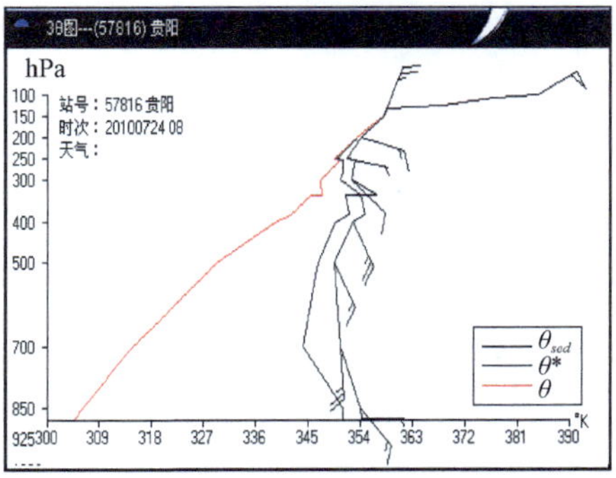

附图 10　贵阳 2010 年 7 月 24 日 08 时 V-3θ 图

对于工作经历较短的预报员来说,预报后发现为“东风带西进”类型的灾害天气其可能的补救办法,除了以云图、雷达跟踪超低温外,则应当注意傍晚到 20 时前后若出现雷击和同时展示频繁性,则为东风带控制内的内陆型强降水的暴雨天气。

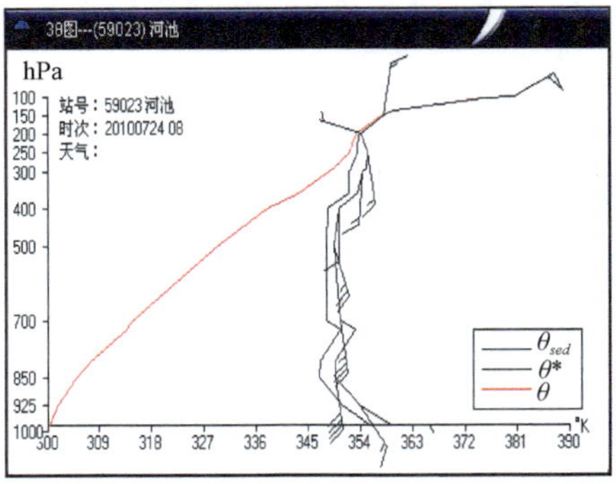

附图 11　河池 2010 年 7 月 24 日 08 时 V-3θ 图

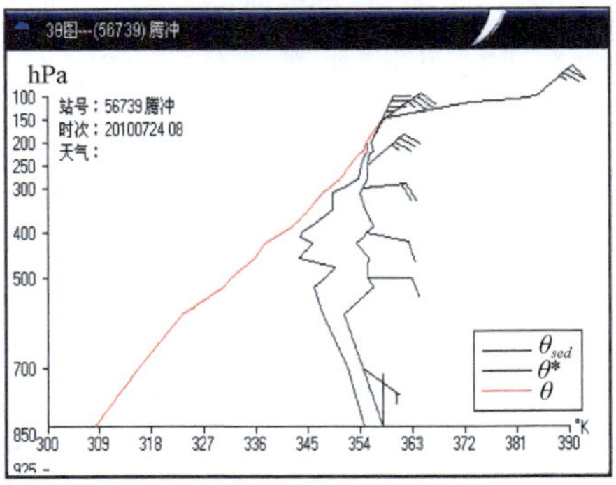

附图 12　腾冲 2010 年 7 月 24 日 08 时 V-3θ 图

东风带控制下应当特别注意，低纬度的低值系统（台风或热带风暴）深入内陆的路径。例如，对于四川而言，应当特别注意经由北部湾继续西北方向行进的台风，即使于内陆变性、消亡的过程中，其中低空的风速反而大于中、高空的风速，并可以达到等于或大于 12 m/s（参见附图 9、11）。

此外，应当注意 2010 年的降雨的共同特征是强降雨式的暴雨，无论自 5 月份的华南暴雨、长江干流的梅雨以及 7—8 月盛夏的降雨，原则上都以强降雨的方式出现。无疑，强降雨对于目前以 300 km 为尺度设置的探空测站设置，展示了布局过于稀疏的弊病，而为气象预报带来信息粗糙或代表性差的问题。特别是对于盛行中、小型水库的中国水利措施，在应对强降雨问题上遗留了缺欠。2010 年汛期洪水灾害频发的事实，正好证实了强降雨式暴雨洪水，极易摧毁中、小型水库而带来恶劣后果。特别是对于地震后仍然保持大于 7/11 比例的地形，则极易因降雨引发泥石流。为此，更好地预测、预防强降雨洪水灾害，不仅是气象行业亟待改进观测站布局和提高预测准确率的问题，相应地区的地质灾害的防护和水利设施也应当考虑如何应对强降雨式的暴雨洪水。尤其目前还存在已经运行几十年或近半个世纪的失修的水库或“病库”，则潜藏着严重的危机。无疑，对于气象科学而言，强降雨的频发性也应当作为学术的首选课题，并西部大开发也应当包括气象信息的大开发！

4.5.2　灾害性大风与沙尘暴天气

灾害性大风与沙尘暴天气是 20 世纪下半叶以来，尤其是中国北方和西北地区的主要灾害天气之一。黄河流域已经由防治水患的策略，转而为如何防止干旱或沙化的问题。目前人们的注意力基本上偏向于气候变暖的空气污染，实际上导致西北地区干旱或沙漠化的另一重要因素，则是河流断流的问题。必须注意到，水的热容量远远超过空气的热容量，遂有水流的热交换也必然超过气流的热交换。为了追求局部经济利益，而流行于拦河截流式的兴修水利，是否是真正地兴修水利还是破坏水利，则已经成为人们重新认识的课题了。欧阳首承教授认为环境保护方法中，拦河截流不如贮能放水而启动水循环。

无疑，对于大风、沙尘暴天气说来，则是“风推沙走，沙助风威”，则改造大风天气必须与改造沙漠相联系。因为植被的破坏，必然引出下垫面的增温而导致大气结构的非均匀，遂引起风速加大。所以，大风、沙尘暴天气的大气结构非常特殊，即使没有气象学基本知识的人，稍加说明也可以掌握如何识别和预测大风和沙尘暴天气。基于图 4.21 和图 4.22 的基础上，结合欧阳首承教授的半路弟子河南省气象局丁建芳，于实习中进行加密观测时捕捉到了 2004 年 5 月 23—24 日强沙尘暴天气过程路径的数据，并在欧阳首承教授指导下完成了如下的分析，其研究结果刊登于《中国工程科学》。这里给予概括的说明。

甘肃河西走廊沙区是我国沙尘暴的多发区，民勤县又是河西走廊沙尘暴的重点发生区。民勤县地处巴丹吉林和腾格里两大沙漠的接壤地带，位于河西走廊东北部荒漠区。当地的气候特征是：干旱少雨，平均年降雨量 115 mm，最少只有 45 mm，年蒸发量高达 2640 mm，地下水位 10～20 m，风大沙多，年平均最大风速≥17 m/s，大风天气 25.5 d；沙尘暴频繁，风沙危害严重，20 世纪 90 年代年平均沙尘暴天气 12.3 d，扬沙天气 33.0 d，其沙尘暴在河西走廊沙区具有代表性。

2004 年 5 月 23 日 20 时 40 分至 24 日凌晨 4 时 15 分，民勤县境内遭遇特大沙尘暴，最大风力超过 9 级，瞬间风速达 22 m/s，地面能见度小于 200 m。本工作所采用的是加密探空资料，资料仅限于民勤站。本次加密探空资料是在常规一天两次探空的基础上又在沙尘暴发生过程中即 23 日 23 时 02 分和 24 日 02 时 02 分做了两次加密，比常规资料更容易看出沙尘暴天气的演变过程，和数字化作法既可以处理天气变化的转折性，也可识别灾害性的内部热力结构特征。

目前，传统预测方法除了外推以外，主要是根据等压线的密集（气压梯度）方式预测。从 2004 年 5 月 23 日 11 时和 14 时的地面气压场（附图 13）上可以看到民勤站所处的气压梯度并不大，沙尘暴爆发前 3 h 的地面气压场（图略）气压梯度也不大。原因是实际应用中得到的气压（或高度场）的数值是经过静力订正，并气象中不观测大气密度从而使气压信息成了滞后信息。往往是大风或沙尘暴并不完全或较多的出现于等压线较密集的条件下，不仅预见期较短或还会出现漏报的情况。

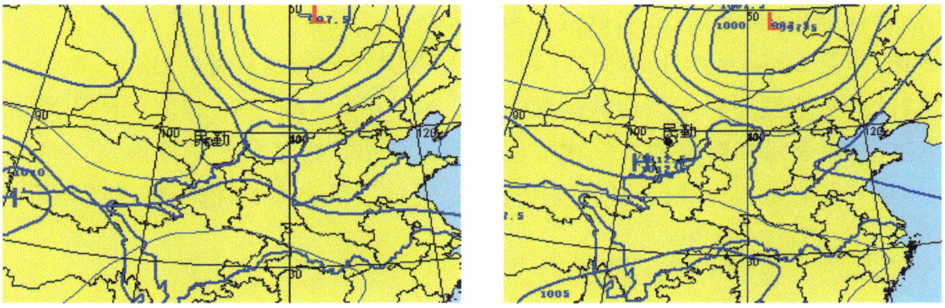

(a)　　　　　　　　(b)

附图 13　2004 年 5 月 23 日 11 时气压场（a）和 14 时气压场（b）

目前流行的业务预报，基本是特定地区（植被破坏地区）出现大风天气的沿袭性外推。这就是目前预报中以分析气压系统为主的预报思路，即是欧阳首承教授多次指出的气压系统的滞后性。

（1）附图 14 是 2004 年 5 月 22 日 20 时民勤站的 V-3θ 图，其结构的明显特征是：

① 与降水相反的是，θ 曲线与 θ_{sed} 曲线非常靠近，并由地面到 700 hPa 准垂直于 T 轴，700 到 500 hPa 之间 θ 曲线与 θ_{sed} 曲线虽然比 700 hPa 以下的左向倾斜度展示为右倾性。但整体上 500 hPa 以下构成不稳定结构，θ^{*} 曲线与 T 轴成钝角。这表明由近地层到高空的大气水汽含

量极小，空气干燥，且下垫面的近地层气温相对较高的气层呈不稳定状态。

② 对流层上空有较强的超低温。

③ 整个对流层大气为顺滚流的不稳定结构。

根据上述结构可预测 24～36 h 后，有大风和沙尘暴天气，实况是 24 h 后即 23 日 20 时 40 分爆发了沙尘暴。

(2)附图 15 是 2004 年 5 月 23 日 20 时的 V-3θ 图，其结构的明显特征是：

① θ、θ_{sed} 曲线依然是靠近状态，并 500 hPa 以下准垂直于 T 轴(几乎为 90°)，其气层的不稳定结构比附图 15 更为强烈，不稳定结构的存在为沙尘暴发生准备了充分的能量条件，由此也揭示了沙尘暴天气的大风机理。θ^{*} 与 T 轴成钝角，这也是一种不稳定结构，另外，θ 与 θ_{sed} 两线相距比较近，即民勤站水汽含量非常差，不稳定能量只能以大风携带沙尘的形式释放。

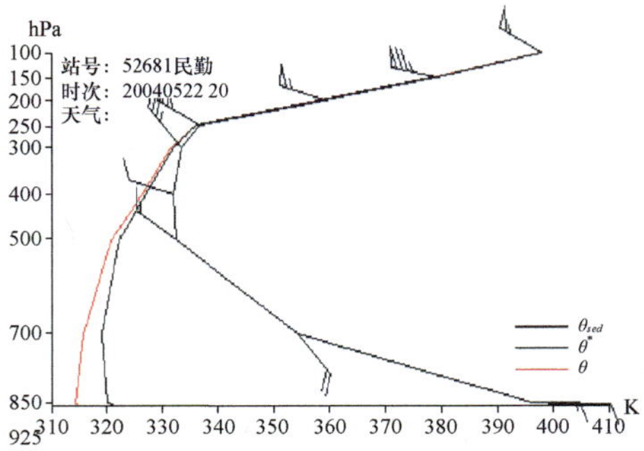

附图 14　民勤 2004 年 5 月 22 日 20 时 V-3θ 图

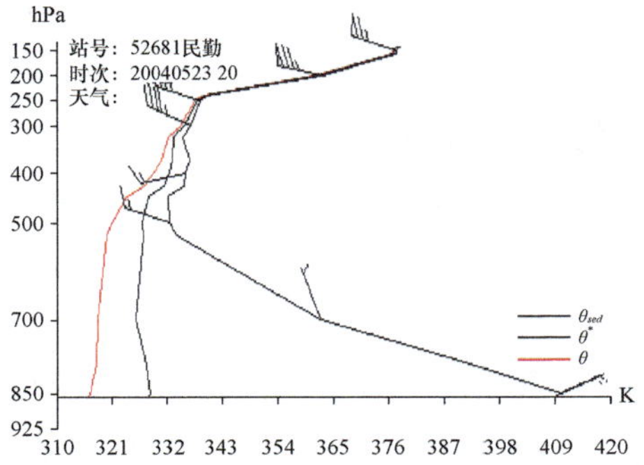

附图 15　民勤 2004 年 5 月 23 日 20 时 V-3θ 图

② 对流层上层 250 hPa 处超低温呈折拐状，对流仍然比较活跃。

③ 低层东北风与 500 hPa 西北风构成了整体上顺滚流。非规则信息较之前面更加突出，配合民勤的特殊地形，实况是 3h 后爆发了强沙尘暴。

(3)附图 16 是 2004 年 5 月 23 日 23 时 V-3θ 图，其结构的明显特征是：

① θ 线的趋势表明不稳定结构的高度下降到 800 hPa，θ 线与 θ_{sed} 线之间的距离增大或 θ_{sed} 与 θ^{*} 距离减小，而表示气层中的水汽增加。由于 700 hPa 处存在着一处涡流，所以导致不稳定能量由中层开始释放，500 hPa 以下风速尤其是近地层风速加大，沙尘暴已经开始；

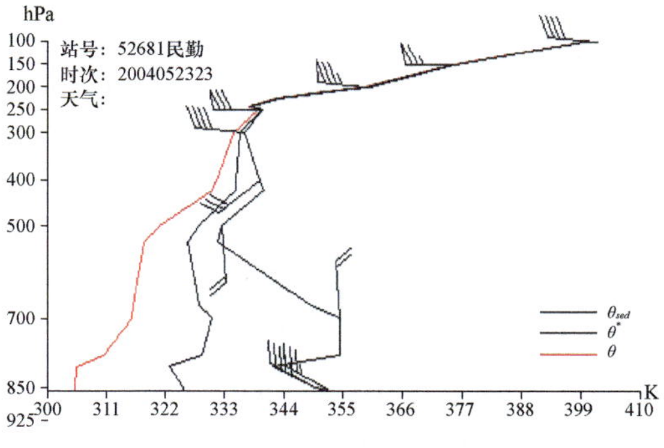

附图 16　民勤 2004 年 5 月 23 日 23 时 V-3θ 图

② 250 hPa 处的超低温呈现很明显的折拐状；

③ 500 hPa 以下为稳定的逆滚流，500 hPa 以上仍然是顺滚流。

以上结构说明沙尘暴天气将持续。分析中应特别注意 700 hPa 的风向转向，已经实质地进行了能量转换和 θ_{sed} 已经开始增大。遂有非规则信息分析在于仔细地分析信息微小变化。

(4)附图 17 是 2004 年 5 月 24 日 02 时的 V-3θ 图，其结构的明显特征是：

此时沙尘暴在继续，250—200 hPa 处的超低温仍然存在，但已经开始减弱和预示了变化；由于 700 hPa 涡流的存在导致高层的不稳定能量进一步下传，不稳定气层的高度进一步减小，超低温的厚度和强度较之前面有所减弱，500 hPa 以下仍为逆滚流，500 hPa 以上为顺滚流。在此情况下不稳定能量以大风的形式释放，维持低层加大的风速；θ 线与 θ_{sed} 线之间的距离进一步增大，而 θ_{sed} 与 θ^* 距离进一步减小，大气中的水汽进一步增加并出现了多层滚流特征，天气将出现转变。

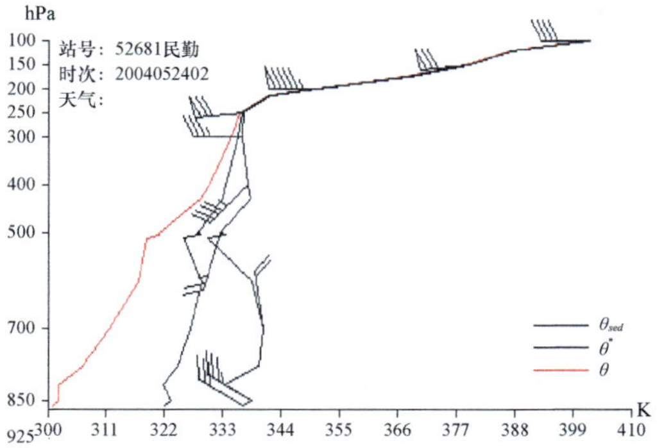

附图 17　民勤 2004 年 5 月 24 日 02 时 V-3θ 图

(5)附图 18 是 2004 年 5 月 24 日 08 时的 V-3θ 图，其结构的明显特征是：

沙尘暴已经接近结束，θ 线表明不稳定能量基本上已经释放完毕，近地层的风速进一步加大；气层中逆滚流加强，根据数字化预测方法可以推断出天气好转的趋势，沙尘暴天气过程趋于结束状态；低层大气温度降低和水汽略有所增加，相应的层云征兆 600—300 hPa 出现暖层云与对流云转换的征兆，并且伴有水汽的辐合。并最后以雷阵雨方式结束了沙尘暴天气。

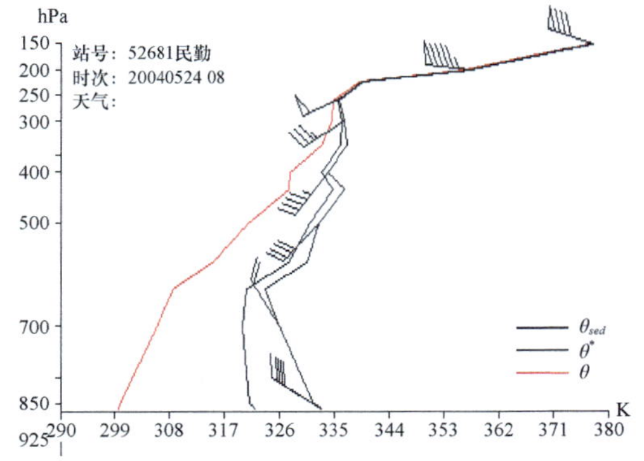

附图 18　民勤 2004 年 5 月 24 日 08 时 V-3θ 图

无疑，由加密测次的信息分析，更加明确了大气变化的过程性，和过程性体现于结构变化和转换上。所以，气象问题是演化的非惯性系问题，其天气现象随着大气结构的不同而不同，不是物质不变的数量初值外推法所能解决的。更为重要的是，由附图 14 到附图 18 恰恰显示了某个地区植被破坏的典型标志，遂有民勤地区已经是生态破坏的典型例案。

由于非规则信息的数字化中综合了大气中风、湿、温的垂直结构，大气热量的垂直分布（位势温度）及能量的释放机制（滚流）。所以，该方法对强对流性天气和降水的转折性天气都有较好的指示意义，并显示了信息数字化的优越性。

灾害性的局地小尺度天气预报，目前国内外都列为世界性难题。理由是该类天气的尺度小、突发性强和观测系统分辨率低，而依靠雷达监测一般只能提前几个小时甚至几分钟。但根据事件演化的溃变原理，任何物质的突然变化都有个积累（收、蕴）过程并可反映在非规则信息上，只要其非规则信息构成物理机制性（相当于具有 6 h 生命史中、小尺度系统）就可以利用探空资料的非规则信息给出提前 6～24 h 的可信度预报。无疑，适当地增加测站的密度和时次，都将改善预报的有效性精度。

4.5.3 灾害性冰雪天气实际案例

降雪也属于对流天气，并注意不能认为冬季气温低就没有对流，只是相对于春、夏季的对流天气而言，则可以称为相对的弱对流。对于冰雪灾害，这里引用 2008 年 1 月雪灾为例给予简单的说明。此过程预测是受时任成都市气象局郝丽萍台长的委托，回答当日是否进行增雨作业的会商中，欧阳首承教授看到了“超低温急流”高度位置降低和范围扩展至 30°N 以南而引起了注意。

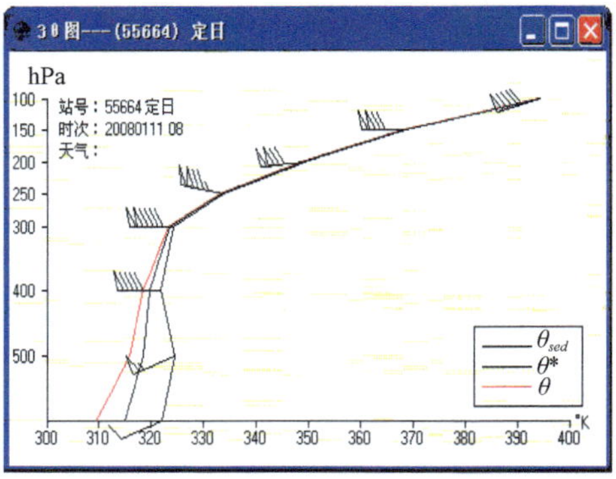

附图 19 定日 2008 年 1 月 11 日 08 时 V-3θ 图

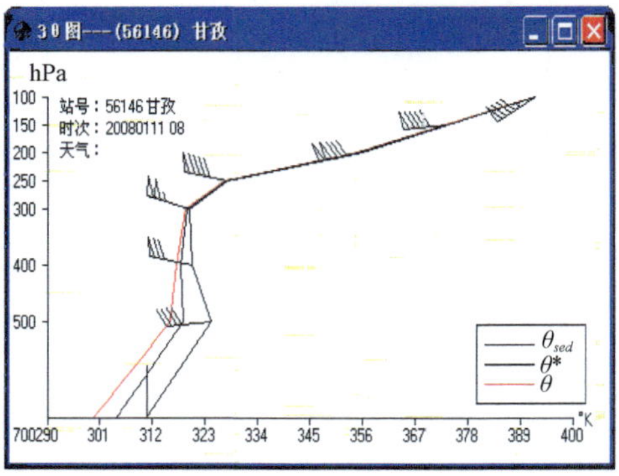

附图 20 甘孜 2008 年 1 月 11 日 08 时 V-3θ 图

4.5.3.1 “超低温急流层”下降

西藏高原南坡的定日站“超低温急流层”已经降至 300 hPa（附图 19）；与此对应的高原东北（或川西高原）的甘孜站和盆地的成都（温江）站也降至 300 hPa（附图 20、21）；乃至于扩展至长江的下游地区的杭州等站。并西风强盛而还有继续下降的趋势（实际过程中“超低温急流层下降”竟然扩展到 30°N 以南），而致使青藏高原北坡（或“超地温急流”以北）的冷空气可以直接下达到长江中、下游。相应的如此大范围“超低温急流层”南扩，大幅度降低（附图 23～25）已经降低至 400 hPa。

鉴于高空空气相对较为稀薄，相当于比正常年份下降 2～3 km。随着对流层厚度降低，则可因“瓶颈”效应使西北风的风速在中层大气中加大。所以，欧阳首承教授于 2008 年 1 月 11 日上午预测 11 日夜晚到 12 日中午将有冷空气直吹至成都平原，降雨将出现于 12 日中午以后。预测是依据“超低温急流层”下降而风速加大，当时西南地区不具备水汽条件。成都市气象局以此预测意见，做出“人工增雨作业”推迟一天的决定。实况与预测意见完全一致。

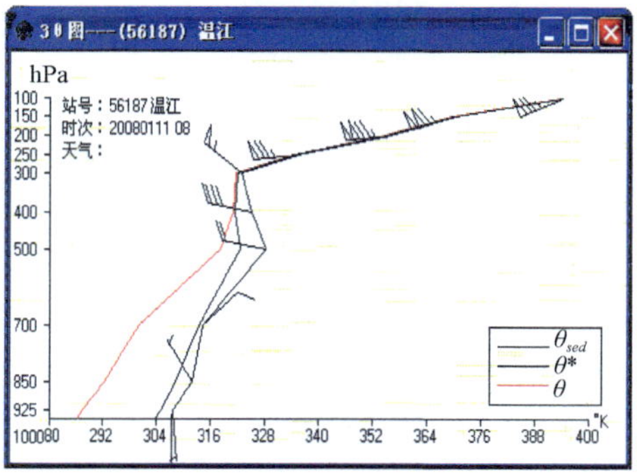

附图 21　温江(成都)2008 年 1 月 11 日 08 时 V-3θ 图

4.5.3.2　“超低温急流层”南移和扩展

显然，“超低温急流层”南移和扩展的原因，只仅限于大气本身的因素不足以能够给出明确答案。此问题涉及了地球转速和“极移”的变化。

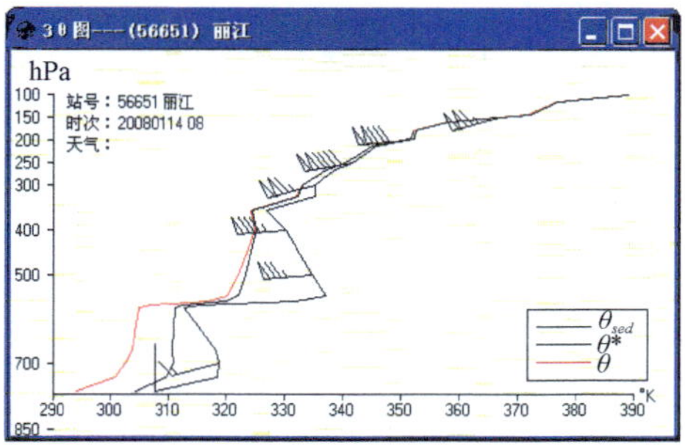

附图 22　丽江 2008 年 1 月 14 日 08 时 V-3θ 图

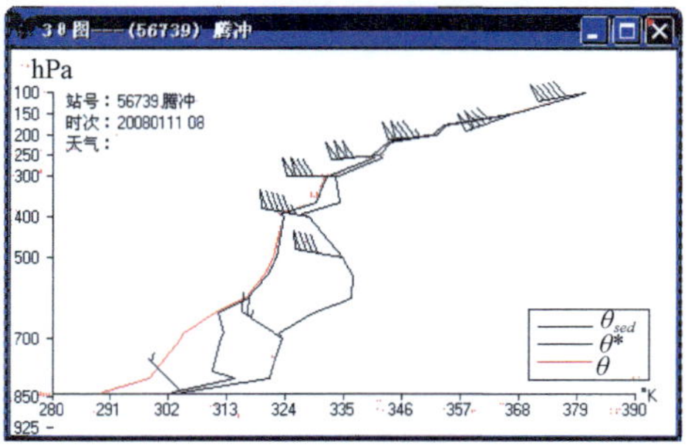

附图 23　腾冲 2008 年 1 月 11 日 08 时 V-3θ 图

4.5.3.3　热量分布总体超稳定

注意丽江、腾冲(附图 22、23)和郴州(附图 24、25)站的热结构，即使按热量分布的稳定性原理(大气位温随高度分布趋于与 T 轴 45°的交角为稳定性理论值，小于 45°为总体超稳定)。将预示此次灾害过程的持续性，将维持 15～20 d。无疑，长期持续性问题，绝不是大气自身所能制约的，而必然影响地球转速的天体“章动”或地球的“极移”配合的因素。本次过程属于西风顺滚流的“总体超稳定”问题。为便于读者对于总体超稳定有个明确的概念，可以参见附图 26 的东风逆滚流的“总体超稳定”。

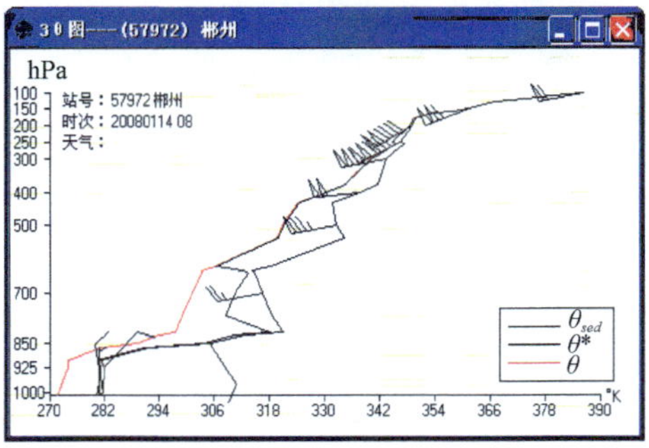

附图 24　郴州 2008 年 1 月 14 日 08 时 V-3θ 图

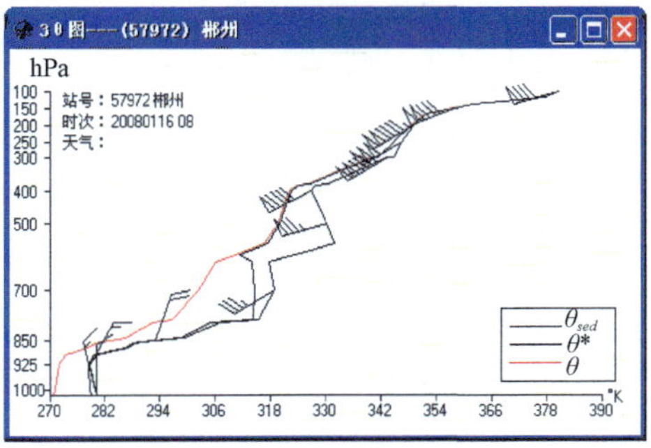

附图 25　郴州 2008 年 1 月 16 日 08 时 V-3θ 图

显然，两类稳定结构都属于“总体超稳定”，但性质和含义是不同的，一个是冬季的冰雪害灾;另一个夏季雷阵雨后的云淡风轻。其相同的则是都有长时间的持续性,一般均可以维持15 d左右。

熟练掌握信息数字化的人员,可以直接以“总体超稳定结构”预测天气的可持续性的维持时间。即可以预测四川1月12日15 d左右降雪结束(27日)。作为考核“总体超稳定结构”的持续性,欧阳首承教授曾告诉其学生张葵:针对会商会议上的与会者一时不能理解“维持15 d”的预测意见,则不妨以2月18日的V-3θ图的长江以南地区还基本上保持“总体超稳定结构”特征,配合“极移”正值性,再次预测:“雪害、冰灾后天气的实质性升温、回暖,则应当等到3月而等待验证。”事后被实况证实为正确的预测,只是这里限于篇幅不拟介绍长期预测的原理和技术问题。显然,此次预测属于非常精彩的中期预测。

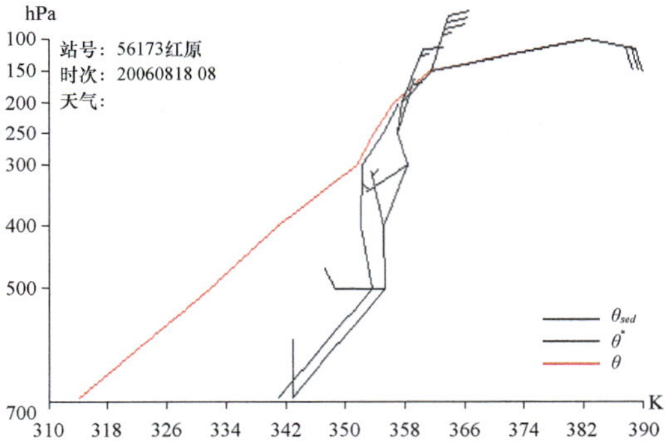

附图 26　红原 2006 年 8 月 18 日 08 时 V-3θ 图

4.5.3.4　冰灾及其破坏性

鉴于长江以南地区的近地面气温基本上维持于270～280 K(见附图27～29过程图中的θ曲线,即红色曲线),配合东南沿海的近地层东北风携带水汽回流中国南方内陆,并因南方近低空大气的累积气温高于北方,而有降雪和融雪同时进行遂引出雪害、冰灾。

欧阳首承教授上述预报意见已经于事前以天气会商的方式传递给相应的气象部门。至于成都2008年1月20—21日、24日和27日的降雪问题可以参见附图27、28和附图30～32。鉴于本工作是这次雪害、冰灾的整体分析,涉及成都地区预测的具体附图不能占据过多的空间,而只列入温江站的降雪发生前1月11日的V-3θ图(附图21)。至少由图中可以看出“超低温急流层”降低的高层大气西北风的加强和维持低层大气的东北风回流,以及暖层云形成前的流场、水汽和超低温状态的配置情况。特别是成都上空的超低温没有下降。尽管展示了对流的深厚、密实程度和层次不同于一般降雪的具体特征。但降雪量并不显示深厚性,而有别于其他测站。预报中应当注意,降雪过程中近地面温度的逐步降低的趋向(对比附图27～29的近地面的红色线)和周围测站的配置。顺便说明,若成都的上空的超低温下降至400 hPa和近低空东北风加大一个量级,则其降雪量至少可以达到暴雪的程度。

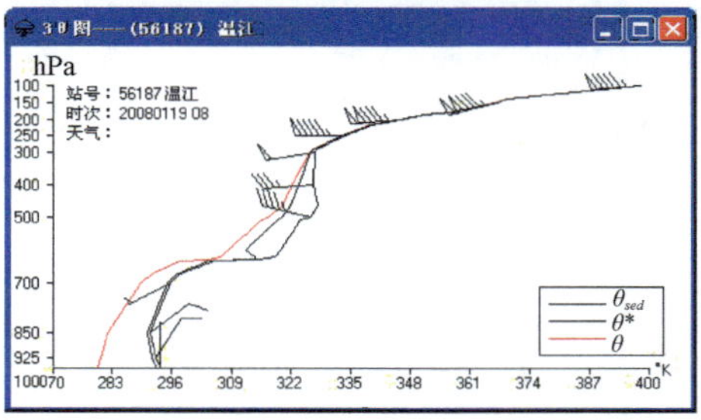

附图 27　温江(成都)2008 年 1 月 19 日 08 时 V-3θ 图

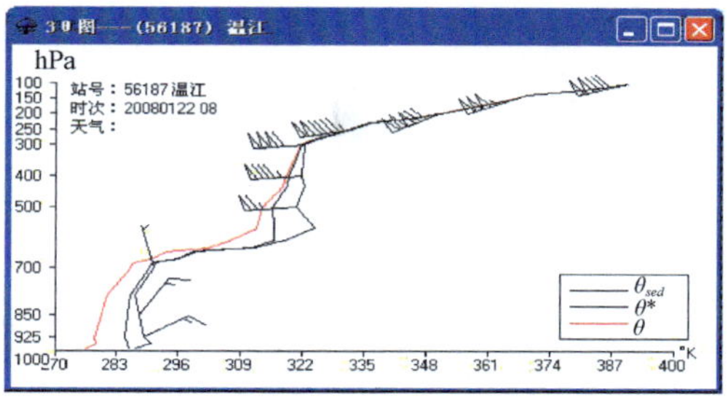

附图 28 成都 2008 年 1 月 22 日 08 时 V-3θ 图

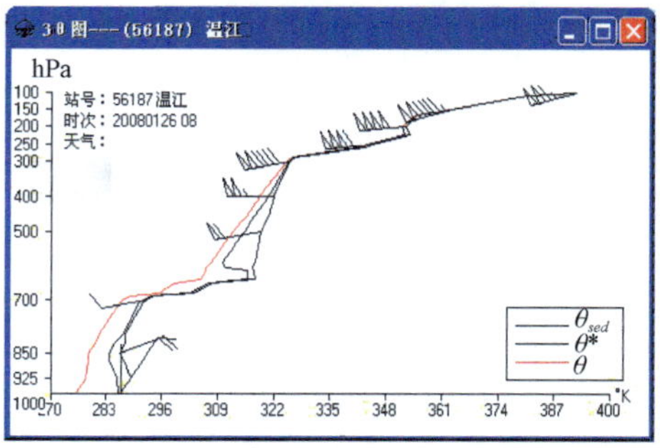

附图 29 成都 2008 年 1 月 26 日 08 时 V-3θ 图

此次降雪过程为暖层云降雪，并为中低纬度地区冬季灾害性降雪的主要特征。应当说明的是，暖层云的降雪与对流云降雪结构是有差别的，对流云降雪展示为准垂直性的饱和结构。这里限于篇幅和图表占据空间过大而略去。

4.5.3.5 相应方法的简单说明

1)雪灾在于降雪的持续性，并涉及了中、长期灾害天气预测方法。最初来自欧阳首承教授早年分析重大自然灾害与星体运行中地球极移、章动有关的尝试。后经四川省科技厅资助，曾进行过三年的具体实践检验，限于篇幅这里不拟介绍。

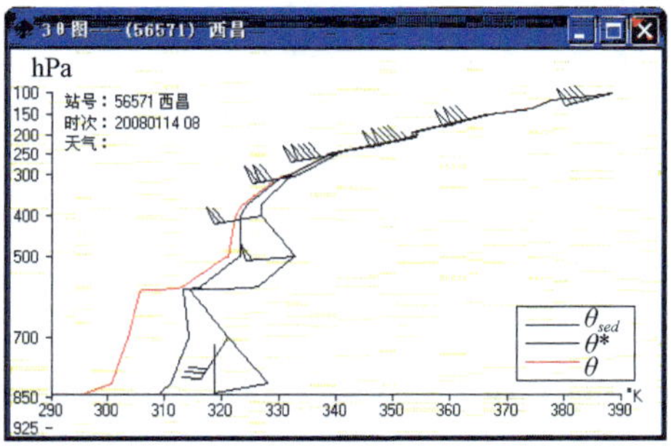

附图 30 西昌 2008 年 1 月 14 日 08 时 V-3θ 图

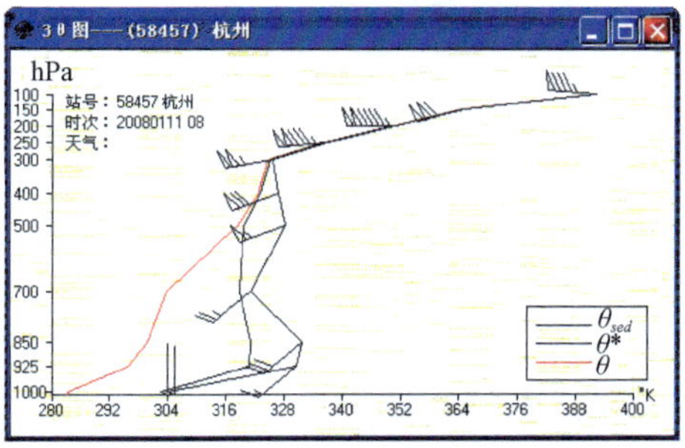

附图 31 杭州 2008 年 1 月 11 日 08 时 V-3θ 图

2)注意定日站(附图 19)为西藏高原南侧的测站，甘孜为西藏高原东北测站，成都(温江站)和杭州站等都位于 30°N 或 30°N 以南。图上已经显示“超低温急流层”降低 1～1.5 km(正常在 250—200 hPa)；作为灾害过程严重的湖南省郴州市，可以见到超低温急流层降低的程度(400 hPa，附图 24、25)，即可见到近低空东北风回流所形成的深厚和密实的暖层云，以及热量分布的右倾稳定性特征。按演化的溃变原理，此类型属于超稳定性结构，足可以维持 15～20 d。超稳定性结构若没有实质的热量改变，则具有维持性特征。

可以说，从大气结构的稳定性特征到地球的极移等因素的综合分析，此次雪害、冰灾为百年来所少见之灾。也可堪称自然灾害特殊性的经典，而值得人们警示。

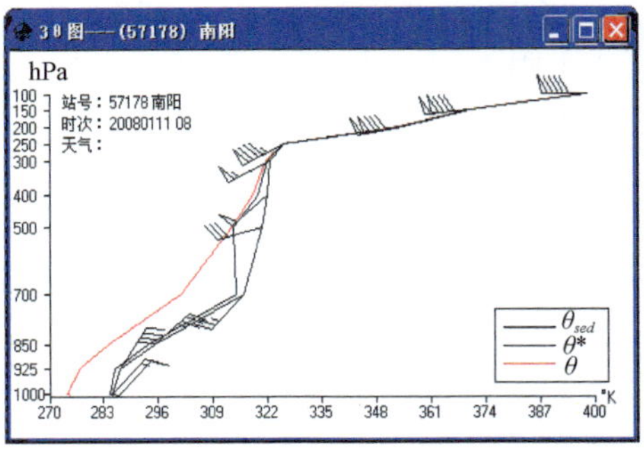

附图 32　南阳 2008 年 1 月 11 日 08 时 V-3θ 图

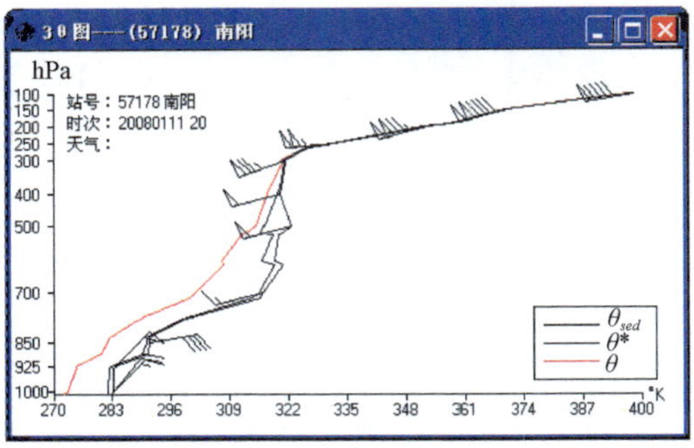

附图 33　南阳 2008 年 1 月 11 日 20 时 V-3θ 图

3)对于河南、江苏、湖北和贵州省的具体分析，限于原理雷同和篇幅，而无须赘述。只是应当注意 1 月 11 日 08 时的南阳站超低温层到 11 日 20 时已经显示了降低状态，并 300 hPa 层次的南阳风速加大。特别是武汉、南京和贵阳等站的超低温层降低和风速加大(附图 34、35、36)，配合低层大气的东北风回流等因素，遂有河南以南的大面积暴雪、冰灾。

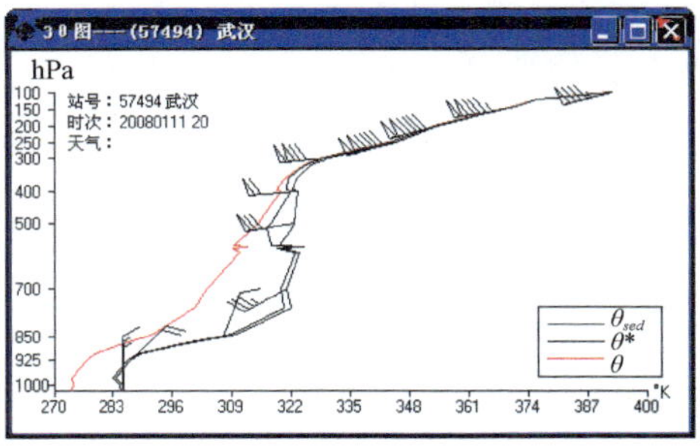

附图 34　武汉 2008 年 1 月 11 日 20 时 V-3θ 图

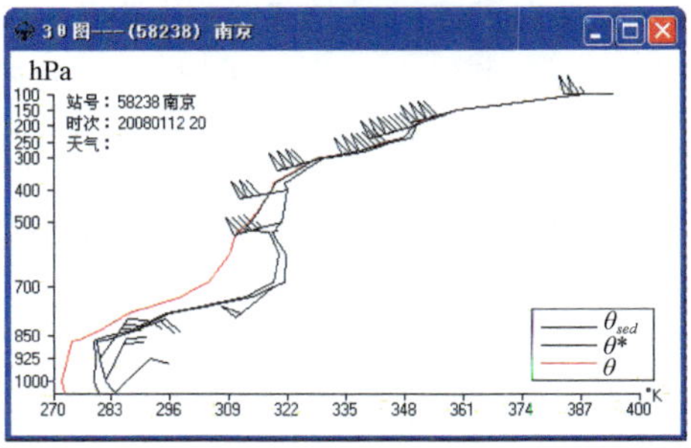

附图 35　南京 2008 年 1 月 12 日 20 时 V-3θ 图

作为预报人员应当注意“大雪看天低”(原话来自北方林区百姓的谚语)。其中“天低”系指“超低温”层降低，深厚的暖层云也是降低的现象(古代人们只是指云层降低；大雪前的超低温层降低，是来自欧阳首承教授在北方工作时分析探空资料发现的)，并与当地的谚语暗合。

不过其物理意义比“云低”更深化了，而可以作为预测天气应用的指标。顺便说明，若是对流云降雪配合超低温降低至 400 hPa 和近低空的风速加大，其低洼处的积雪厚度可达几米厚。于 20 世纪 50—60 年代冬季的中国东北地区可以时常见到，2012 年 2 月初几乎是重演了 50 年前的大雪灾，只是位置略偏于朝鲜半岛和日本而已。

一般而言，冬季降雪时的超低温层比夏季降雨的超低温层低 50—100 hPa。此次降雪过程，于中、低纬度呈现超低温层大面积、高强度降低，可以说是少见的个例。由此可以引出诸多问题作为研究课题。

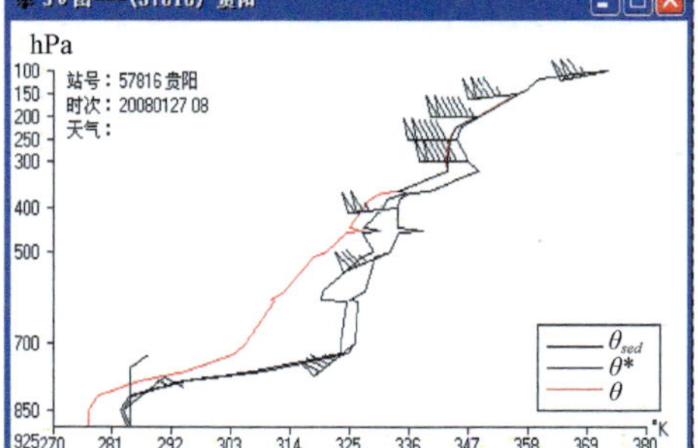

附图 36　贵阳 2008 年 1 月 27 日 08 时 V-3θ 图

4.5.3.6 小结

此次冰雪灾害的核心问题是过程维持期较长，以大气结构超稳定形势展示“超低温急流层”下降，使西北风的风速在中层大气中加强了配合逆时针回流的水汽；其次，为“超低温急流层”向南扩展到 30°N 以南，而致使青藏高原北坡的冷空气可以直接下达到长江中、下游；配合东南沿海的近地层东北风携带水汽回流到中国南方内陆，并因南方近低空大气的累积气温高于北方，则有降雪和融雪同时进行而引出雪害、冰灾。至于此过程具有长时期的稳定或持续性，则与星体的地球极移有较大的关系，而导致对流层大气热量分布超稳定有关，并根据欧阳首承教授历次分析的实际信息，展示为“极移”南北向总体性加大与局部性加大同步。并涉及了 5 月初的缅甸风暴和中国的“2008-05-12”大地震。

必须说明的是，本工作运用的理论和方法体系与传统气象科学有体系性的差异，但不妨以其可应用性流行于某些台站业务中。

名词说明：“超低温层急流”的提出，在于被传统气象学规定为 200 hPa 平面图的西风急流概念有局限性。其一，西风急流不固定于某个层次，其可能地或已经出现过的西风急流活动范围为 400—150 hPa，多出现于 300—150 hPa；其二，也有东风超低温急流，而且超低温急流有引导天气现象移动和汇聚的机制问题。故欧阳首承教授将其定名为“超低温层急流层”，而区别于传统的西风急流。

冷冬问题，应当注意“超低温层(对流层)”降低为标志性特征；对流层增高，为对流活跃的标志而为“暖冬或暖春”天气。无疑，气候的冷暖可以依据对流层的高度识别，也是欧阳首承教授实践中的发现，读者不妨于实践中验核之，并依据实际提出修改。

4.5.4 强风暴——缅甸风暴

4.5.4.1 概述

根据所能得到的信息发现，2008 年 5 月缅甸强风暴有其特殊性：具有发展强盛的西风带超低温层，并类似于西风带“黑风暴”的超低温结构。结构上完全不同于传统形式的热带风暴或飓风。此次灾害过程的预报，至少应当于 2008 年 5 月 1 日就可以给出明确信息，而不是“突如其来”的“空穴来风”。

4.5.4.2 说明

因为欧阳首承教授国外的学生和朋友，提出此次孟加拉湾的缅甸风暴“突如其来”而损失惨重，希望按欧阳首承教授的数字化方法分析一下：“是什么问题，是否能够给出预报?”不过，必须说明的是，鉴于缅甸没有探空信息公布，得不到缅甸国内的任何信息(除了报道的灾情之外)。并所能得到的信息中，也存在“时次”和站点的缺失问题。所能收集到信息，仅由孟加拉湾(以下简称孟湾)西岸和孟湾内安达曼海的测站(属于印度)，所看出其结构特征为：

(1)西风带强盛，并在 5 月仍然维持如此强盛态势是有记录以来少见的特殊现象；

(2)整个大气结构表现为，雷同于北半球中、高纬度沙尘暴的强沙尘暴或龙卷的“黑风暴”的特征(具有水汽条件的垂直结构呈现相对于 T 轴大于 70°～80°角的不稳定，见对应的图中红色线)；

(3)“超低温层”发展深厚和强盛，5 月 1 日风暴的临近地区已经出现类似或大于冰雹、龙卷天气的“超低温层”(附图 37～40)。其中附图 40 的资料高空部分丢失，恰恰是“超低温层”强盛的体现(详见欧阳首承教授等《走进非规则》一书)，此处不赘述。

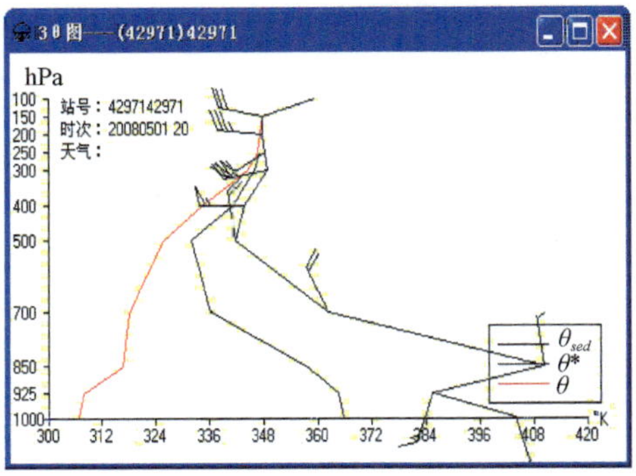

附图 37　孟湾西北岸测站

（2008 年 5 月 1 日 20 时）

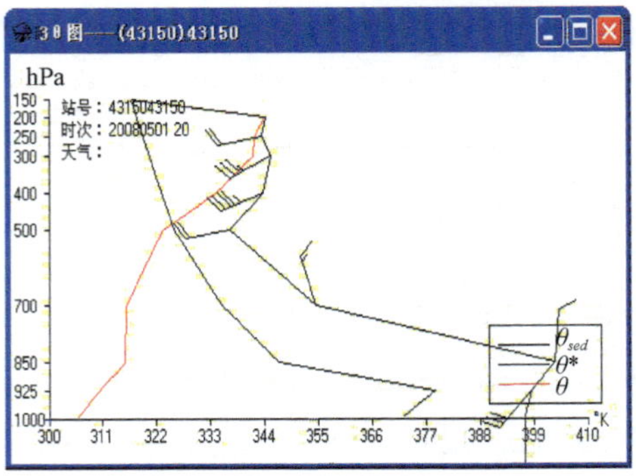

附图 38　孟湾西岸测站

（2008 年 5 月 1 日 20 时）

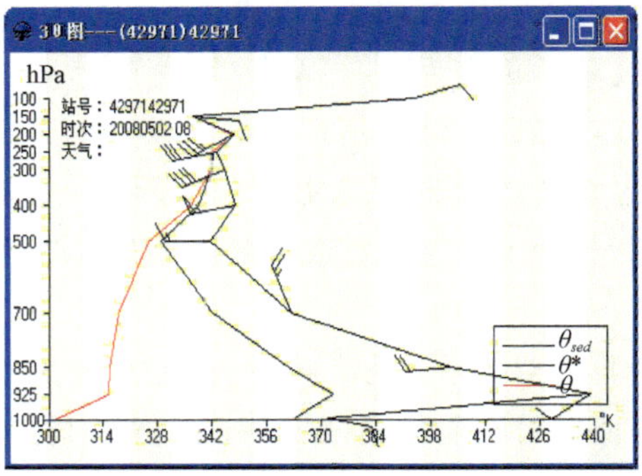

附图 39　孟湾西北岸测站

（2008 年 5 月 2 日 08 时）

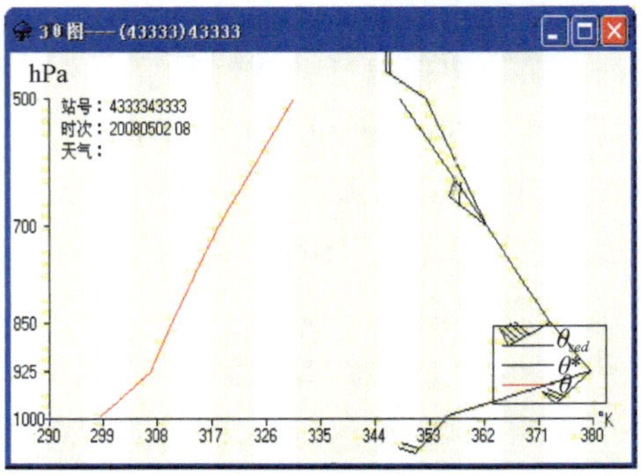

附图 40　孟湾安达曼海中测站

（2008 年 5 月 2 日 08 时）

（4）请读者注意的是，无论热带风暴或台风、飓风的大气结构纯属于热带系统，不仅没有西风式的“超低温层”，其绿色线（θ_{sed}）和蓝色线（θ^*）也多是准平行地垂直于 T 轴或与 T 轴略呈钝角（小于 120°）；然而此次过程的绿色线（θ_{sed}）和蓝色线（θ^*）与 T 轴所构成的角度，已经几乎达到 150°和红色线（θ）已经出现几乎于垂直于 T 轴的程度。特别是附图 41、42 的红色线（θ）的陡峭程度，是高纬度干旱、沙漠或高原地区出现的特征（图像的具体识别参见的相应著作）。所以，此次孟加拉湾、缅甸的风暴主要应当是风灾，尽管附图 38 中也显示了有强降水，但关键的是强风导致的灾害，并称为此次灾害过程主要应当汲取的教训。这里，提请注意的是，不能因为缅甸处于低纬度，就可称为“热带风暴”。实际为超强的西风带体系的龙卷风！

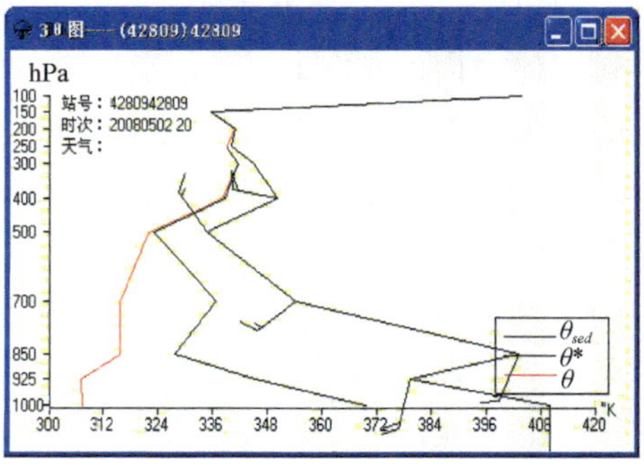

附图 41　孟湾西北岸 42809 测站

（2008 年 5 月 2 日 20 时）

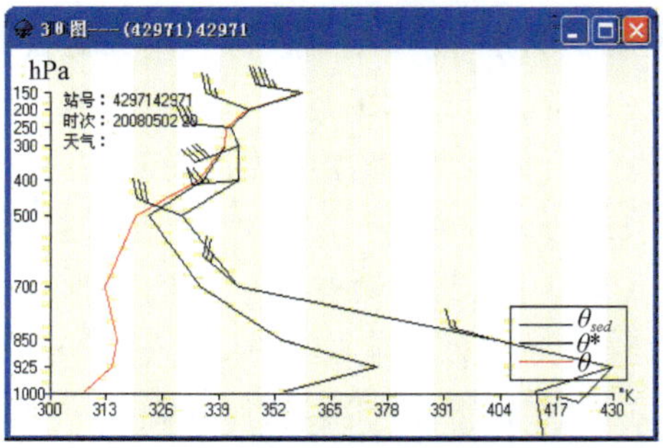

附图 42　孟湾西北岸 42971 测站

（2008 年 5 月 2 日 20 时）

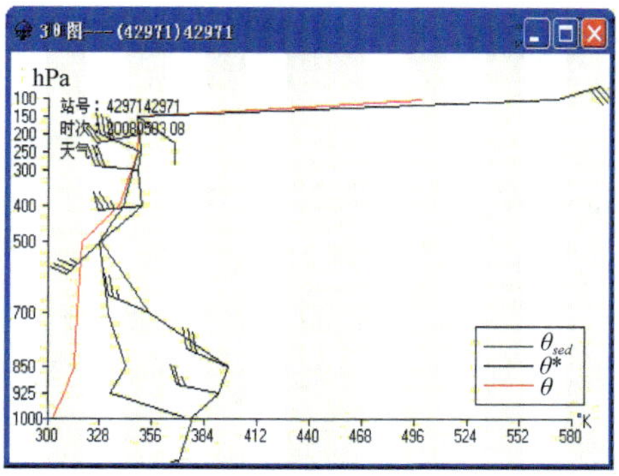

附图 43　孟湾西北岸测站

(2008 年 5 月 3 日 08 时)

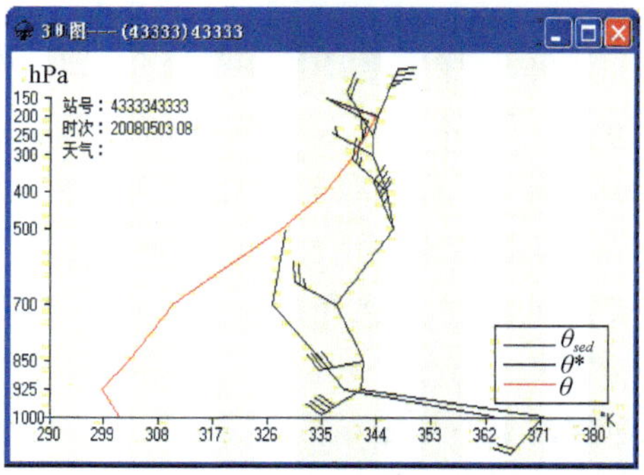

附图 44　孟湾安达曼海中测站

(2008 年 5 月 3 日 08 时)

附图 43、44 的红色线(θ)的陡峭程度，是高纬度干旱、沙漠或高原地区出现的特征(图像的具体识别，参见欧阳首承教授的相应著作)，特别是附图 44 近地的低空展示了地热加大了不稳定。

为了对于西风带风暴有个基本特征的认识，这里附上美国伊利诺伊州(2011-04-18，08 时)的龙卷风暴的 V-3θ 图(附图 45)。无疑，附图 45 所展示的大气结构，首先是西风带体系天气结构，所以缅甸风暴属于西风带的强对流系统。只是缅甸风暴的超低温和结构不稳定的程度，远远超过了美国伊利诺伊州龙卷风的强度(附图 45)。应当说，预报龙卷风并不困难，特别是美国的探空站布局较密现况，完全可以做到准确预测。只是目前国际的正式交流信息不能及时获得相应的“特性层资料”，否则完全可以在中国即可预报出美国的龙卷风。引进欧阳首承教授的软件系统，经短期培训即可于美国正确预测龙卷风，而减少人员伤亡和财产损失。

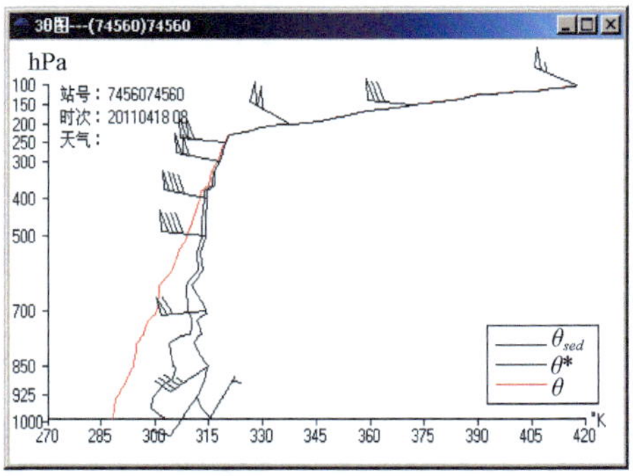

附图 45　美国伊利诺伊州 2011 年 4 月 18 日 08 时 V-3θ 图

可以说，既可以通过预测龙卷风逃生，也可以设计应对龙卷风的防护建筑物；事先减弱超低温等，仅仅是人们改变观念而已。中国也出现龙卷风，只是概率小和强度弱而不被广泛关注。

所以，此次孟湾、缅甸的风暴主要应当是西风带的“风灾”，尽管附图 38 中也显示了有强降水，但关键的是强风导致的灾害，并是此次灾害过程主要应当汲取的教训。

4.5.4.3　预测问题

无疑，此次风暴既有原因性和过程性，自然不能称为“突如其来”。核心的问题是，此次孟湾的缅甸风暴显示了区域性西风带“龙卷”式破坏性的“黑风暴”特征，而不能称为传统式的“热带风暴”；其次，气象问题不能限于大气本身，对于 5 月的天气，居然西风带还滞留于低纬度的中南半岛，则不能不说有其更为本质的原因。

即使欧阳首承教授没有掌握应当掌握的最低限度的信息，但根据附图 37～44，此次风暴过程是完全可以给出警示性的正确预报。由此也希望人们考虑预测科学的核心任务是转折性变化的灾害问题，并应当在认识上解决非规则事件是“变化信息”。否则所谓“突如其来”永远不能得到解决。何况，“数量毕竟是事件后的形式计量”，5 月初已经见到青藏高原南北出现了大气的逆滚流超不稳定结构（见附图 46～49）。

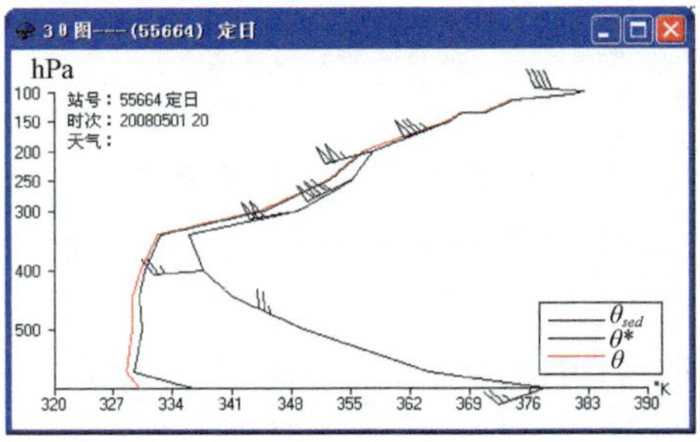

附图 46　定日站 2008 年 5 月 1 日 20 时 V-3θ 图

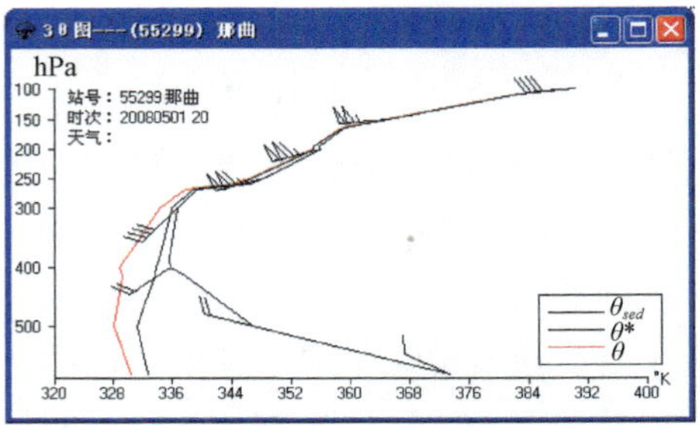

附图 47　那曲站 2008 年 5 月 1 日 20 时 V-3θ 图

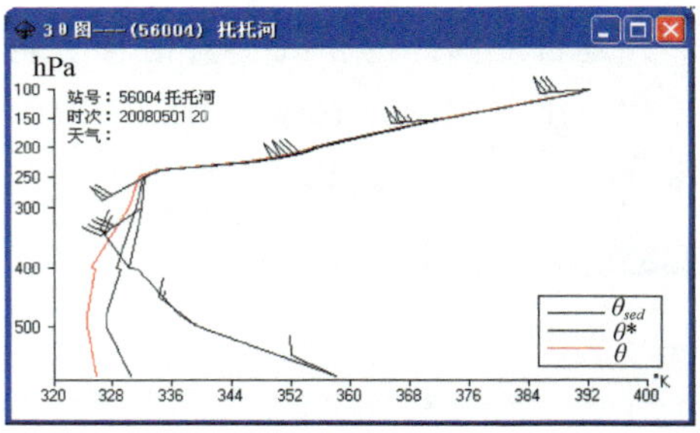

图 48　托托河站 2008 年 5 月 1 日 20 时 V-3θ 图

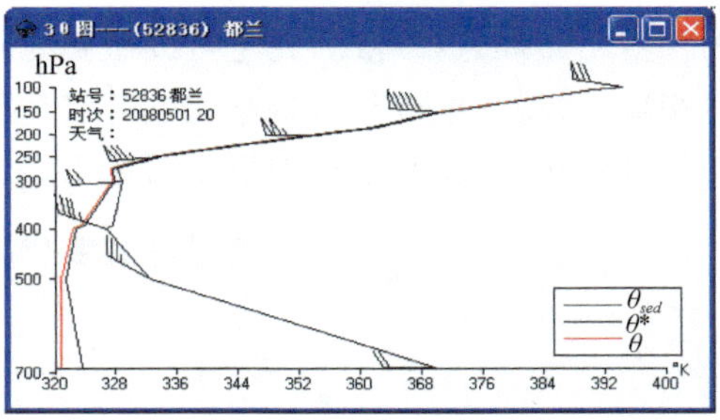

附图 49　都兰站 2008 年 5 月 1 日 20 时 V-3θ 图

注意，自 5 月 1 日 20 时起由青藏高原的定日，到青海的各站可以见到热量分布的强烈不稳定，称为“逆滚流超不稳定结构”。将预示有重大的灾害出现，只是它不属于气象问题，但也得值得气象人员重视的自然现象。应当密切跟踪超不稳定结构的传递方向、发展和变化。应当说明的是，如此强大的“逆滚流超不稳定结构”也是半个多世纪以来首次展示的灾难特征。

4.5.5　非对流性灾害天气

非对流性灾害天气主要涉及高温和大雾天气，其基本特征为逆滚流的稳定条件下出现的灾害天气。

4.5.5.1　高温天气

尽管气温是天气预报中每日必报的主要气象要素之一，但出于相对变化较小而少有突然性，遂有气温预报并不像降水预报那样引起人们关注。实际上，气温的正确预报并不容易，何况气温本身也是人们可以支配的能源之一，真正地有效的利用也是人们研究的课题。实质上，气温预报的正确与否，直接与天气的变化相联系。无疑，天气现象预报失误必然导致气温预报的失误。人们熟知，转折性变化是目前天气预报的难题，必然涉及气温预报。

尤其是随着人类“高质量、高消费”的生活追求，气象科学技术走向全面服务于经济发展和影响日常生活的前提下，气温预报的服务对象已经不仅仅限于农业“光、热、水”的需要。对此，气温尤其是高温天气已经涉及能源的消耗和能源利用等问题。

尽管高温天气涉及了高能源问题，但目前高温天气还是被列为影响人们正常生活的不利天气，特别是持续性高温天气已经实质上属于灾害天气的范畴。一般将某日或连续几日的气温高于该月历史记录平均最高气温 2～3℃，或某日已经出现 30℃的高温天气的基础上，其第二日气温突然升高 3～5℃以上的突然气温升高，或持续维持 35℃称为高温天气。

这里所指的高温天气的预报，也仅限于如何改进突然气温升高，或高温天气的持续维持时间问题。为此，V-3θ 图可以提供当代科学方法之外的预报方法，供读者参考。

1)对流层大气的逆滚流

以北半球为例，北半球的对流层大气逆滚流，主要以北风逆滚流和东风逆滚流为主，春季北半球多以北风逆滚流为主，夏季中、低纬度地区多以东风逆滚流为主。北风逆滚流多引导西风带冷高压下沉增温的变性而引发高温天气；东风逆滚流多以副热带高压稳定、滞留的下沉增温而引发高温天气，也是副热带高压发生、发展和稳定的基本条件。核心的物理机制是气流下沉加压增温。

2)结构状态

对于冷高压变性的高温天气，相应的 3 条 θ 曲线的构造，形式上类似于大风或沙尘暴的干燥性，不过是以逆滚流直接显示大气的基本状态。只突出于 θ^* 与 T 轴构成的钝角更大，特别是干燥的沙漠地区更为突出和过程中绝不会出现顺滚流(一旦出现顺滚流，则表示高温天气即将结束)。

预测人员应当注意，高温天气的主要特征是没有“超低温”或超低温非常弱，和对流层内为“整体”逆滚流，或是对流层内的中、高空为风向逆滚流，或风向、风速的总体综合以逆滚流为主。不要为某一层次局部顺滚流，而误将整体误判为顺滚流。应当掌握和能够识别：北风、东风风速随高度增大的逆滚流，或西风、西南风随高度减小的逆滚流；和中、高空在高温天气出现前的 2～3 d，即显示了偏西风风速略有减小，或北、东风风速略有加大的现象和趋势。总体上，高温天气不同于大风或沙尘暴天气的风速量级至少要小一个量级，核心是逆滚流和顺滚流的差别，而高温天气不会是顺滚流。并娴熟的预报员可“一望即知”。

20 世纪 80 年代以来引起人们关注的是，中、高纬度屡屡出现高温天气，并达到 38～40℃或以上。实质上，高温天气对于人们的生活起居、工作的不便或困难不亚于低温天气。既是对人们体质的考验，也是配合制冷设备的发明而成为重要消耗能源的灾害天气。欧阳首承教授曾经历过东北山区野外严冬的－43℃的低温，也“品尝”过盛夏时不启用制冷设备福建省漳州市＋41℃的高温，并令人们几乎不能忍受的则是高温天气的滋味。

高温天气沿袭传统的习惯提法，则有中、高纬度的冷高压变性的高温天气和副热带高压滞留的高温天气。以下分别给予说明：

异常高温天气也是体现于大气的结构变化上，其预测的难点既在于高温出现的征兆，也在于持续中维持的原因和维持中出现突然变化的问题等。已经在基本认识上，挑战了当代科学的成就或称为预测难点。自从启用特性层资料数字化 $V\text{-}3\theta$ 图以来，发现了传统理论没有提到的“近地低空干燥层”，似乎可以引出认识上的新问题，或可识别高温天气的重要指标。最初只是以“近地低空干燥层”配合大气结构的逆滚流预测异常高温天气，但在对比中发现了“近地低空干燥层”是城市高温天气的结构性特征。所以“近地低空干燥层”既是预测的指标性信息，也将城市“热岛”效应具体化，而涉及了城市建设的布局、规划问题。作为滚流结构，即顺滚流为晴天到阴雨天气的转折性变化；逆滚流则反之。然而在实际应用中发现了它的新意义和作用，即异常高温天气还涉及了人为因素对环境影响的问题。

4.5.5.2　异常高温天气的典型例案

按启用特性层的信息数字化，以副热带高压型的高温天气结构的特征说明其预报问题。以福州站 2003 年夏季出现了长达 37 d 的持续高温天气为例作具体的讨论。自 6 月 28 日到 8 月 3 日每天最高温度都在 35℃以上（目前中国将 35℃以上的天气规定为高温天气的预测标准），7 月 13 日到 16 日还出现了持续 40℃以上的异常高温，其 $V\text{-}3\theta$ 图展示了明显的结构特征。

1）副热带高压异常高温天气的维持、加强或转变

2003-07-13 福州的最高气温达到 40℃以上，维持 4 d。分析 13 日到 16 日（其最高温度分别为：40℃、40℃、41℃、40℃）的 $V\text{-}3\theta$ 图（附图 50～53）。高温天气维持时的 $V\text{-}3\theta$ 图基本结构特征：

① θ 线整层偏右倾，与 T 轴的夹角趋于或略大于 45°，尤其是 400 hPa 以上由 14—16 日是逐日向右倾并接近 45°角，配合上层大气的“无或弱”超低温构成了气层稳定的结构；

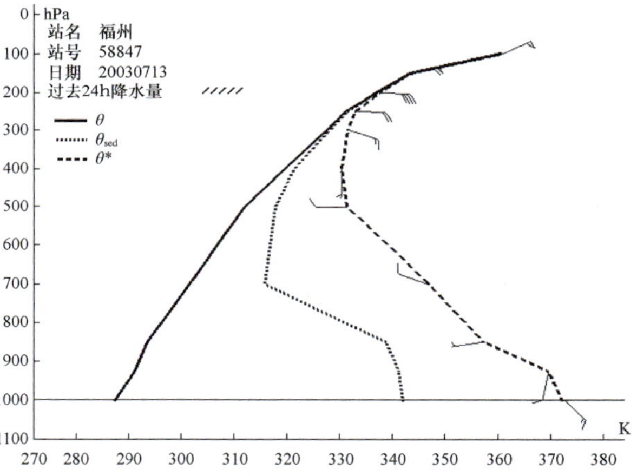

附图 50　福州站 2003 年 7 月 13 日 08 时 $V\text{-}3\theta$ 图

② 低层大气西南风略偏强，中层西北风减弱；高层大气为东风或东北风，16 日都转为东北风。故 16 日气温达 41°C，即高层东北风、中低层西南风系统化（如附图 51、图 52 的 13、14 日中低层西南风并不一致，14 日始 500 hPa 和 850 hPa 转为偏北风）是典型的副高西侧的逆滚流结构，并低层大气偏干燥，16 日气温达 41°C；16 日 850—700 hPa 转为西南风和南风，而构成顺滚流，尽管低层大气还较干燥，因转为顺滚流气温将下降（附图 53）。

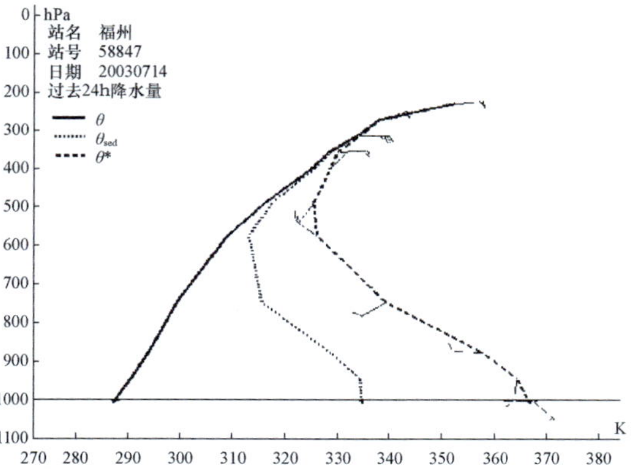

附图 51　福州站 2003 年 7 月 14 日 08 时 V-3θ 图

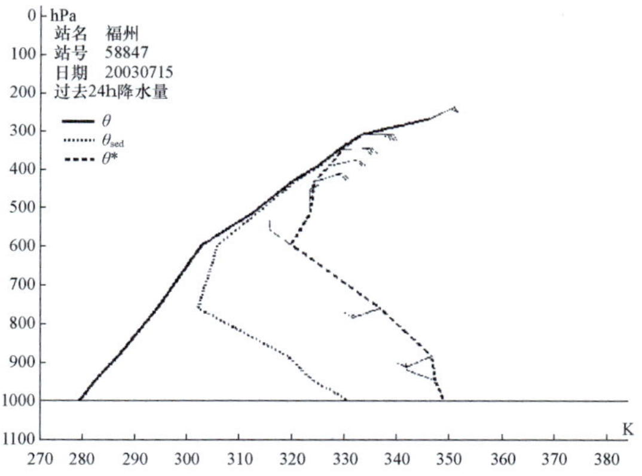

附图 52　福州站 2003 年 7 月 15 日 08 时 V-3θ 图

③ θ^*、θ_{sed} 线在中低层与 T 轴的夹角为钝角，配合 θ^* 与 θ_{sed} 线距离大转为西南风和南风，而构成顺滚流，尽管低层大气还较干燥，因转为顺滚流气温将下降(附图 53)。由上列附图中不难看到高层大气 200 hPa 的西北风开始转为东北风，并超低温和西南风也相应地减弱，则是高温天气开始的征兆。并为确保预测无误，应配合周围测站的结构情况，而不要因本站的错情所误，尤其是邻近测站有 300 hPa 以上气层的 θ 线右倾趋于 45°角，则可以预报高温天气即将开始；其中 θ^*、θ_{sed} 线在中低层与 T 轴的夹角为钝角，配合 θ^* 与 θ_{sed} 线距离大于 20 K，表明测站的中、低空大气为偏干燥的不稳定结构。

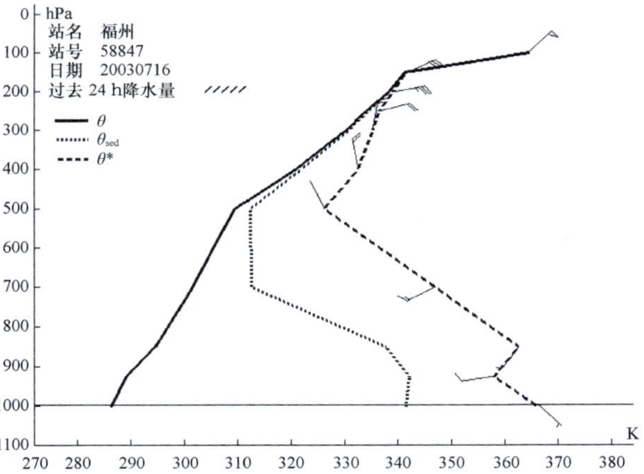

附图 53　福州站 2003 年 7 月 16 日 08 时 V-3θ 图

顺便说明，持续高温过程中的高温突然增强是预报的难点，其中高层大气一致东北风和无超低温，结构稳定；中低层大气西或西南风偏干燥(注意，逆滚流西南风的风速比南风偏干燥，尽管地面出现南风时，空气湿度并没有增大反而减小)、信息结构准稳定特征，是预报的要点。

作为某地区高温天气转变的预报，则应注意超低温配合顺滚流天气的条件下，东风向西北风转换或依次经历东北风、北风再转换为西北风等。突出的特征展示为超低温与顺滚流配合水汽充分。福州 2003 年 6 月 25—26 日的 V-3θ 图(附图 54、55)即为高温天气结束预报的典型例子。限于篇幅，不赘述。

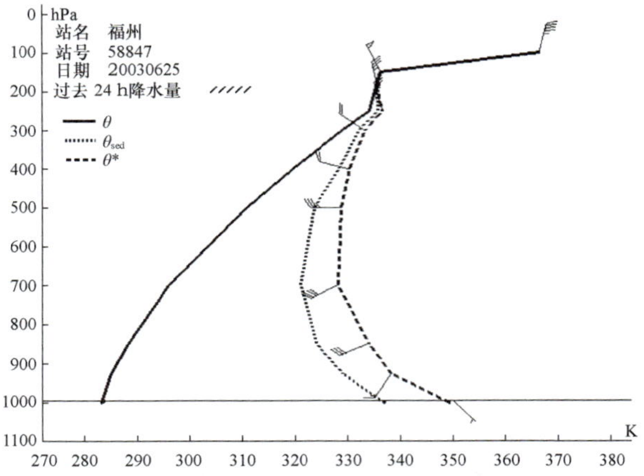

附图 54　福州站 2003 年 6 月 25 日 $V\text{-}3\theta$ 图

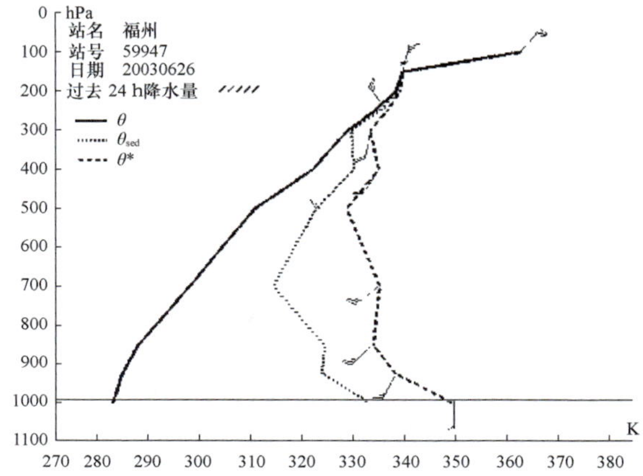

附图 55　福州站 2003 年 6 月 26 日 $V\text{-}3\theta$ 图

可以说 2003 年是副热带高压进入我国内陆比较西伸和北挺的一年，副高脊线已达到黄河上游。相应的南昌、福州、杭州等城市已经位于副高中心或其东部。尤其是杭州作为内陆西湖，外又近海的“天堂”，历来不属于长江流域的五大“火炉”之内。但近来“后来居上”，杭州的高温天气已令人不能小看，并可以明显地见到“近地低空干燥层”。

2003 年 8 月 1 日 08 时南昌、武汉、杭州、南京(江浦)站的 $V\text{-}3\theta$ 图，各测站当天的最高温度分别为 40℃、40℃、40℃、39℃，且各测站均处于高温天气的维持过程中，仔细分析各测站的结构(附图 56～59)，可得出与福州结论一致的结果。但对比 4 个城市的大气结构，不难发现杭州与南昌非常相似，并 900 hPa 的 θ^* 均达到 390 K 以上而超过了武汉和南京。一般而言，长江流域(或内陆)的高温地区或城市，其 $V\text{-}3\theta$ 图的结构特征除了其他高温天气共同特征外，均表现为 900 hPa 的 θ^* 出现超过 390 K 和相对湿度小的现象，并可以此预报异常高温天气。说来南昌相对于杭州而言南昌更偏于内陆，并杭州城内湖泊面积又似乎大于南昌城内的湖泊，何以杭州可类似南昌的高温天气呢。这无疑是一个重要问题，尽管欧阳首承教授在以前提到超高温问题，但没有展开讲。由于 θ^* 是加入了假定水汽饱和凝结热量的温度，相应地可以加入同量的水汽而因其蒸发又可降温。一般而言，近地层大气出现 $\theta^* \geq 380$ K 时，均涉及该地区的大气“近低空干燥层”的环境湿度的最大容纳量问题，或简称“环境湿度容量最大层”（附图 56～59 中 900 hPa 附近的 θ^* 线向右的突出层），此概念是欧阳首承教授据多年实测资料分析得出的，并最早见于西北的沙漠地区（相当于沙漠夜间降温而构成早晨的逆温层）。提出此概念的目的，不限于异常高温的预报，还应考虑内陆地区城市建设规划。现在的人工影响天气多注意防雹、催雨，但很少涉及调整环境温度。由于“近地低空干燥层”的高度较低（相当于边界层顶）和涉及下垫面的条件，至少不要人为地制造“火炉城市”或“西北荒漠”。无疑，“人间天堂”竟然在高度科技化的今天变成了戈壁沙漠，则是令人恐怖的事。只要对照位居沙漠的二连浩特市的大气结构（附图 60），也许不会感到危言耸听。

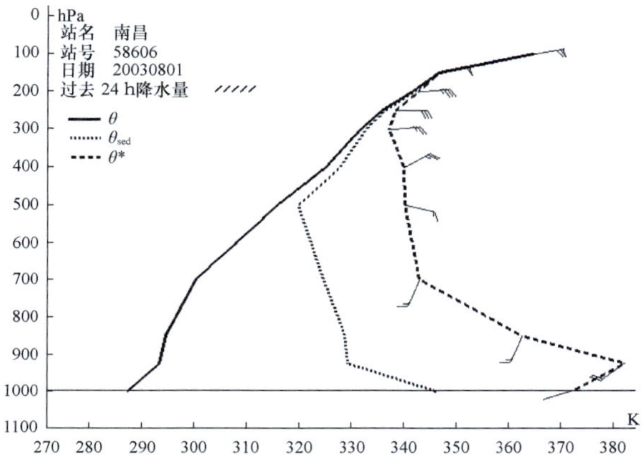

附图 56　南昌站 2003 年 8 月 1 日 V-3θ 图

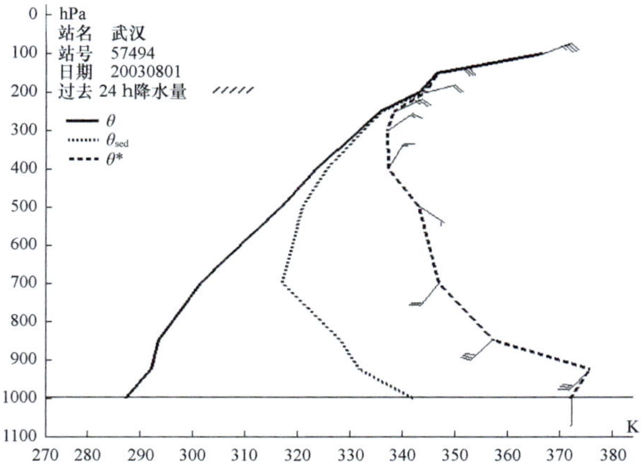

附图 57　武汉站 2003 年 8 月 1 日 V-3θ 图

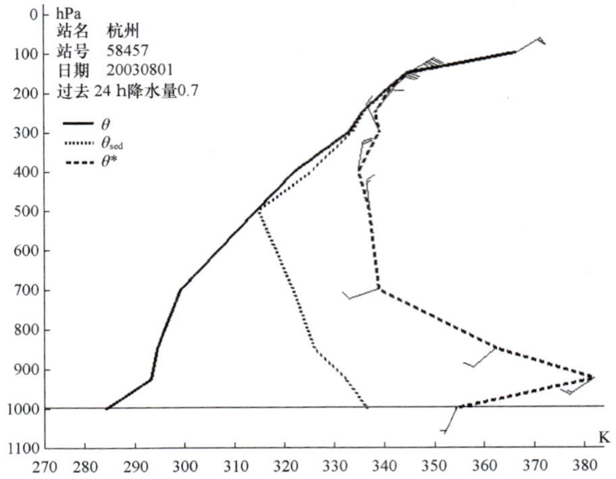

附图 58　杭州站 2003 年 8 月 1 日 V-3θ 图

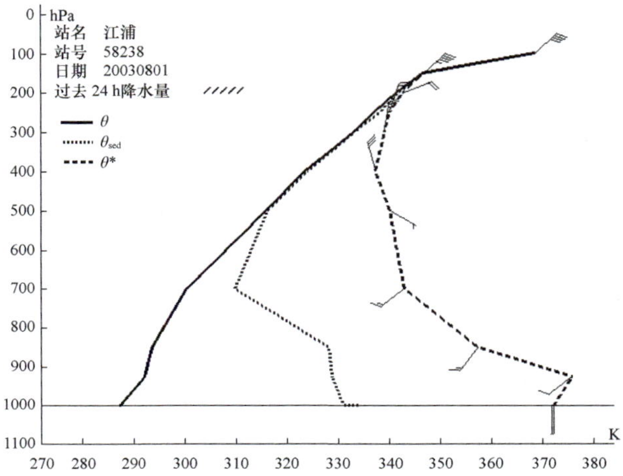

附图 59　南京站 2003 年 8 月 1 日 V-3θ 图

东风带系统内近些年来也出现了“近地低空干燥层”，必然显示了下垫面的变化。欧阳首承教授认为这应当是目前和今后的城市规划和建设应当重视的问题。特别是针对城市的发展和“卫星”城市的连环效应，已经涉及“玻璃、混凝土”等构建物的“光漠化或石漠化” 效应问题。应特别注意的是，目前城市的“光漠化或石漠化(附图60)”是立体的非均匀效应，还不同于西北地区准平面的沙漠化，而更易激发突发灾害天气。附图 56、57 的福州市与附图 58 杭州市或杭州与二连浩特(附图 60)对比，杭州居然出现类似于二连浩特 30 多度温差的“近低空干燥层”，似乎今天的人们不应再等闲视之。

2)西风带高温天气

西风带高温天气即为传统的冷高压变性的高温天气，与副热带高压的高温天气有结构性的差别。相

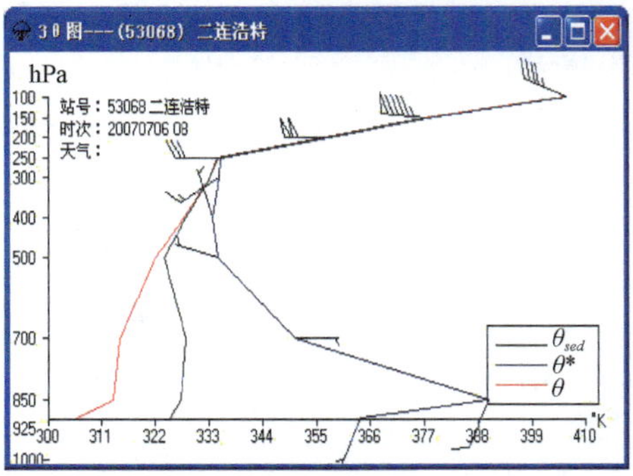

附图 60　二连浩特 2007 年 7 月 6 日 08 时 V-3θ 图

应的高温天气也表现为持续时间较短、气温变化大。尽管作为灾害，西风带（北方）高温灾害，相对于副热带高压（南方）而言要轻得多，但其高温天气的“近地低空干燥层”却是相同的。这里以北京站2003年8月2—4日（最高温度为37℃、36℃、36℃）的高温过程为例作一说明。

（1）西风带高温天气的“近地低空干燥层”

北京站的V-3θ图（附图61、62）结构特征可概括为（高纬度内陆测站的特征）：

① θ线自中层（500—400 hPa）到高层大气呈典型的稳定结构，θ线与T轴交角接近45°或小于45°，早晨08时低层大气有逆温和水汽偏少（θ_{sed}曲线位于θ，θ^*曲线的中线的左侧）现象，称为“近地低空干燥层”；

② 本次过程是高空西南风，低空北或西北风式的逆滚流（冷高压变性也有整层西北风式的逆滚流），而不同于副热带高压的高温大气结构，并应注意的是高温天气的低空风速远小于暴雨和低温天气。即使副高中心东侧东北风下的异常高温天气也是云淡风轻，但可见到近地面50 cm厚的气层中有抖动的乱流；

③ 中层以下大气为低湿度（θ_{sed}线居θ线和θ^*线中线左侧）干燥不稳定，并近地层（约900 hPa的高度）大气，θ^*线有异常高温现象——“近地低空干燥层”（见南昌、杭州站等的V-3θ图）。此现象无论低湿度（冷高压变性）、高湿度（副高）的相对干燥大气都具有此现象，并被欧阳首承教授首先发现于内陆的西北地区（源于沙漠裸露地面的气温日较差较大）。但近10年来此现象，陆续出现于中国的东部地区并波及近沿海城市。目前近海的杭州市也出现“近地低空干燥层”。即有相对较大积水面积的西湖和近海城市——杭州市已经与内陆的南京、南昌、北京市等城市类似了。应当引起人们的警觉，并不仅是某一孤立城市的问题。

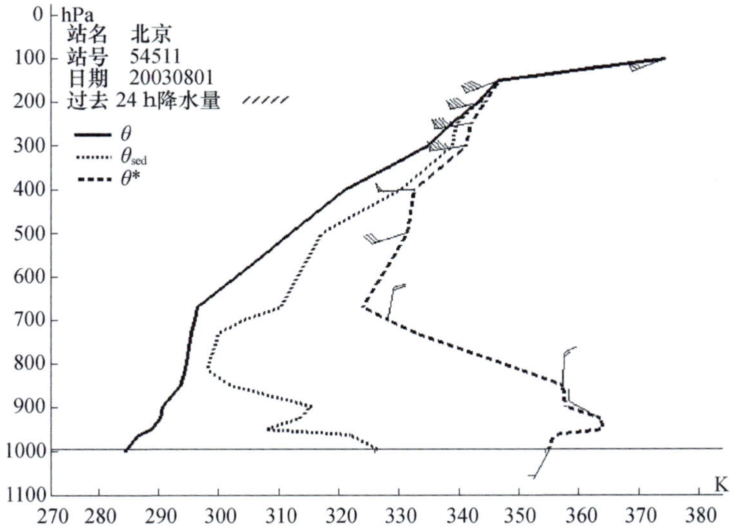

附图61　北京站2003年8月1日08时V-3θ图

目前诸多省份的县、镇及其公路的沿路都已高楼耸立，其“卫星”城、镇已经成为混凝土的连环式“石漠阵”，而不只是孤立的城市“点”了。

（2）高温预测的预报要点与有效防灾

① 高温或异常高温天气没有暴雨、强风暴来得那样激烈或突然，配合人们忍受能力的滞后性，似乎不太注意其预报的准确性。实际上，真正的异常高温天气并不是很容易预报的，特

别是高温的持续时间超过 3 d 的正确预报，和高温天气可能维持的时间的预测。原因是，西风带控制的天气，除了某些特定的地区外(如新疆的吐鲁番盆地)，一般维持 3 d 的概率较小；对于东风带控制下的高温天气逼近 40°N 也不多见。一般平原地区东风带控制的高温天气，超过 35°N 和维持较长时间又远远超过 3 d，而预报正确也只能计算为一次。

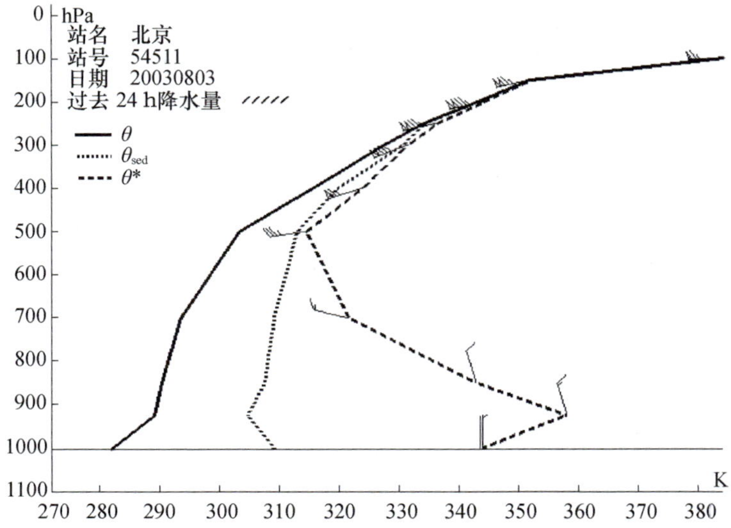

附图 62　北京站 2003 年 8 月 3 日 08 时 V-3θ 图

• 西风带高温天气的预报要点

对于北半球应当注意高空西北风逆滚流的低空大气，没有系统性偏南风(距离待预报测站相当于 1000 或 1500 km 的 10～15 经纬距以内的西南、南或东南风)，而只是因当地的地面接收太阳辐射导致增暖，称为冷高压变性的高温天气。其表现为中、下层大气的 θ^* 值激烈增大(附图 63)，相应的西北逆滚流中的中、下层大气的风向有变化，并近地层风速减弱至 4 m/s 以下或趋于静风(附图 63)。若没有系统性偏南风(注意附图 63 中的 500—300 hPa 出现西南风，显示此例并不典型纯西北风逆滚流，近 700 hPa 以下为偏北风。这是属于下北风、上为西南风的逆滚流。正是冷高压变性的标志之一)，则高温天气继续维持；一旦近地层出现系统性的偏南、东风，并偏南或偏东风风速加大到 4 m/s 以上，则高温天气将在 24h 内减弱或结束。所以，高温天气的预测也同降水预测类似，不能仅仅以本站的信息给出正确的预测。限于篇幅，这里不再附上敦煌周围测站的图表。

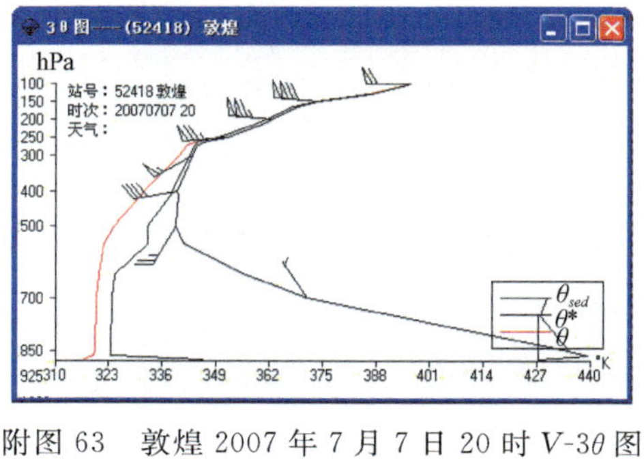

附图 63　敦煌 2007 年 7 月 7 日 20 时 V-3θ 图

• 东风带高温天气预报要点

对于北半球应当注意高空的东北风逆滚流的低空大气，即使有偏南风也比较弱（附图 50～53），并与西风带高温天气类似的是没有逆滚流控制下大范围（10～15 经纬距）的系统性偏南风。天气状况一般为云淡风轻，和近地层有热空气的乱流扰动，则为典型的东风逆滚流的灾害性高温天气。若对流层附近一直不见超低温出现或其周围的 10～15 个经纬距内的测站也没有超低温出现，则高温天气至少要维持 3 d 以上。不过，即使中、低纬度的持续性高温天气，一般 7 d 左右有一个小的调整，15 d 左右将有大的变化。或者说，所谓 30～40 d 的高温天气，也不等于其间没有变化。原因是，毕竟大气运动是来自太阳辐射的热量分布不均和变化。太阳直射位置总要在 15 d 左右有转折性的改变，且其间的 7 d 左右则是相当变化处于最大（或最小）的平稳阶段。预测东风逆滚流的高温天气的变化或高温天气结束，则应当注意对流层顶附近是否有超低温出现，并配合风向的东北风是否开始转向北风或西北风，和中层以下的偏南风是否加大（体系性的大于 4 m/s）。体系性是指多层次的大于 4 m/s，则应当考虑有热带风暴或台风出现或逼近。

气象学术界曾经流行大气有“15 d 记忆”的提法，为此也引出“院系派”（院系派系指科学院和学院）和“非院系派”的争论。欧阳首承教授认为，所谓“15 d”就是中国已经流行几千年的“节气（solar terms）”问题，即太阳直射于地球的位置，每 15 d 有一明显变化的“时刻”。“气”在中国是指“变化”的含义，“节”则表示变化的转折“位置或时刻”。

② 持续高温天气不仅是直接涉及人体的忍受度，而更重要的是涉及能源支配、调度和城市规划、建设的总体设计和布局问题。对于东风带活跃地区，不仅仅是需要正确的预测，似乎应当考虑高温天气的利用问题，而才能真正做到防灾、减灾和利用高温天气的“资源”问题。无疑，太阳能的转换在原理上已经不是什么问题，只是如何降低成本问题。尤其是中国福建省属于临海山区，水资源缺乏，考虑太阳能资源的有效利用是必要的。

③ “近地低空干燥层”具体化了城市热岛效应，已经不只是气象或气候的自然原因而涉及了人为作用。为此城市建设问题也遇到了新问题，即“近地低空干燥层”不只是异常高温天气的预报指标，也是城市建设的是否危及生态环境失衡的标志。这应当是今后城市规划值得注意的问题，不仅建筑物的智能化应当提到日程；也应考虑城市的森林化和湿地化。尽管城市的土地面积“寸土寸金”，但因环境失衡、能源过度消耗的损失，反而限制城市建设的发展或带来危害不亚于“寸土寸金”的收益。尤其是城市的建筑物林立中制造了下垫面的非均匀的“粗糙度”，易引发突发性灾害天气。环境破坏，“寸土寸金”也化为乌有。

④“近地低空干燥层”现象提出了人工影响天气的新课题和研究方向的具体化，因为异常的持续高温天气所消耗的能源、医药、饮水等综合费用远远超过了防雹、催雨的人工作业费。城市化至少应当考虑不要人为地制造“近地低空干燥层”。

4.5.6　大雾天气

雾是天气现象中，除了降雨和降雪过程中能见度降低现象以外，更为主要的降低大气能见度的天气现象。对于早期的农业兴国的中国或类似国家和地区，应当说“雾”不仅不是灾害，对于某些农作物或树木森林，雾有提供水分减轻紫外线辐射的作用。例如，西双版纳的独特热带雨林，恰恰是得益于雾的滋养。但随着工业的发展，污染物的排放为大气提供了利于水汽凝结的气溶胶等污染悬浮物，既加大了“雾”的浓度，也污染了大气。尤其是，低能见度为交通制造了麻烦，某种程度上等于制造了灾难。可以说，现代的低能见度的危害，已经不亚于战争和瘟疫的灾难。

传统气象学中，将“雾”分类为平流雾（外地移过来）、辐射雾。但经实践中考察得出的结果是，真正影响交通、飞行等能见度很低的大（或称为浓）雾，所谓平流雾和辐射雾是分不开的。对于预测实效性而言，水汽具备条件下的滚流方向是关键问题，并可以分为低层雾或低空“雾”。低层雾是指平原的陆地，或沿海和临海的大雾；低空“雾”系指出现于 1500～3000 m 的山区“雾”，实质上是低层云。应当注意：低层雾是逆滚流的真实雾，而低空“雾”则是顺滚流的云。所以，低能见度除了降落中的雨、雪之外，即使近地面的水汽凝结雾，不能笼统地都称为“雾”，乃至于降水过程前的对流浮尘或扬沙、沙尘暴都属于低能见度现象——霾或黑风暴。雾原则上是指近地面的水汽凝结的微小水滴构成的，并为大气“逆滚流”过程中的产物，应当是明确的。

坦诚地讲，确切或明确地区分山区低层云和平原地区雾，对于初学者有一定的困难。但以具体实例比照，是可以很快掌握的。只是目前某些山区气象站，多习惯将笼罩本地的低层云视为“雾”。为此，应当注意低空大气是“逆滚流”者为雾。至于强调区分“云与雾”的原因，是在于雾是阴雨天气转换为晴好天气的标志，而云则是天气走向阴雨的先兆。尽管雾与霾都是导致能见度降低的天气现象，但两者是不同的。霾为雨前顺滚流大气中含有灰尘和污染物等，导致大气能见度降低的现象。并在自记信息数字化中还要谈到。

近十几年来大雾天气有北移和东扩的现象，即陆地上水资源短缺，而大气的水汽资源在北移扩展。具体于中国云南省的西双版纳地区出现雾的减少现象，并已经威胁到了热带雨林生存。所以，雾的大范围北移、东扩现象也是值得研究的课题。

针对短期或气象意义下的变化问题，以数字化的 $V\text{-}3\theta$ 图给出相应的预测方法。

大雾天气发生前的大气基本结构特征：

1）3 条 θ 曲线的垂直分布基本上类似于降水结束后的特征，即 θ 曲线右倾与 T 轴成锐角，而 θ_{sed}，θ^* 曲线不仅呈现右倾，而且其右倾的角度非常大，并成为预报人员习惯的称呼：“逆温层”。特别是，若 20 时的信息所构成的 θ_{sed}，θ^* 曲线的逆温层超过 2530 K，并配合 850—700 hPa 以下为北风逆滚流。一般而言，当天的深夜和第二天上午将都是大雾天气。特别是雨后的大气结构类似于前面所述的特征，预测为大雾天气几乎没有失误过。对于实地的预报人员，应当熟悉当地的周围环境，特别测站周围有河流、湖泊或富含水汽稻田地等，则有利于雾的形成。

2）若 850—700 hPa 的高度附近出现水汽密集层（即 θ_{sed}，θ^* 比较靠近，和 θ 曲线一并右倾），但 3 条曲线不靠拢，再配合低层大气顺滚流。则一般是低层云的能见度降低，称为海拔高度为 1500 m 左右山区的大“雾”天气。

无疑，此种低层云被当作“雾”的现象，一般对于初学者不容易掌握，也往往引出纠纷。特别是盘山公路处的低层云被司机们称为“雾”，而山下的预报员则说成云。实质上是云，但对于山上的司机而言，又确实是能见度低而影响视野。其间值得注意的问题是：除了近低空的顺、逆滚流的差别外，真正的大雾天气的风速一般在 4 m/s 以下。至于盘山公路或铁路交通部门提出的问题，只能配合必要的设置观测站方式协调解决。

其中，注意大雾天气的逆滚流与高温天气的逆滚流的区别：高温天气的逆滚流注意高层大气；大雾天气的逆滚流注意大气下层或称为“近地层逆滚流”。

目前低能见度的大雾天气主要是指海拔高度较低的陆地平原或江、河、湖、海所涉及的近下垫面的大雾天气，并直接威胁交通（或航空）系统的安全。作为预测而言，主要在于近地层水汽丰沛、逆滚流和风速较小条件下配合逆温层。

4.5.6.1　实例分析

这里以 2002 年 12 月 12 日 08 时全国的大面积雾的实例，讨论雾的天气结构特征、雾的发生和结束的预测问题。此次雾过程的覆盖面积较广，涉及中国的华北平原、江淮地区、长江中下游、云贵高原和四川盆地东部。由于雾浓度的分布不均，更易体现预测方法的分辨能力。其大雾、轻雾分布站点包括：

大雾：西安、长沙、南宁、衢州、百色、鄂西、阜阳、安康、达县、重庆等。

轻雾：南昌、江浦、昆明、徐州、贵阳、宜宾、杭州、郑州、射阳、安庆等。

显然，传统的天气图方法，只能看到 700、850 hPa 形势图的“两槽一脊”及其西伯利亚高压脊前的西北气流的冷空气南下，但冷空气仅是雾形成的因素之一。所以，天气图实质上是已经出现雾后的监测。真正预测大面积雾的具体分布范围和量级（大雾，轻雾的地区）的要求，现行方法还不能有效地服务航空和道路交通。尽管是有多年实践经验的预报员，仅由现行的天气图或数值模式只能给出大体的笼统分布，具体到航线、公路段或具体覆盖区域可以说到目前为止还没有非常确切的方法。为此，此工作的参与者鲍玉章先生等曾经协同组织人力进行了 100 多个实例分析和检验，运用非规则信息的数字化分析方法，确实比现行方法明确得多。为此，以其相应的实例作一具体说明。

由于 $V\text{-}3\theta$ 图可以容纳非规则信息，并由 700、850、925 hPa 到地面均可以见到西北风的“逆滚流”区，笼罩四川、重庆、云南的南部和广西到贵州、湖南、湖北一带，并可以结合近地层的水汽层的特征，列出雾的分布区和量级（大雾、轻雾）的差别。更有意义的是，不仅 $V\text{-}3\theta$ 图的大面积的逆滚流控制区配合水汽层分布显示雾的分布，即使受西南风控制的江南到西南西部一带，也可以由 $V\text{-}3\theta$ 图预测这一带将受西北气流控制。由于涉及 20 多个测站的图例，限于篇幅不能一一列出。

传统气象学出于物理的微观静态效应，刻意强调了辐射雾、平流雾的区别。实际上，自然界的辐射雾、平流雾没有截然可分的界限。雾作为天气现象是演化的过程性事件。

作为预测问题，必须分析雾出现前、后和过程中的大气结构特征及其转换倾向，故以 $V\text{-}3\theta$ 图可对具体区域（探空站）给出雾出现、消散前的特征，才能有实际的预测意义。这对于航空、公路交通正确、及时调度是非常重要的问题，实际有效的预测既有雾发生预测，也应包括雾消散的预测。

1）大雾的预测问题

西安站是这次过程有大雾发生的探空测站，其具体雾情是 12 日 02:00 轻雾，12 日 08:00 变大雾，12 日 14:00 转为轻雾。其大雾发生前一天的 $V\text{-}3\theta$ 图结构特征，如附图 64 所示，即西安站没有超低温；在 700 hPa 以下 θ 线向右倾斜，表明低层稳定；850 hPa 以下为水汽聚集层，且底层的东北风有水汽源（图略），并 850 hPa 的弱西南风也是水汽源之一；其 θ_{sed} 与 θ^* 在近地面层接近重合且结构右倾。这表明近地层结构稳定、水汽充沛；配合逆滚流，有利于向晴天转换而加强下垫面辐射，必然导致第二天的大雾天气。

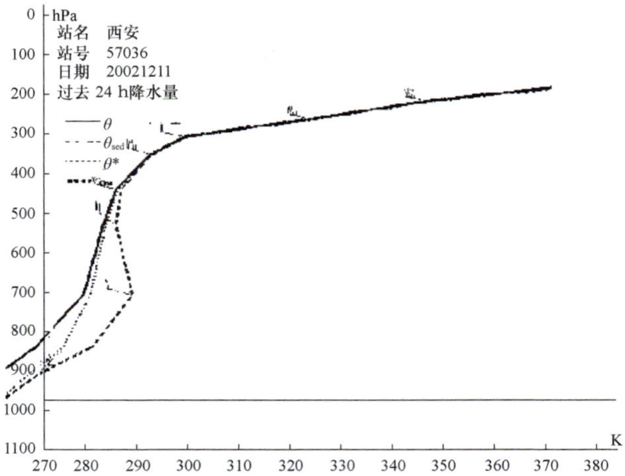

附图 64　西安 2002 年 12 月 11 日 08 时 V-3θ 图

综合其他实例，大雾预测的结构特征概括如下：无超低温或有弱超低温；偏北风逆滚流；θ 线在中、低层向右倾斜，气层结构稳定；θ_{sed} 与 θ^* 在近地面接近（小于 2 K）或重合，即底层水汽层较深厚（为 1 km 以上）和密实。

2）轻雾的预测问题

昆明也是此次雾天气过程的测站之一。其雾情为：12 日 05:00—11:00 为无云的轻雾。其 V-3θ 图结构特征如附图 65 所示。

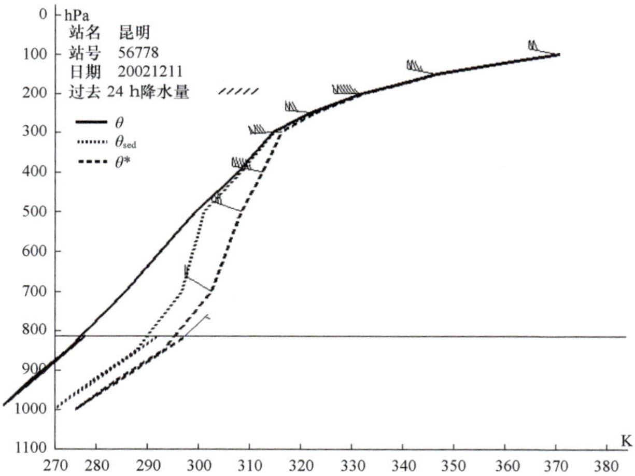

附图 65　昆明 2002 年 12 月 11 日 08 时 V-3θ 图

θ 线右倾，即气层结构稳定；θ_{sed} 与 θ^* 在 700 hPa 以下准平行，但 θ_{sed} 位于 θ^* 与 θ 中间稍偏右，有水汽但不充沛；作为水汽源其东、南的贵阳、蒙自站近地面有东风且水汽充沛，只是比大雾情况的水汽层浅薄且 θ_{sed} 与 θ^* 的饱和度相差 6～8 K。

并其高层为西北偏西风、低层为东北风式的逆滚流（附图 66、67）。无疑，逆滚流为雾形成的基本条件，并同时揭示了平流中也体现了辐射的作用。

轻雾的 V-3θ 图特征：无超低温或弱的超低温；整层大气结构稳定；本站近地层水汽层浅薄

或饱和度相差 6～8 K(或本站水汽不是很充沛，但周围站点能提供水汽且水汽层浅薄)但比大雾浅薄(约 500 m)；多为上层偏西、西南风，下层为北、东北风式的逆滚流维持或顺滚流转换为逆滚流的情况。

3)雨后雾的预测问题

雨后作为一个特殊问题来讨论，则是因为雨后的雾天气多为大雾天气(或称为浓雾)。这里以本次过程的南宁站为例给出相应的说明。南宁站的雾情：11 日 08:00—11:00 为小雨；12 日 0:00—11:00 即为大雾，11 时以后才逐渐消散。其 11 日 08 时的 V-3θ 图(附图 68)结构虽然已经转为逆滚流并超低温比降水前减弱，更应注意因 900 hPa 以下还有部分不稳定能量没有释放完，其深厚的层云还笼罩南宁上空，表明降水还没有完全结束。正因为如此，使南宁的中、低空大气集聚了充沛的水汽，故南宁站的 V-3θ 图上可见到中、低层的 θ_{sed} 与 θ^* 几乎重合(分析中应注意 2002-12-11-08 时，附图 68 中 900—700 hPa 的 θ_{sed} 与 θ^* 线重合即表示为暖层云。这正是运用 V-3θ 图预测天气的优越处，不仅可较精确地识别云的高度，也可区分云的性质)，即表明近底层水汽充沛。

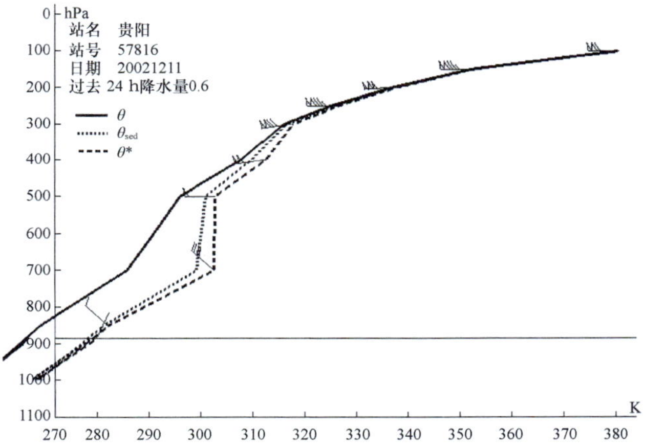

附图 66　贵阳 2002 年 12 月 11 日 08 时 V-3θ 图

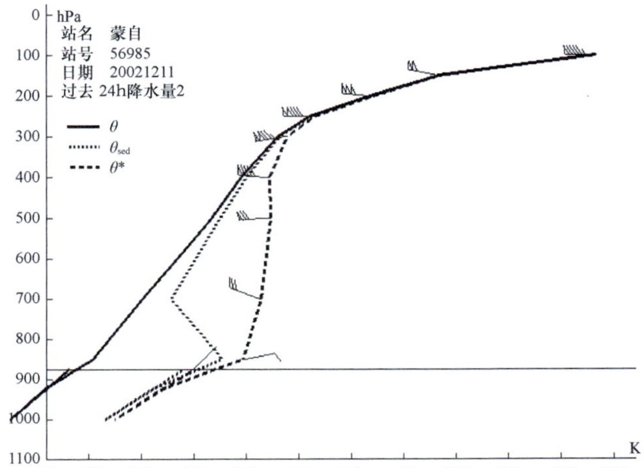

附图 67　蒙自 2002 年 12 月 11 日 08 时 V-3θ 图

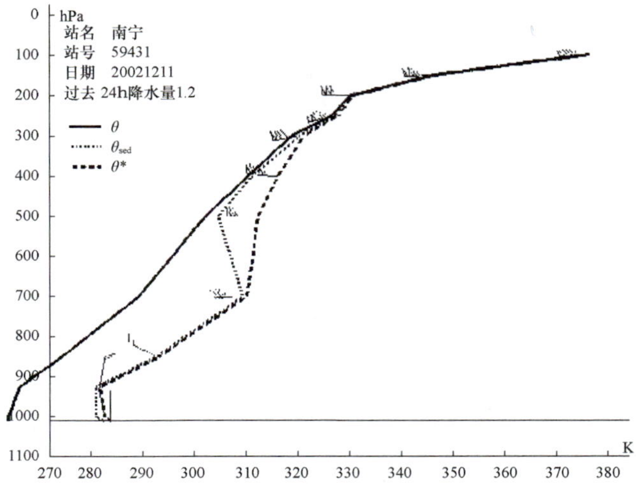

附图 68 南宁 2002 年 12 月 11 日 08 时 V-3θ 图

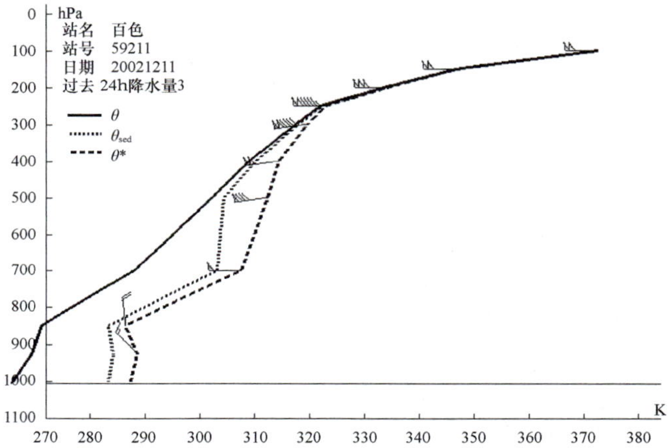

附图 69 百色 2002 年 12 月 11 日 08 时 V-3θ 图

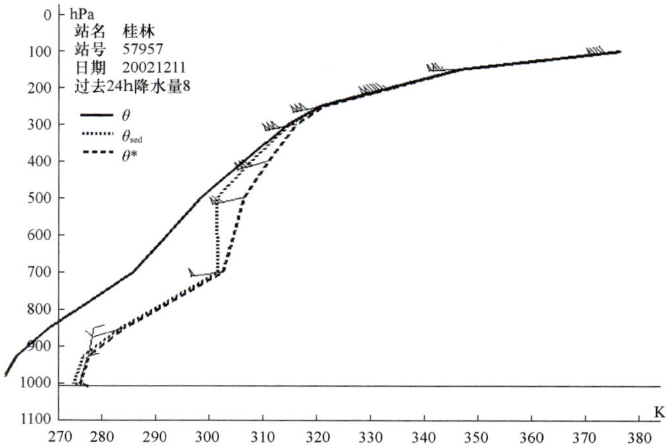

附图 70 桂林 2002 年 12 月 11 日 08 时 V-3θ 图

应注意的是，逆滚流将预示对流层大气将转为下沉运动而导致云层消散，利于地面辐射加强而激发大雾天气。这既是大雾的形成原理也是预测方法，而体现了结构分析预测方法的优越性。配合周围测站(附图69～72)，有百色站的中低空的西北风，桂林站、梧州站低空的准北风和北海站的西北风，就可以非常明确地确定南宁站的逆滚流结构将维持。并可确定南宁站850 hPa的西北风不是孤立的，而可有把握预测南宁站的层云消散而形成雨后的大雾。由此也说明了，大雾的预测问题涉及了降水结束的预测问题。或者说气象预测问题，不限于某种天气现象发生前的预测，也涉及了其结束的预测。

雨后雾的V-3θ图结构特征：超低温比降水前减弱或温度增加(或称反超低温)；θ线在中、低层右倾稳定或者向左倾有不稳定能量，并在降水后不稳定能量减弱消散；θ_{sed}与θ^*在中低层、整层接近或者重合，水汽充足；降水后在中、低层或者整层滚流变成逆滚流结构；多数情况下层云为一层，在低层冷气流的作用下，层云减弱、消散于大范围雾发生之前或同时逆滚流加强。可以说雾作为天气现象正是天气转折性变化的现象或事件，遂有"十雾九晴"之说。所以把握住天气的转折性变化，雾的预测问题也相应地迎刃而解了。说到底气象科学的问题是演化问题，雾既是预测的内容，也是预测信息。

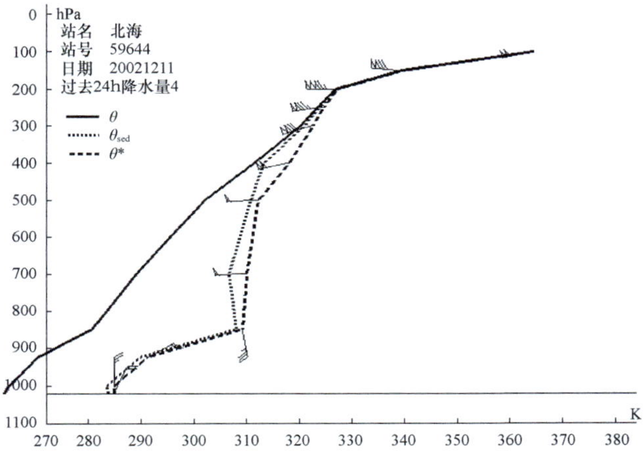

附图71 北海2002年12月11日08时V-3θ图

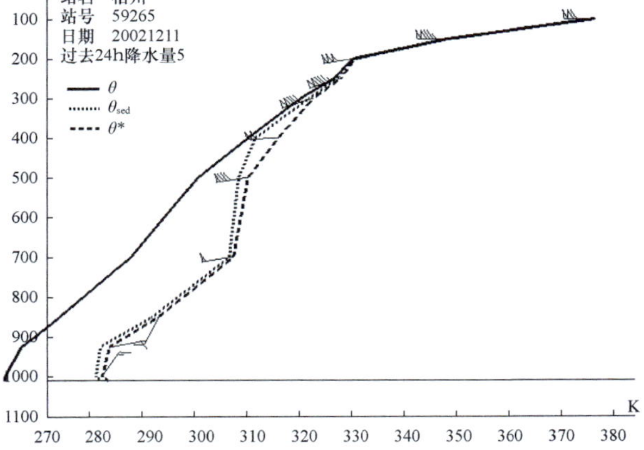

附图72 梧州2002年12月11日08时V-3θ图

4)无雾天气或雾消散的预测

西昌、宜宾、昆明和丽江等站是这次大面积雾天气中无雾或轻雾消散的测站，足见雾也是分布不均匀的演化问题，并“覆巢之下亦有完卵”，也说明了仅仅依据冷空气的到来与否，并不能给出具体的预报。其中西昌、宜宾站的 V-3θ 图结构(附图 73、74)特征是，底层水汽不充分。但毕竟 θ_{sed} 位于 θ 和 θ^* 之间的右侧而具有适当的水汽，应当是有轻雾的；底层大气有南风，致使整层大气为无超低温的西北风较强的弱顺滚流；三条 θ 线(附图 75、76)呈右倾的气层稳定结构。而昆明和丽江测站则为一致偏北风的逆滚流；三条 θ 线也是右倾的稳定气层；水汽少(昆明也应有轻雾)或干燥(丽江的 θ_{sed} 位于 θ 和 θ^* 之间的左侧，而无雾)。

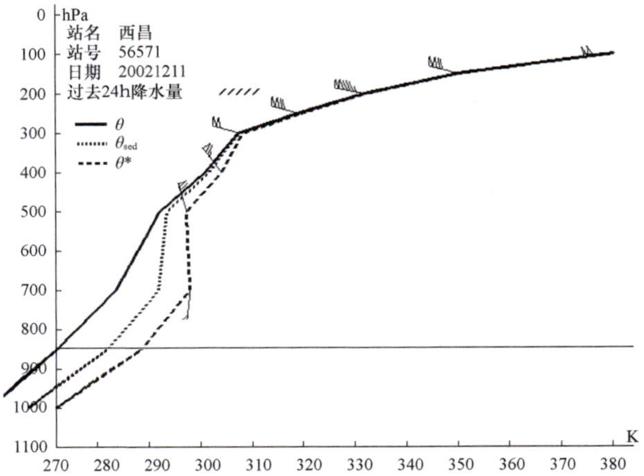

附图 73　西昌 2002 年 12 月 11 日 08 时 V-3θ 图

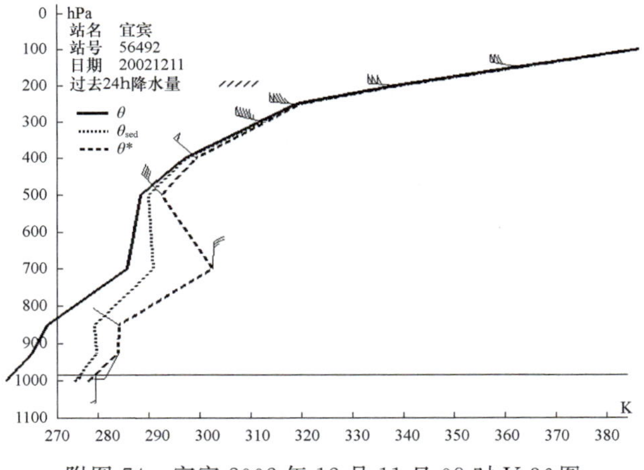

附图 74　宜宾 2002 年 12 月 11 日 08 时 V-3θ 图

没有雾的天气或雾消散的 V-3θ 图结构特征：逆滚流、稳定结构和水汽不足；并应注意，结构稳定和水汽充足的条件下，顺滚流也不会发生雾；逆滚流转为顺滚流结构也可不出现雾。

作为有探空站站点的雾等级或类别的预测时，V-3θ 图的结构法预测大雾主要应注意：

① 大气逆滚流的强度或厚度；

② 底层大气水汽的充沛程度和厚度，大雾时可大于 500 m 到 1 km 以上；

③ 中低层气层结构稳定。其中轻雾可能具备其中两种或一种，并水汽层的厚度为 1 km 以下的 500 m 左右；与大雾共同的是均无超低温或有弱的超低温，并近地层的风速都在 4 m/s 以下。

④ 对于航空交通而言，沿海城市的海雾是危及飞行的低能见度重要问题。特别是没有探空站的机场，可以说是遇到海雾预测的困难问题。为此，欧阳首承教授建议，对于当地预报员首先注意风向、风速，风速小于 4 m/s 和风向来自海洋，配合地面图的高压入海，则是预报海雾的有效方法。对于配备有探空站的机场，则应当注意近海面的逆温气层的强度。一般是逆温气层的强度越大，海雾越大。

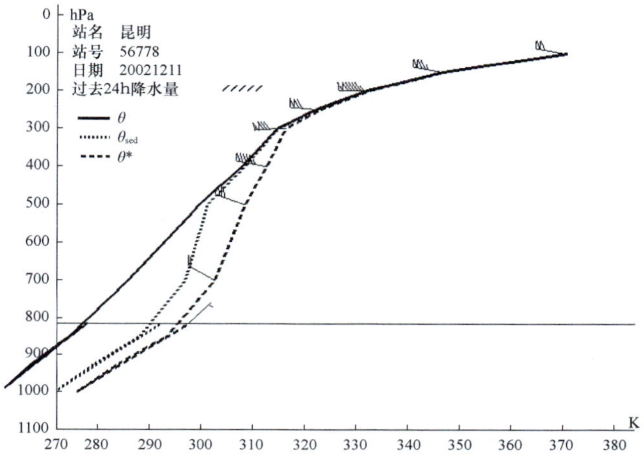

附图 75 昆明 2002 年 12 月 11 日 08 时 V-3θ 图

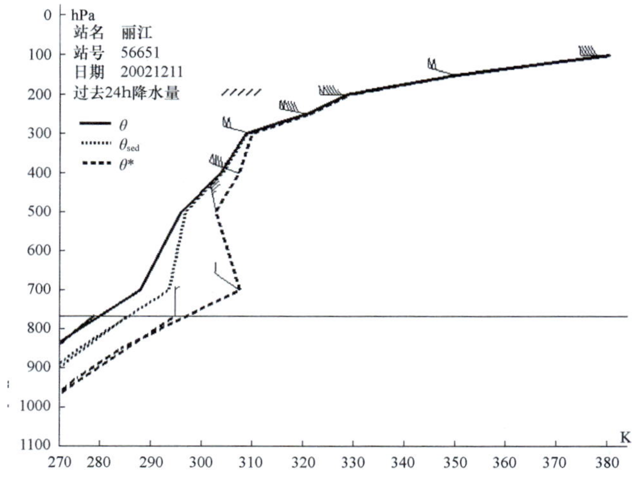

附图 76 丽江 2002 年 12 月 11 日 08 时 V-3θ 图

5)小结

① 雾作为一种天气现象是动态的涡流演化问题，并体现于天气的转折性变化中。即使同一次天气过程也是分布不均的，仅以静态物理学观念或外推方法是不能解决雾以及其他灾害天气的形成机理和预测的。

② 信息数字化的核心是在于信息的事件性，揭示雾形成的原因和过程性，故作法中必然涉及信息的保真。何况，旋转方向不是数量，却可于事件之前出现而争取了预测的预见期。预测中采用了以风向为主的反序构信息序，尤其是“滚流方向的运用”是传统方法中所没有的，并在应用中非常有效。这正好证实了天气变化是涡流转换，而不是“波动传播”或外推。

③ $V\text{-}3\theta$ 图中容纳了非规则信息，从而有利于提高、细化预测的具体等级（量级）及性质，并提供了比天气图和数值预报的气象要素更细致的分析方法，并具体到使用了特性层信息。重要的是，还在于是否解决问题和经得起实践考验。这里引用的成果，已进行 100 余例的检验。此外，导致大气能见度降低的还有灰尘或霾（haze）等，和考虑没有探空站点的预测，则在第 5 章中的自动记录信息数字化中说明。

无疑，预测是告诉人们将发生的灾害事件的具体性，而不只是告诉人们所有灾害事件的一般性。尽管雪灾与雨灾损失的价值相同，但不会有人将雪灾等同于雨灾。由此，也许人们可以懂得数量化与数字化的差别性。

以上大致分别介绍了常见的六种主要灾害天气的分析和预测方法，至于冷空气和雪灾等特殊灾害天气，则与中、长期预测问题相关联。针对危害航空飞行的低能见度——雾的分析和预测，应当注意实际大气中的辐射雾与平流雾多是相交织在一起的，特别是静态的“形成”不等于动态的结构演变。大雾天气与其他灾害天气共同的问题都是天气转折性变化中的现象，转折性变化不是初值体系的外推。

所以，作为预测不只是因为有平流雾的提法就可以用外推方法作正出确的预测。雾天气作为转折性变化出现的事件，其量级（数量）在于逆滚流转折性和水汽丰沛与否，原则上，不应将霾与雾混为一谈，并也可以给出区别的方法（第 5 章）。本章仅讨论与探空站相联系的区域性雾的天气分析和预测问题。

无疑，这里介绍的灾害天气预测问题的实质还不完全针对气象问题，主要是近百年来，面对灾害所显示的人们无能为力中某种尝试。碰巧欧阳首承教授出身于气象和发现了传统气象科学存在的问题，而首先遇到了改变观念的同时因为使用错了图纸中，发现了信息数字化方法为解决转折性变化提供了新的手段。出于掌握数字化方法，应当基本上懂得为什么信息数字化不同于信息数量化。否则一旦遇到本书没有提到的问题，而会失去主动处理问题的能力。所以，在思想上应当解决事件尤其是特殊性事件，不遵循数量的形式逻辑演绎，和事件变化有其本身的转换规律。

为此，建议不要因为怕耽误时间，而越过前面的章节。最好于实践中对照本书的基本例案，灵活地掌握超低温（或反超低温）的意义、滚流滚动方向的作用和结构特征。核心在于过程事件中提取“变化信息”；不同于当代科学的于事件后的“数量总体把握”，而想方设法地去掉或消除非规则（变化）信息。并立足于具体实践中，将会切身地体味到，事件不是数量和事件不遵循数量的演绎规则！

参考文献

陈会芝，2005. 非规则信息的结构分析与雾的区域预测[J]. 自然灾害学报，**14**(5)：43-48.

丁建芳，2007. 沙尘暴热力结构个例研究及诊断分析[J]，南京信息工程大学研究生论文库：7-63.

高福晖，1995. 地震力学[M]. 成都：四川科技出版社 .

欧阳首承，McNeil D H，林益，2002. 走进非规则[M]. 北京：气象出版社 .

欧阳首承，1998. 天气演化与结构预测[M]. 北京：气象出版社：89-119.

欧阳首承，张葵，郝丽萍，等，2005. 非规则时序信息的结构转换及演化的细化分析[J]. 中国工程科学，**7**(4)：36-41.

欧阳首承，李智兰，袁东生，2005. 儿率波与量子效应的扭率问题[J]. 中国工程科学，**7**(6)：1-6.

Bao Yuzhang，Lin Yi，Chen Huizhi，2009. Structural of Information and Prediction of Fog Area[J]. *Scientific Inquiry*，**10**(1)：45-52.

OuYang Shoucheng，*et al.*，1998. Mystery of Non-linearity and Lorenz's Chaos[J]. London，*Kybernetes*(论文专集)，**27**(6/7)：605-820.

第5章　自记"振荡"信息的数字化转换

"没有假定便没有当代科学"除了公开宣布'假定'为"合法性"之外，还在于以'科学'的名义绕过或掩盖了事件变化的基础性而将假定"堂而皇之"'宣称'为"科学"。首先由伽利略倡导到牛顿"完善"了"绝对时空"的'数量'观，而遗留了当代科学的致命的基础问题，而致使至今的科学界没有勇气面对"风险值"问题和"时间是什么"，以及如何面对旋转宇宙的"曲率空间"，人们如何考虑"天人合一"的本身不仅仅限于文化的思维。

显然，当代科学不能给出"风险值"，也是当代科学对"当代科学"自己的最大嘲弄！或者说，当代科学存在的最大笑话是，既然提出了"风险值"，恰恰又不回答"风险值"。即在最为"人命关天"的问题上，以"假定代替了科学"。所谓"人命关天"在于"人类应当遵循自然的曲率空间"，而人类自己恰恰在违背自然中"推行科学"。

其次，为了推行物理量物理学和在正式引入物理量之前，就首先以"绝对时空"的名义，将"空间、时间"的物理学基础的'事件'概念数量化。致使300年来转移了人们对"时间是什么"的关注和将数量代替"时空"概念的质疑。即当代科学推行假定概念的目的，实质于将后人的思维引入形式逻辑，而不去追究客观事件基础概念的基础问题。这也是为什么长期以来，人们忽略了当代科学的基础假定存在本质问题的追究。

最后，旋转的宇宙不可能存在欧几里得空间，也可以说"欧几里得空间"是"零概率事件"。一个以追求一般性"总体把握"当代科学，居然以"零概率事件"的思维方式观察世界和探索科学，则其科学命运只能走向非科学！

显然，变化是物质世界的本质问题，则必然引出"物理学是研究物质变化和过程"的学科。相应地，人们必然将主要精力投入到事件的变化和如何应对变化引出的灾害科学。并科学发展是来自问题的召唤，宗旨在于解决问题而展示应用性。

出于人们生存的需要，中国人的祖先们率先体味到物质变化的过程性和阶段性(诸如，《易经》的"观生知进退"中的"生"包括了现代语言的"过程"和"阶段性")，并于变化过程中凝练了"易穷则变，变则通，通则久"或"物极必反"等人类智慧的结晶。当代科学恰恰在此问题上失去了光彩。

物质演化首先在于原因性，其次为过程性，并构成了人类知识源头上与当代科学的本质性差别。也可以说中国人认识客观事物，起源于"物化于象(结构)"的非数量，而称为"易化于象"，并形成了深入物质内部的"唯象论"而有火药的发明。以科学溶于文化的"文、理"不分，构成人类知识为特征的科学体系。中国自古形成的生存技能"序列"的"礼、乐、射、御、书、数"而称谓"六艺"。按现代语言则分别是："礼"为人们的社会道德和公德的修养；"乐"为人们的欣赏或认知能力和素质修养；"射"为人们的战斗、勇敢或开创精神的培养；"御"为驾驭和组织能力的培养；"书"为人们的形象思维和描述能力的修为；"数"则为人们的形式逻辑的训练。

无疑，形式逻辑之所以排在"六艺"之尾，则是在于"数"不是物质、事件的本质问题，也是认识上中国人不能提出"量变到质变；或数量化是科学唯一标准"的由来。或者说，"数量"即使作为文化，也仅仅体现于“后事件性和形式性”。所以，到目前为止人们应当清醒的是，所有数学形式的定律都是事件的结果定律！所谓“数量公理”是将科学止于形式即为终点！

形式上的数量或脱离实体的数量，实质上不能回答“为什么”，即使追溯到西方毕塔哥拉斯学派的“数为万物之源”，也没有告诉人们“数量为什么可以支配天神”。然而，于 2000 多年前的东方哲学家老子则不言鬼神，稍后的詹尹（战国时代数算家）居然可以指出“数有所不逮”，更应当是人类知识的荟萃。遗憾的是，今天的人们却沉醉于“数量原理”为万物之理。并流行于“不给出数学证明，不能成为理论”。那么，今天的人们已经知道数学本身存在不完备性（哥德尔）的时候，则数学所能够证明的理论，也只能唯余不完备性。

作为基础科学的当代科学的“力”，居然有墨子（墨翟，约公元前 2300 年）直接指出：力来自物质结构（“力，刑之所以奋也”）。再上溯至 3000 多年前的《易经》，竟然可以指出“时间来自物质或事件的变化”。何况，对于物质或事件变化的演化问题，“力”不是终极原因，而应当追溯“力之母”。既深化了当代科学，并 m 不能再质点化——非均质性。于是，非均质性引出物质或事件的结构变化问题和曲率空间、“时间”，以及人类如何应对灾害的“风险”，则应当给出科学的明确概念。

5.1　概述

欧阳首承教授曾经在《走进非规则》书中，指出第一推动体系的非演化性。则必然引出演化科学，及其对应的方法体系。演化在于事件的变化，而涉及如何认识变化事件和变化信息，以及如何处理变化信息。无疑，认识、处理变化信息在于解决变化问题，并直接涉及了“预知于未然”。遂有预测的本意是针对事件变化，并预知于事件变化之前中包括发生的时间和地点。针对“变化无常”的问题，必须研究“变化事件”和给出事件的变化原理。

《走进非规则》中特意列出第 7 章的“物理量与时间”问题，也特意强调了莱布尼兹的“事件是本质”，并将其称为当代科学中有境界的见解。显然，“变化事件是本质”在于传递“事件不是数量”。

唯物观就在于物质的第一位性，事件后的数量不具有第一位性，依赖数量无法找到原因。出于历史的“时代意识流”，欧阳首承教授只好陆续以问题的方式提出：“数量是什么和数量由哪里来；没有东西何以会有数量；东西不变，数量何以会变。”；尔后逐步透露出：“数量是事件后的形式计量。”

作为研究的实效性：

第一，明确事件或问题的性质，而不能沿袭“牛顿和其继承者所创立的体系什么问题都能解决，将不能解决的问题都作为伪问题”；

第二，明确认识或理论的基本特征及其方法所能解决问题的范围。

所以，切忌不问问题的性质，而无论什么问题都去套用当代科学的理论。特别是有现实意义的是，应当明确当代科学不能解决的问题是什么问题，不能解决的问题的原因是什么。并针对问题给出其相应的理论和解决问题的方法。

其次，是什么方法导致了当代科学不能解决“变化无常的问题”，而才发现问题核心是数量分析工具不能处理非规则（变化）事件。也可以说，正是由于数量不能处理变化信息，而涉及如何认识非规则信息的问题，也同时启发了欧阳首承教授认识到“非规则信息是变化信息”。既然数量分析体系不能处理变化信息，则必然引出如何设法保留变化信息和其运用方法问题。

5.1.1 事件的数量化与数字化问题

毋庸讳言，300年来科学的“杰出”成就，可以说是以数量取代事件。但人们忽略了，事件的数量化遇到了非规则性（变化）事件的挑战。由此，数量不仅不能回答非规则事件是什么和如何运用非规则信息。多年来尽管有很多学者都关注过信息，诸如“使消息中所描述事件出现的不定性减少”“消息中所含的意义，它不随载荷它的物理设备形式的改变而改变”“信息这个名称的内容是，我们对进行调节并使我们的调节为外界所了解时，而与外界交换来的东西”。也许中国人习惯于语言的简洁性和明确性。信息无非是客观事件的信号和于测试中具有相互干扰性，并希望即使存在测试工具的差别，也不会导致人的误判。

自从申农（Shannon，1948）提出信息概念和运用概率观念定义信息量、信息的单位演算关系以来，信息是以数量化而赋予了不确定性概念而延续至今，而忽略了或忘记了数量本身存在非确定性。应该说，人们早就知道动力学或统计学的数量分析都不能处理非规则（变化）信息，并已经在实质上透射出事件不是数量，非规则事件是变化信息。只是没有意识到由变化信息引出演化科学，而在于事件或信息的非数量化。实际上，早在战国时代就有詹尹指出的“数有所不逮”，就在于数量不能处理非规则事件。

牛顿第二定律是数量的平均数体系，即使将平均数作为一般性，也不能代替事件的具体性；统计学也被限定为平稳序列而消除了特殊性。于是，由逻辑推理，若平均数代表一般性的“不变性”，则特殊性必然代表变化性。相应的“非规则信息是变化信息”和“演化问题没有随机性”，于是事件或信息不能按数量方式“加工或修改”。遂引出信息的数字化方法。

鉴于当代科学没有意识到事件的数字化是事件本身的直接分析方法，“事件分析”就在于走出数量化。之所以中国将数量的形式逻辑列在事件的形象结构之后，其原因是形象结构直接源于事件的基本特征，而数量仅是事件后的形式属性。不过长期以来人们总是流露出数字与数量的混淆。直接的原因是，事件可以使用数量的符号而混淆于数量。应当识别事件运用数量符号的数字，仅仅是出于事件间区分的记号，但数字不等于数量。或者说，以数量命名的事件是数字，并不遵循数量的形式逻辑演绎，则就可以明确数字与数量的本质性差别。

若沿用古代中国的爻（音：yāo 读“第一声”）记号，可以说不会出现今天的数字和数量混淆现象。其次，更为关键的是，300年来似乎人们已经习惯于数量取代事件，而误认为事件也同数量一样遵循数量的形式逻辑演绎。所幸的是，历经300年后数量遇到了不能处理非规则（变化）事件，而暴露了数量形式逻辑的问题。必须清醒地认识到：“数量可以将不存在的事物，计算得比存在的事物更精确而暴露了数量的非实在性”（欧阳首承教授语，并流行于互联网），也就同时失去了事件具体性。无疑，没有具体性就不会有实际的精确性。

数字化不等于数值化或数量化。数字（digitization）、数值（number）、数量（quantity）不是一个概念。数字应当理解为刻画事件具体性的信息科学的术语，数字化是事件本身的符号，并精细于事件的差异性。非常遗憾的是，至今的科技界还流行以数量插值、平均等所得到的结果认为是“精确性”。例如，数值或数量的插值、平均等运算，可以将本来的“东边日出，西边雨”变成了所谓“精细化”的“非晴非雨”！

无疑，数字化时代的变革意义，就在于走出数量化。所以，事件的数字工程不是数量或数值“工程”，遂有数字预报不是“数值预报”。数字不遵循数值的运算规则，并类似于《易经》中

“爻”符号的不能“加、减、乘、除”一样，只是借助它标识、传递信息真实性的精细性“符号”，但此“符号”已经不是当代科学的数量。数字化是来自事件的“混成”求异，而成为具体精细的“个性化”；数量化是追求形式“混同”的笼统性而消除具体性，没有具体性何以谈精细呢。“混成”与“混同”不是一个概念。

数字信息是符号信息走向信息精致化的发展，信息精致化不仅仅是早期信息的符号化。尽管目前的数字化主要表现为视觉的图像结构化，并包括欧阳首承教授提出的“数字化方法”，还没有走出欧氏空间视觉图像的范畴而只能称为初等的数字化。按“初等数字化”的提法，“数字化预测法”就是事件数字化预测法。作为数字化的发展或完善，数字化还应当包括“非欧”空间的视觉、听觉、嗅觉和触觉信息等动态过程的结构化。作为广义或完善的数字化概念应当是多方位的识别信息的结构化特色。其目的是将事件的变化过程描述得更精细，而便于识别事件的特征性而求异，绝不是统一为数量化形式地求同，并数字化的实质是广义的结构化。尽管可以数学的数量符号标识它，但数字不能误解为数量或数值。简言之，数字化是在于精确地体现具体事件的差异性，并遵循事件自身的转换原则而更符合实际。

特别是变化信息在于过程的数字化，它的实质意义已经超出提出者之所料，其实施和发展将引起科学的体系性变革，而走出当代科学的困境。必须指出当代科学长期以来没有认识到“特殊性事件是变化事件”，可以说是来自物理量物理学或数量取代事件的误导。

5.1.2　变化事件与时间

也许“时间”是可以称为捉弄人们智慧的问题，此问题除了欧阳首承教授等的《走进非规则》书中讨论外，相应的论文专辑中也特意公布了此问题的原稿。毋庸讳言，当代科学没有回答“时间是什么”。然而，时间不仅是科学应当回答的问题，也是科学性入门与否的标志。曾相继登载于 2000 年的 iigss 网站、论著或尔后的文章中给出其应用技术的具体说明。这里需要说明的是，《易经》中除了数字化的认识和方法外，则是非常精炼和简洁地回答了“时间是什么”，并促成欧阳首承教授思维和认识的本质性改变。

“时间是什么”的问题前面已经给出了详细的讨论，这里仅是突出其物质或事件的变化，即时间既不是静态的参数也不是静态的物理量。或者说，按当代科学物理量的习惯性做法，“时间”即使作为“物理量”，也不同于“力、质量”等物理量的静态性，而是在于事件的变化中。或者说，“力、质量”等物理量，无论物质变与不变，则“力、质量”等物理量都属于物质的功能或属性；但“时间”不同于上述物理量的是，则于事件变化中才能显现出时间，而“事件不变化”则“时间”就不存在了。为此，“时间”“存在”于事件的先后不同中，遂有“时间”不能沿用当代科学的数量方式，再作为物理量或参数维。

相应地，这个认识还不在于认识的本身，更在于“与时偕行”的事件的“时序”上的不同，而可以容纳变化信息的非规则性，按数字化方法揭示物质或事件的变化性。无疑，将为仪器的自动记录的非规则（变化）信息，给出全新的分析方法（或称为动力学、统计学之外的第三种方法）。相应的不仅充分地挖掘和利用所有信息的资源，也同时挖掘了目前所谓计算机的真正功能，而成为名副其实的“信息处理器”。或者说，计算机的发明是来自数字化，而更应当充分地体现于数字化的功能。

不过，当代科学不仅将时间当作数量，也最早引用为“参数维”并等同于空间的“物质维”。

所以,时间不占有物质维或不能等同于物理量,可以运用时间体现于事件变化的特性,以数字化揭示事件的变化性。尽管时间及其数字化的应用,挑战了当代科学的基础观念和方法,更为实质的是在于解决问题和应用。基于时间体现于事件的变化,遂有演化科学必须回答时间是什么。变化是世界的本色,遂有"与时偕行"(《易经》)和"与时俱化"(庄子),同时是自然和社会科学的科学发展观的共同基础。也可以说,社会科学之所以发展中出现与自然科学分离问题,其中的重要原因之一是在于当代科学没有解决变化事件与时间问题,同时也涉及了空间的曲率性,则人们才能真正地进入"天人合一"的境界。显然,若自然科学解决了变化事件和时间问题,则自然科学的哲学将与社会科学可以融合统一的哲学和科学体系。为此,本章将结合实例介绍自记"振荡(变化)"信息数字化的应用。

5.2 灾害天气与自动记录信息的数字化

目前各行各业都有自动观测记录的"振荡"信息,可以说电子行业各种观测仪表、监测器遍布的各个行业,都有其相应的取样手段。例如,由医学的心电图到气象的自动气象站,其观测仪器已经层出不穷,并几乎表现为人们习惯式的称呼:"振荡式的非规则波"(图 5.1)。同样出于习惯而被称为"杂波",遂有电子行业流行的"地物杂波"或"海浪杂波"等称呼。但实质是信息的变化性。

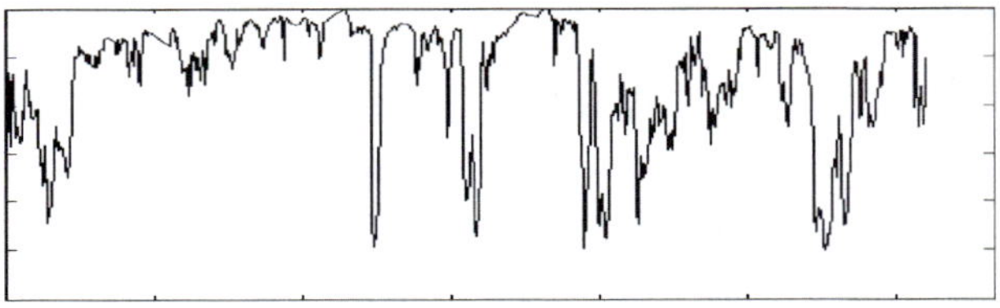

图 5.1 "振荡"式非规则信息

无疑,传统数量分析流行的作法,几乎都是"有效波段"的选择而运用滤波或平滑等方法消除"杂波"的非规则性。但站在演化科学的观点,图 5.1 所显示的非规则数据是非规则事件的数字。对于事件演化的认识观,非规则事件的数字不能视为无意义的数量。相应的信息非规则性,也不能被人为地消除或采用数量平均等方法处理,称为仅仅考虑其总体性特征。作为演化事件的分析,必须给出事件变化的具体性意义和作用,而成为变化信息分析的手段。

鉴于图 5.1 的"振荡"式的非规则(变化)信息,可以说是已经成为"文、理"不分的现象,而不限于自然科学领域中表现为信息的"时序"上的变化,称为事件变化的先、后差别性(图 5.1 的横轴为传统意义的时间,纵轴为任意物理量或称为事件的数据)也是社会科学和人们日常生活常见的问题。

遂有关键或核心问题是,人们如何认识和使用它。若实际信息的观测误差保障在需要的之内,则图 5.1 中的数据都是实际事件变化的体现。遂有人们采用平滑、滤波等手段消除了图 5.1 中的非规则性信息,就等于人为地消除了实际的变化事件。必须注意到"产品设计或制造"与分析物质、事件的变化不是同一体系的问题。可以说,对于变化的问题必须分析变化信息,而变化信息恰好为非规则性。由此,必须正确认识非规则信息的意义、作用和给出处理非规则信息的方法。

为此，在“时间体现于事件的变化中”的启发下，时间不能像其他物理量那样作为参数维。其次，以数据显示的事件信息，实质上不是数量而不能按数量的形式逻辑演绎方式处理数据。即数据的频繁变化中体现的是事件的频繁的转折性现象；考虑到事件的变化中具有分布的非均质性而展示梯度性。于是可以梯度的方位角为变量，按折返函数的数学工具展示事件信息的变化性。这样，凡是“时序”性变化“振荡”信息，都可以转换为事件变化信息的数字化图像。其间，既不损伤实际信息，也揭示了事件变化性。并对于本来属于静态（非变化）事件也保留了其静态性。或者说，这种处理方法的目的是出于尽可能使用非规则信息和体现变化性，也不损伤‘非变化’事件。从而在方法上告别了当代科学体系的只能沿袭柏拉图的纯静止的图像，而进入了事件的演化科学领域。

为了验证上述非规则信息的数字转换方法的实效性，欧阳首承教授曾经带领其团队进行大量的实验工作。有趣的是，到目前为止所进行的各种实验，凡是真实的观测信息（排除人为假定处理的信息），都演示了其变化的规律性。

5.2.1　暴雨落点的自记记录信息的数字化转换

目前气象观测的自动记录的信息相对于探空资料而言，除了仪器的误差以外较少有人为修改的原始性。但长期以来，自动记录仅作为观测项目，几乎没有被使用。按非均质性，则“天下无非象之道”而必然引出物质变化的演化原理，非规则（变化）性是“事有必至，物有固然”的确定性概念，不是申农（Shannon）等信息数量化的非确定性概念。因为信息是已发生事件记号，自然是确定性的。即使目前已有的知识构成，整个宇宙物质的运动都是来自“热”的分布不均，而有搅动式的布朗（非规则）运动。所以老子“非常道”是宇宙的第一法则，必然涉及如何处理非规则、小概率信息的问题。只不过是“热力学”诞生于质点力学之后，套用质点力学的形式而有“热力学”之称，也是以后随机性观念和统计法形成的“客观”基础。

自动记录正好体现了非规则性，为使其在演化的预测中显示出其实质意义。运用‘溃变’理论体系的 V-3θ 图给出区域范围的落时、落量的前提下，采用了自动记录的数字化转换，细化为落点预测方法。既利用了气象信息资源，也达到了识别信息变化的目的。

因自动记录是“时序性”的数据，而不再沿袭传统地将时间 t 作为物理量的参数维观念。相应的气压、温度、湿度和风向、风速的时序性，仅仅表现为非规则的复杂性“波动”（应当明确非规则扰动并不等于波动），如图 5.2（湿度自记记录）所示。显然，类似于图 5.2 的时序性信息不限于气象科学，地震、产品老化和医学等学科都有类似情况。

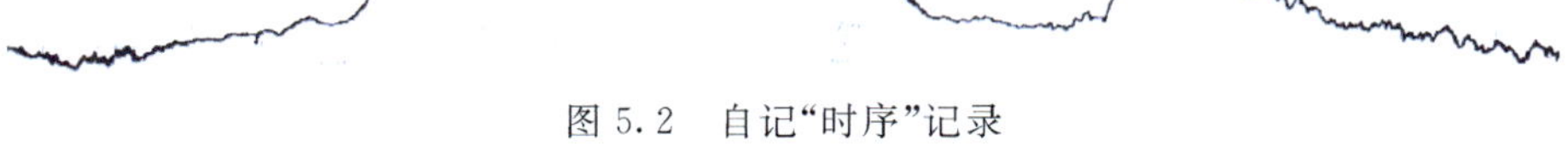

图 5.2　自记“时序”记录

无疑，图 5.2 的非规则扰动，除了非常有经验的专家，一般是很难识别的，并较少见到如何应用。多以“随机性”按规则（或大概率）化处理，既损伤或以数量的形式逻辑演绎方式伪造了信息，而导致演化分析失误。何况，事件的非规则性正是现行数量分析不能处理的问题。遂有还在流行的数量分析又是多以“滤波”“平滑”方式损伤、伪造了事件。

针对演化问题，按“时间不能作为参数维”则不作为物理量，而是将其作为事件形态、结构变化的体现。将时序性数量信息转化为方位相空间结构信息，则“时序”性数量信息的不易识别性，可转化为方位数字化的易识别性。并此种做法，已经在暴雨落点、医学的“老化”、病态分析和动力学的非线性处理上得出了明确的结果。现以自然灾害问题为例，说明结构转换的易识别性，和正确认识要素变化及其操作规程。

预测前可以按溃变体系数字化的 V-3θ 图给出区域性预测的将发生的区域，并按第 4 章的具体方法分析之。并已经做出区域性(200～300 km^2)落量预报的前提下：

或者说 200～300 km^2 的区域性暴雨预报已经是难度很大的细化预报了，并长期以来运用现有方法的市、地区气象台站的预报评分多在 40 分以下，很少有预报员能够或敢于预报出 100 mm 以上的大暴雨。但运用 V-3θ 图数字化方法的暴雨预报，可以做到准确率稳定于 70%～80%的区域预报。为此，将暴雨天气的区域 V-3θ 图特征概述如下：大气自身的风向、风速垂直结构，水汽分布和超低温强度(为特殊的关键性信息)的结构(相对强度)分析。

暴雨天气过程的 V-3θ 图结构特征概括为：

(1)西风带暴雨、大暴雨以上的大降水量的灾害天气，其水汽层深厚、输送畅通，且本站为顺滚流的同时，其测站以东(或东北)方向上的 5～10 个或以上经、纬距内有逆滚流(东风带反之)和含水汽输送的水平环流场。其中 θ_{sed}，θ^* 曲线至少接近至 8～10 K 以内和准平行地垂直于 T 轴，并可由地面到 500、400 hPa 乃至于 300 hPa 深厚的西南、南或东南风层(此例的南风或东南风层，达到 500 hPa 以上而给出暴雨到大暴雨的预报)；θ 曲线呈左弓状，伴有非规则折拐(非规则折拐为对流云发展，参见第 4 章)；

(2) 整体顺滚流；

(3) 大暴雨以上的降水量，对流层顶附近有薄层式超低温。

5.2.1.1　自记信息数字化实例分析

2002 年 7 月 30—31 日，成都市发生了历史上少有的区域性暴雨、大暴雨过程。以 2002 年 7 月 29 日成都探空站配合周围 5～10 个经纬距内邻近探空站，分析成都地区发生暴雨、大暴雨的结构，已经给出预测的落时、落区的区域性暴雨预测(图 5.3a、b 即为 7 月 29 日 08 时、20 时的 V-3θ 图)。

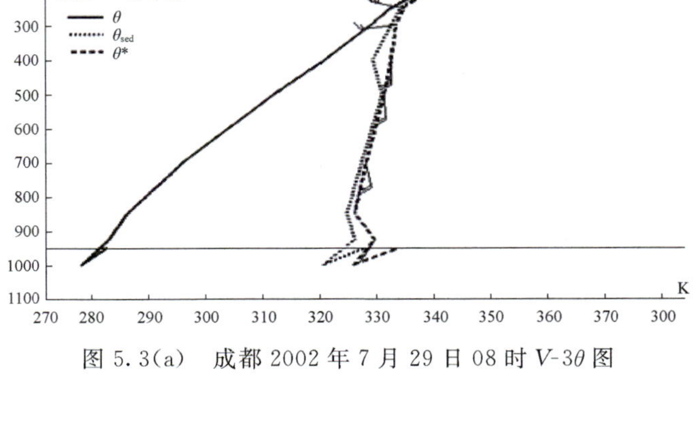

图 5.3(a)　成都 2002 年 7 月 29 日 08 时 V-3θ 图

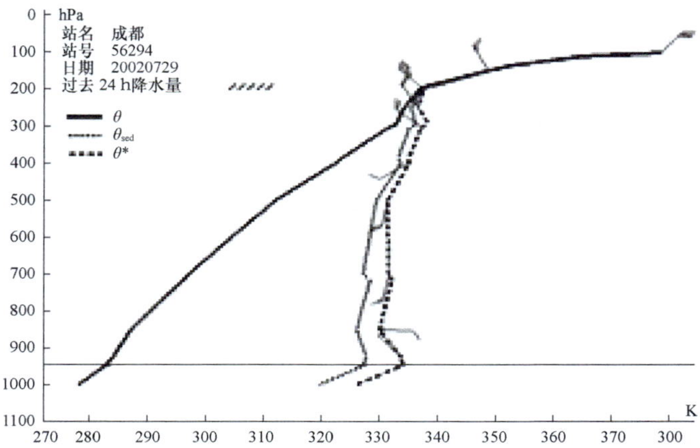

图5.3(b)　成都2002年7月29日20时V-3θ图

显然，作为细化要求，不等于成都地区内14个区(市)县点的降水量是相同的。尽管目前各个区、县都安装有自动观测站的自记气象信息，但出于历史的认识观念的束缚，不仅没有使用，也不知如何使用。遂浪费了设备，也浪费了资源。

5.2.1.2　落点的自记记录信息的数字化

现行落点预测，是指200 km^{2}内某一县站的雨量器(20 cm直径)为观测点(雨量器以外不计入)考核的，可见预报员面临的难度。按数字化观点，预测精度决定于测次和设站的时、空密度及非规则信息的精度。无疑，改进观测技术和如何运用非规则信息是必要的。

非规则信息是转折性变化问题。为此，以折返函数作为处理非规则信息的相空间结构方法，取变量的方位分布作为相空间，即将传统的要素物理量作为方位角变量，取其$\sin A$，$\cos A$作方位相空间。其中A可以是任何占有物质维的要素(物理量数据)，但时间体现于事件的变化，不作为参数维。相应的占有物质维的要素或物理量总存在空间的分布不均匀而具有梯度性，则必然有方向和方位性。这样，就可以按物理量变化的频繁与非频繁性的数字特征区分过程、落点的差异性，从而既有事件变化的特殊性，又具有直观性。方法简单和非规则信息越“乱(真实)”越好，而可以证实“乱则变”，或规则化不会得出变化事件的基本性质。遂预知未来者，必识于“乱与非乱否”!

传统的做法是以时间为自变量标示于直角坐标的横轴，将被分析的物理量标示于纵轴，即构成流行的“时序图”。以“时序图”描述物理量变化中，多表现为不易识别的复杂性。

现在的问题是，流行的“时序图”是否揭示了事件变化的实质或更为本质地质疑图5.2的设计方式是否体现了自然事物变化的本质。由此，涉及了重新认识“时间是什么”的问题。

对此，欧阳首承教授首先质疑了“四维时空”的提法。因为物质可以实体的方式占有空间，而不能以其实体占有时间。这样，必然引出时间在哪里，或者说，时间的位置在什么地方。于是，必然得出“时间不占有物质维”而有“时间不是东西”或时间本身并不存在。既然时间不占有物质维，则时间不能等同于空间。于是“四维时空”的提法不能成立。即如下的函数式，

$$f=f(x,y,z,t) \tag{5.1}$$

是否符合自然界实在事件的函数关系，也成为被质疑的问题了。欧阳首承教授根据《易经》的“损溢盈虚，与时偕行”和“光阴者百代之过客”（李白《夜宴桃李园序》）而提出“时间体现于事件的变化，而本身不占有物质维”，认为式(5.1)不符合自然界事件或物质的实在性，而仅仅是人们意识的文化符号。即公式(5.1)本属于社会科学的人文意识，不属于自然界本身应当存在的关系式。所以能够通行300余年，则是在于当代科学本身没有触及事件变化，而一误再误地遗留至今。若人们较早地深究物质的变化问题，则应当发现公式(5.1)的存在问题。相应的图5.2的“时序图”也不能成立或具体于时间不能作为坐标的横轴。这样，必然引出重新认识时间的重要命题。欧阳首承教授按“时间体现于事件的变化，而本身不占有物质维”，给出

$$t=t(x,y,z,f_{ch}) \tag{5.2}$$

式中下标 ch 表示函数 f 的变化（取自英文 change 的缩写）。那么，基于事件的变化来自事件的“非均质性”，事件的“非均质性”必然具有梯度性，而梯度性则存在方位性。于是可以将事件转化为相空间，则分别以 $\sin A$ 为纵坐标，$\cos A$ 为横坐标，若事件分别为 $A=V$（风向）、$|V|$（风速）、Td（湿度）、T（温度）、P（气压）等实际观测的要素。这样既体现了时间不占物质维，又因三角函数含有折返性，信息的非规则性可以用图像的折返函数的折线疏、密程度来表示。取降水过程前、过程中与过程后的相应要素值的距平或原始数据，即可由结构性看出差异性。

溃变原理需要将现行的气象观测信息的“压、温、湿、风”改为反序构的“风（风向、风速）、湿、温、压”信息。相应的气象要素相空间图可以依次按风向、风速、湿度、温度、气压绘制。按每15min的自记记录（这是按早期的气象行业规定。但根据事件的性质经过取样的实际实验验证，气象问题按每分钟取样为佳），各要素均有明显的可识别性，并降雨问题以风速、湿度效果最直观。考虑篇幅，这里只列出湿度的过程结构特征。其中应注意的是非规则信息不在于复杂性，而在于善于使用复杂性，并复杂性的原因也不能以“复杂性”作为科学的答案，复杂信息在于关键的特殊性信息（擒贼先擒王）。如超低温、风和水汽分布变化的特殊结构。以下分别给出湿度信息的数字化。

5.2.1.3　成都、龙泉站湿度演化过程数字化的对比分析

湿度要素数字化，显示了人们视觉的易分别性。既有事件发生前的“混乱性”，也有发生中的准不变性和事件后的恢复性。所谓“地物杂波”可因数字化显示出变化的规律性。所以，信息数字化首先改变了人们的认识问题，也揭示了非规则信息的不可丢失性。遂有“变化信息”的本质，并非“随机性”或“偶然性”。

鉴于取样试验本身就是个研究课题，并因各个要素的功能、性质的差别，则其取样时段也有别。目前自动气象站在取样时段设定为10 s一次。据实验达到普通或非专业人员可以识别的要求，则气象的湿度要素不能小于15 min，风向、风速应当每分钟取样一次。

其降水过程中湿度演化的具体结构特征为：

(1)降水前，相空间闭合，且折返频繁；

(2)降水过程中，湿度变化越小，折角越少，降水量越大；

(3)由图5.4c、d和e可以明显看出，随着降水的结束，折线又逐渐增多，并趋于闭合的恢复性。

比较成都和龙泉的相空间图，可以发现：图5.4的 b_1、b_2 和 a_1、a_2 相比，都是折线减少，但

龙泉 7 月 29 日(图 5.4 的 b_2)要比成都(图 5.4 的 b_1)减少得更多,即成都的信息变化比龙泉的信息变化更“乱”。则预示着成都比龙泉的降水量还要加大。即大降水量的降水落点就应该在成都而不是龙泉了,结果被实况证实。

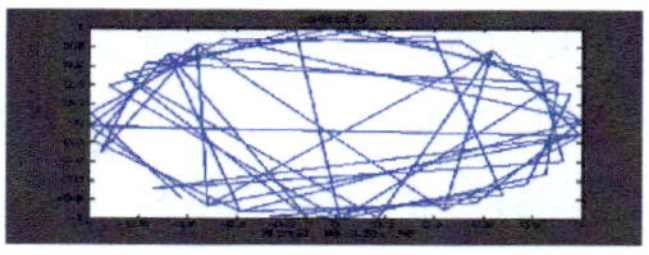

(a_1) 成都湿度7月28日降水量：无

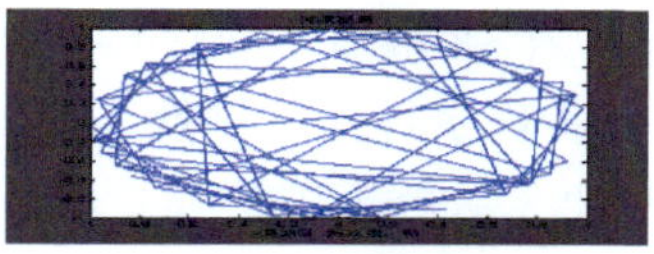

(a_2) 龙泉湿度7月28日降水量：无

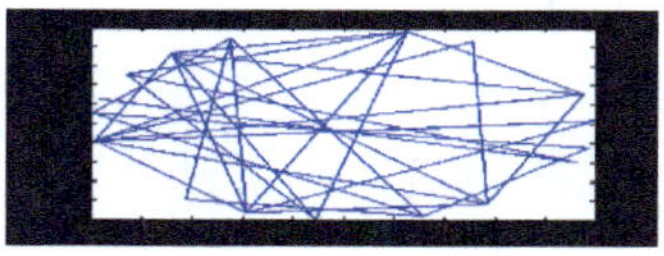

(b_1) 成都湿度7月29日降水量：12.1 mm

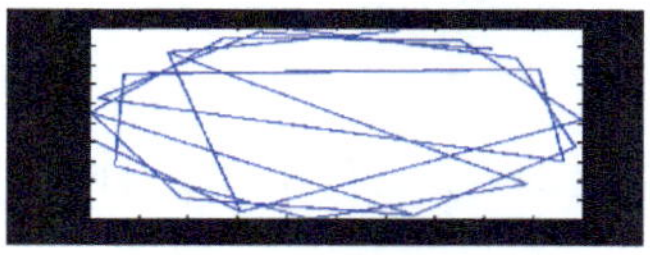

(b_2) 龙泉湿度7月29日降水量：21.5 mm

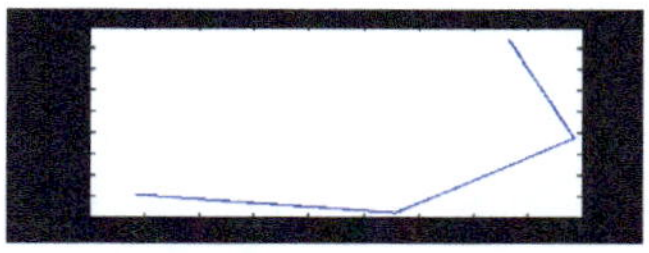

(c_1) 成都湿度7月30日降水量：127.7 mm

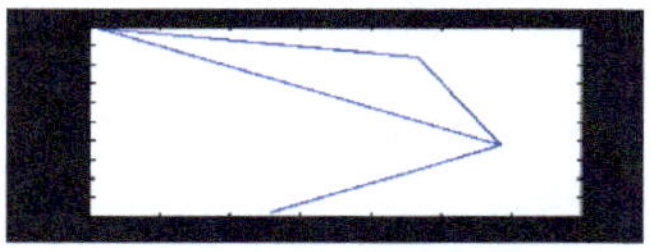

(c_2) 龙泉湿度7月30日降水量：14.2 mm

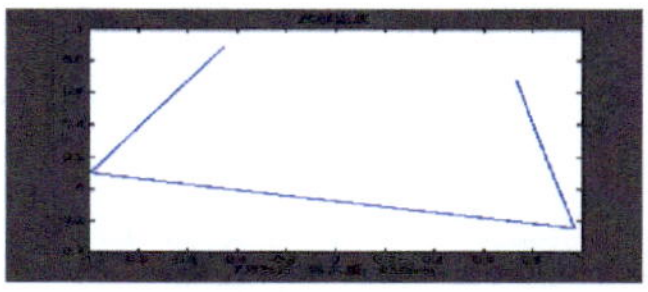

(d_1) 成都湿度7月31日降水量：63.6 mm

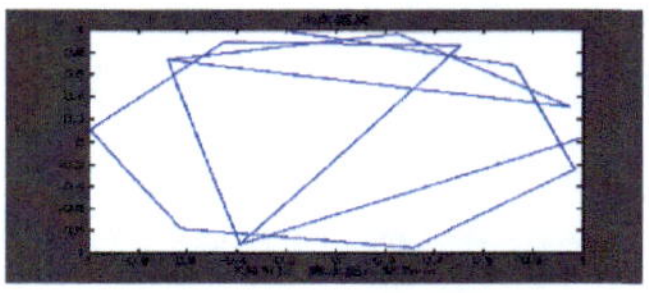

(d_2) 龙泉湿度7月31日降水量：25.7 mm

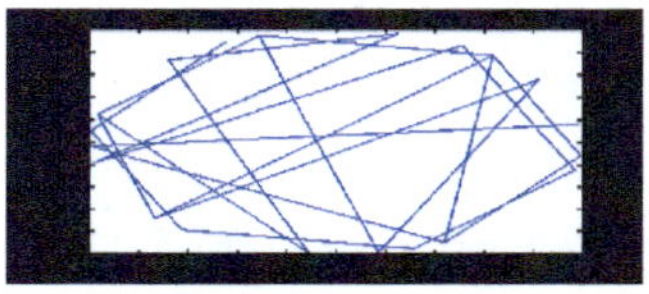

(e_1) 成都湿度8月1日降水量：无

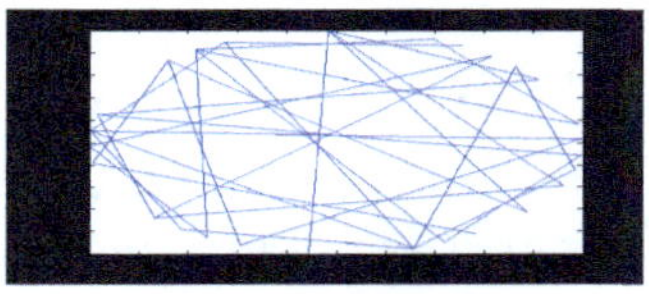

(e_2) 龙泉湿度8月1日降水量：0.3 mm

图 5.4　成都、龙泉湿度数字化

应说明的是,降水前风速的激烈变化,与预报员的经验是吻合的;但降水前地面湿度的剧烈变化,和降水过程中湿度变化趋于平稳的现象,传统气象学的理论中没有给出说明,也可以说根本不知道“湿度变化的过程”性问题。这也充分地表明了不认真地正视非规则信息和实践,不会发现此现象,这也是为什么欧阳首承教授一再提到“过程物理学”的原因。

应指出的是,龙泉测站没有设置风向、风速的自动气象观测站,故不能给出其过程图。无疑,上述基本要素的数字化分析表明:信息数字化可以揭示过程性,和区域空间的可区分性。重要的是在认识上挑战了人们的传统观念:

① 气象科学至少是演化的过程物理学,而不能再沿袭当代科学的理论,或称为沿袭惯性系的物理学分支学科;

② 数字化方法为演化科学提供了事件直接分析方法体系,既表明非规则、小概率信息不

是无原因或不确定性数量；也揭示了非规则、小概率信息不能以数量的“滤波”、平滑等方法在所谓的“稳定、平稳序列性”限定下损伤或去掉。并平滑、“滤波”对于演化科学来说是在于消除变化信息，或者说以当代科学体系的数量分析不能揭示变化事件；

③“乱则变”或“非常道”不只是哲学或社会学原理，也是过程物理学的演化理论。并非规则信息的“乱”以特殊事件为关键性，或称为所有事件的非常事件，而不是所谓系统方法的大概率性或称为总体性。即“乱则变在于非常，而不是在于一般”而挑战了当代人们的智慧。遂“乱有乱法”或乱有乱的规律而体现于“象”，却不体现于随机性“量”。

简言之，信息的数字化方法在认识上揭示了300年来的惯性系数量分析体系，实质上是数量的不变化体系。或者说为什么当代科学体系，不能用于物质或事件的变化性问题。遂有信息数字化成为当代科学之外的第三种可使用的方法，或称为演化科学或系统科学创立的数字化方法。

5.2.2 信息数字化及其在雷暴预测中的应用

信息确定性和非确定性一直是学术界争论的焦点，并几乎“争吵”了100余年。曾经于20世纪下半叶，出于“Chaos”学说引出“概率宇宙与确定性宇宙”的争吵。立足于解决问题，与其争论“确定性与否”倒不如认真地研究、分析非规则信息是什么及其应用。为此，按照目前还流行的“没有假定便没有科学”的提法，在允许“州官放火”的同时，权且“百姓也可以点灯”的前提下，以上述方法对于当代科学称为世界难题的雷暴天气预测，进行了具体分析并涉及了民用、军用的航空飞行的实际可应用问题。

本工作是欧阳首承教授的学生陈会芝鉴于对流天气是航空安全的极大隐患之一，遂以2004年7月19日到21日发生在四川省某地的间断、持续性雷暴天气已使其机场停飞时间达20h。并也是没有设置探空站或雷达设备的民用、军用机场亟待解决的问题。

无疑，自记记录信息数字化之前，需要以V-3θ图给出针对区域性（200～300 km^2）灾害天气的预测。因为探空站的设置是按气象上的大尺度空间布局的，其“时、空”间距分别为12h和200～300 km。所以，100 km以下和小于6 h的对流天气，则多数被现行的探空站网漏掉。但导致强对流天气的“超低温”现象，可达到中尺度或中间尺度（500～1000 km^2）的范围。所以，可以借助V-3θ图识别雷暴发生前所在地区的上空是否有超低温现象。没有超低温不会发生对流天气，即使作为预报的“指标”，超低温是对流天气发生的非常重要的事件前信息或称为“先兆”信息。

应说明的是，这里引用的实例是四川省某地教练机场上空的雷暴对流天气，距离成都市的探空站点20多千米，属于探空资料信息所能笼罩的150 km范围内，故该地区上空大气结构，可以或只能以成都探空站的V-3θ图分析之。

5.2.2.1 强对流雷暴天气V-3θ图结构特征：

按溃变原理的实践检验，对流发生前的V-3θ图的结构特征可概括为：

（1）θ线分布是左倾的不稳定（图5.5），并具有超低温（图5.6）；

（2）θ_{sed}、θ^*为左倾的强不稳定，并θ_{sed}、θ^*间有相互靠近的水汽层，或下湿上干或中间湿，上、下干即多为不稳定的“蜂腰状”结构；

（3）对流层内呈整体顺滚流。

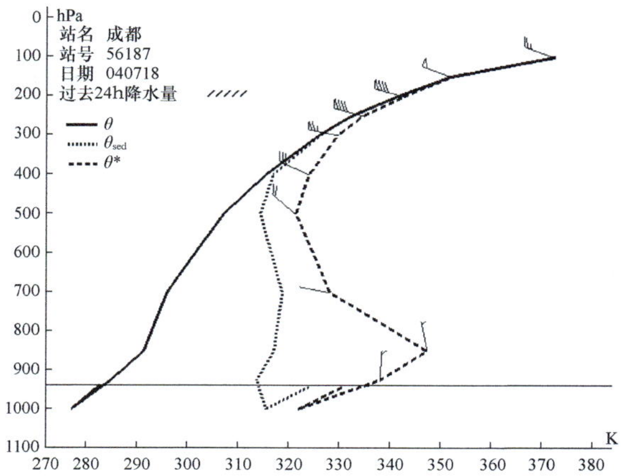

图 5.5　成都 2004 年 7 月 18 日 08 时 V-3θ 图

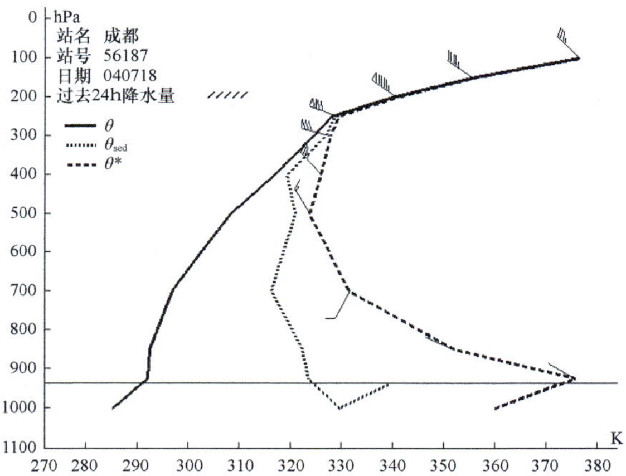

图 5.6　成都 2004 年 7 月 18 日 20 时 V-3θ 图

作为对比性说明，2004 年 7 月 18 日 08 时成都站 V-3θ 图（图 5.5）没有超低温，并为西北风的逆滚流，18 日 08 时到 19 日 08 时内没有雷暴发生。由此也可以看出超低温的重要性。但必须注意 18 日 20 时的 V-3θ 图（图 5.6）已出现超低温和不稳定结构，并 700 hPa 已经出现西南风，则大气结构已经呈现即将变化的前兆。只是近地层是西北风，还未构成整体顺滚流。

雷暴发生前和过程中的 V-3θ 图结构特征：图 5.7 是 2004 年 7 月 19 日 08 时成都站 V-3θ 图，其特征是较典型的对流天气结构：上空具有超低温；下层大气不稳定；中层大气的 $\theta_s ed$、θ^* 于 700—500 hPa 间接近呈“蜂腰状”结构。这正是强对流天气形成所需要的气层不稳定和有水汽层，和不同于暴雨的是雷暴不需要充分的水汽条件；作为预报的要点则是大气低层的偏南风（本例是 850 hPa 的东南风，预报时应注意偏南风的风源而需要追溯上游站的风向）所构成的顺滚流。因为图 5.7 已经具备，故可以预测成都市的区域内有雷暴天气（实况是某机场地区发生近 6 h 的雷暴）。

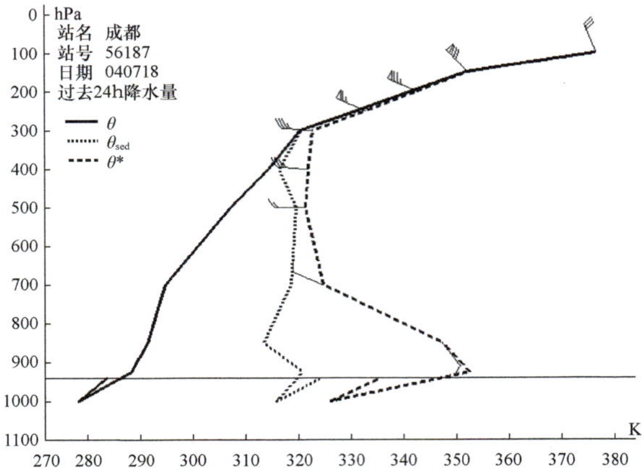

图 5.7 成都 2004 年 7 月 19 日 08 时 V-3θ 图

至于具体的发生地点，只利用探空站是做不到的。遂有引出自记记录非规则信息的数字化转换方法。但区域性的大气结构的演变分析，具有警惕性的区域性宏观概念。具体的落点预报还是首先注意区域性特征，而不能离开区域的 V-3θ 图。

图 5.8 是 2004 年 7 月 19 日 20 时成都站 V-3θ 图的结构特征。一般而言，强对流的雷暴天气结束，其大气的顺滚流结构要转换为逆滚流结构。但 19 日下午的近 3 h 的雷暴暂停后，图 5.8 的不稳定结构依然存在，超低温没有消失和近地层还为西南风。初学者应当注意图 5.10 的上层大气为探空信息出错，并往往是超低温的离子层干扰了电子通讯效应而体现了超低温信息的丢失，而不等于没有超低温。补救方法是：分析中、下层大气结构是否转为稳定。图 5.10 的低层大气恰恰是不稳定，遂有真正的强雷暴还在孕育中。由 7 月 20 日 08 时成都站 V-3θ 图(图 5.9)中可以看出超低温增强和加厚；近地层水汽增加，θ_{sed}、θ^* 为多次折拐而有对流云发展；上空大气变干燥。为此，7 月 20 日将有持续性雷暴发生(实况是广汉发生了 6 h 的持续性雷暴)。

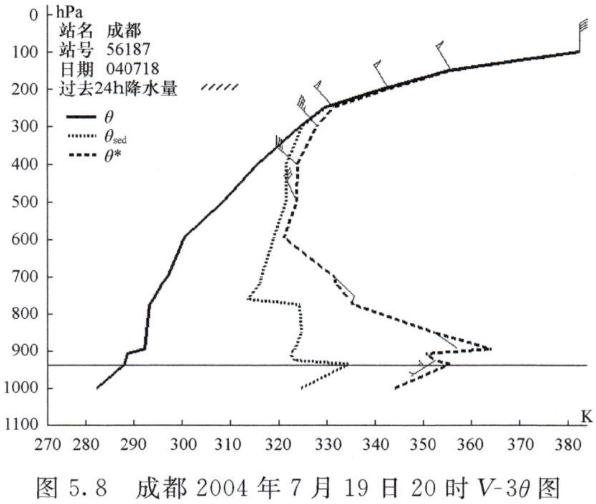

图 5.8 成都 2004 年 7 月 19 日 20 时 V-3θ 图

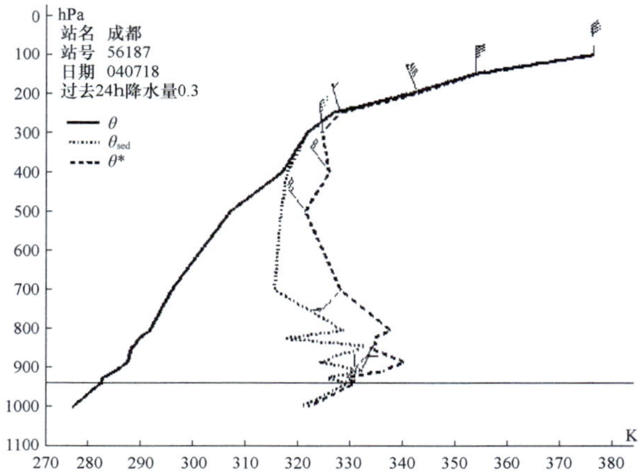

图 5.9　成都 2004 年 7 月 20 日 08 时 V-3θ 图

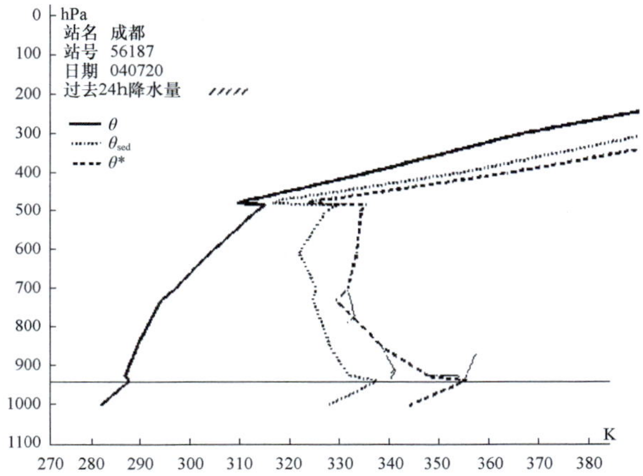

图 5.10　成都 2004 年 7 月 20 日 20 时 V-3θ 图

尽管经过了 19 日、20 日的两次雷暴，7 月 21 日 08 时的 V-3θ 图(图 5.11)依然有超低温和顺滚流，并配合周围测站的大气结构，如果周围大气的结构也有超低温或不稳定的顺滚流，则

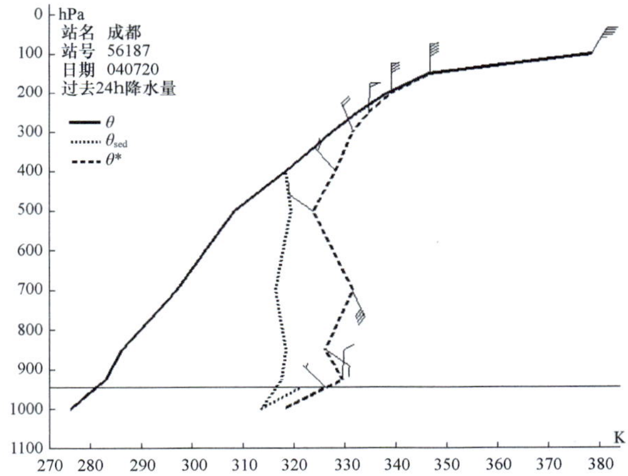

图 5.11　成都 2004 年 7 月 21 日 08 时 V-3θ 图

可断定本站的雷暴过程还没有结束。本次过程的图 5.11 就是这种情况，所以，21 日 08 时成都上空的超低温还是对流天气的标志，21 日还应当还有雷暴。但分析中应注意此时的大气结构已经发生了性质的变化，即近地层已经出现了北风，气温已经降低了 20 多摄氏度；θ 曲线和近地层的 θ_{sed}、θ^* 曲线已经右倾，尽管 850—700 hPa 还为偏南风，500 hPa 以上为偏北风，但 850 hPa 以下已经是逆滚流。整体性顺滚流已经破坏，即使有雷暴也不会很强烈了(实况也只是半个小时的雷声)。

尽管探空测站只能代表其所笼罩区域的整体情况，也可以揭示局地雷暴的背景。但对于具体落点的预测，探空站还是太粗糙了。因为探空站的布局毕竟“时、空”尺度太大了。

5.2.2.2　落点预测的自记“时序”湿度信息的数字化转换

按当时的教练场的自记记录进行信息的数字化转换，方法同前(见暴雨分析)。

图 5.12 是 2004 年 7 月 21 日雷暴过程的湿度相空间图。应当说明的是，此雷暴是雷暴过程的最后一次，并仅维持半个小时(16:00—16:30)。但在相空间图上依然有明显的反映，也可以说对于如此短暂的雷暴，传统体系是没有办法的，并被列为世界性难题。由图中可非常清楚地看出：雷暴前，湿度相空间图表现为频繁的折返；雷暴过程中则为稳定的跳动；而雷暴结束又恢复为折返，但与雷暴前截然不同并易于识别。可以说，数字化方法揭示事件变化过程的差异性，即使未学过气象学或毫无工作经验的人员也可以识别。对于具体的教练机场的雷暴天气而言，可由自记记录信息的相空间图(图 5.12)判定为 7 月 21 日的下午雷暴后就结束了，则教练机场停飞的飞机可以安然无恙地起飞了。

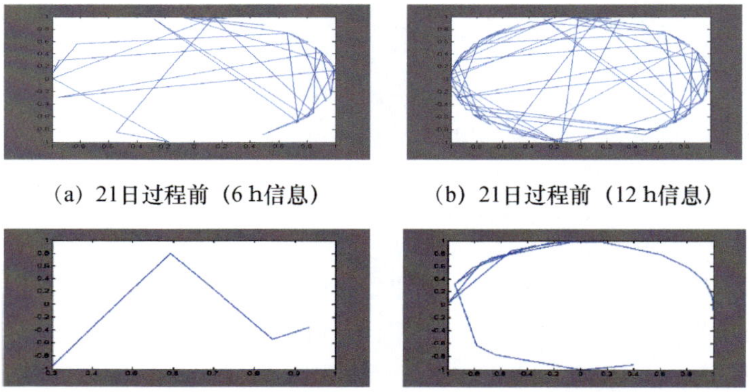

(a) 21日过程前 (6 h信息)　(b) 21日过程前 (12 h信息)

(c) 21日过程中　(d) 21日过程后

图 5.12　2004 年 7 月 21 日教练机场自记湿度记录的数字化

应当说明的是，无论由 V-3θ 图或自记记录的相空间图，都可以说明气象学中的天气变化是演化问题和“事件不是数量”，雷暴现象不可能由外推方法“预测”的。这里列出雷暴前 6 h、12 h 的信息数字化，目的是说明此方法具有预测的时效性，并说明了所谓激烈的强对流天气可以做到提前 12 h 预报而远超过国际上称为 6h 的可预报上限。这对于飞行的民用或军用是非常有意义的，不仅方法简洁，也挖掘和充分运用了信息资源。

5.2.3　雾与霾(haze)落区、落点预测的数字化

对于区域性的低能见度预测问题，已经在第 5 章中给予了专门的介绍。原则上低能见度

的笼罩范围，远比对流天气的冰雹、强降水等现象的面积大。一般而言，其区域预测方法可以适用一般日常业务预报。但随着国民经济的发展，交通线网的布局的加密，低能见度现象本身也具有非均匀性以及雾与霾的不同。虽然都是低能见度的天气现象，并其具体性质和影响方式都有其差别性。

作为天气变化现象，浓（或大）雾主要出现于雨、雪后的天气转折性变化中，但也不排除雨前雾；雨中雾，特别是山区的公路、铁路运行中更应当注意"云中雾"（实质上是云）。即使作为预测气象要素的方法，目前流行的以气压（或位势高度）系统的天气图方法（实质上，目前的数值预报模式方法，也是以气压系统为体系的天气图方法）是滞后于天气现象（要素）的。目前气象业务预测中已经遇到了此类问题，但并没有引起认识或理论研究的注意。前面讨论降雨问题已经提到转折性变化时，已经提到"降雨后才见到气压系统"。

这也是在数字化预测方法中，采用要素信息序的"反序构"方式不使用"气压"系统的原因。无疑，"顺滚流"的上升运动必然出现低值气压系统，反之"逆滚流"下沉则有高值气压系统。遂有滚流的运用，可以先于"气压系统"也先于天气现象出现。这就是数字化方法可以做到有实质意义的天气预报，而无须再以"气压系统"外推。特别是对于雾的预测，有及时性、变化性和地区的非均匀性等特色。

无疑，对于变化的特殊信息，传统的数量分析体系遇到了困难。基于当代科学的数量分析体系，原则上是平均数分析体系。处理一般性是数量分析的特长，鉴于特殊性事件是"变化事件"，则充分地启用信息资源而涉及了已经观测却没有使用的自记记录信息。这里以2006年12月下旬雾天气为实例，同时运用该方法对雾和霾进行了分析和预测，结果显示该方法确实具有分析的明确性和可以应用的实效性，而且为实质地改善了雾预测的落点和程度（量）的准确性。

5.2.3.1　实例天气概述

2006年12月21日、24日、26日、27日成都市辖区相继出现多次低能见度天气，其中12月24日浓度较严重和持续时间较长；26日的雾笼罩范围最大。

12月24日的能见度分布情况：温江、新津、金堂、蒲江、能见度为0.1～0.6 km，新都、双流、郫县能见度小于100 m，并温江站白天的能见度曾小于70 m和维持近6h。

12月26日的低能见度分布情况：全市除都江堰以外的温江、崇州、郫县、龙泉驿、新都、新津、邛崃、金堂、能见度为0.1～0.6 km，蒲江、双流、彭州、大邑等站的能见度小于100 m。

鉴于第4章已经对能见度天气有较详细说明，这里仅对12月24日和26日区域低能见度天气给出过程分析、解释其差别性和预测的基本要点。原则上应当注意：

1）低空逆滚流与近地面的低风速，并与高温天气的高空逆滚流构成了基本区别；

2）近低空或下垫面水汽充分，预报人员应当熟悉所在地区的地貌概况和注意其变化情况；

3）近地面的辐射逆温层是预测低能见度的重要指标之一，并对于平原、沿海地区尤其应当注意；对于山区盆地而言，一般气温的日较差较小，则更应当仔细分析其逆温问题。

例如，这里引用的四川盆地的成都（温江区）2006年12月24日的低能见度天气前的23日20时的V-3θ图，若不仔细则很容易忽略其近地面南风逆温层。一般而言，逆温层经历一个白天的日照，逆温层一般都是消失的。但20时的探空信息依然保留逆温层（注意图5.13中近地面的三条曲线同时右倾，逆温只是其角度、幅度均较小）。

这里之所以引用此例的目的是在于提醒读者注意，雨前的低能见度是属于较难预测的问题。雨前的低能见度的预测之所以比较困难，是在于顺、逆滚流相间(图 5.13 的 850 hPa 以上为逆滚流，而以下为顺滚流)和配合大气的不稳定结构，容易与降水前的不稳定混淆。逆滚流本应当对应稳定结构，但这里的不对应，说明了大气出于变化或即将变化的过渡阶段。此种情况，一般不能只注意成都(温江)本站的 300 km 之内，而应当注意周围测站的大气结构特征。经具体分析，成都周围测站的西昌、重庆、达川和红原等站都为顺滚流和有超低温发展，并都向成都平原输送水汽(图略)。这表明成都平原将向降水天气转变，但转变前将出现低能见度天气。尽管相应的预报人员，根据 $V\text{-}3\theta$ 图给出了低能见度的大雾预报而获得满分。但根据自记记录的数字化转换，却揭示了此次低能见度天气，主要是霾而不是雾。相应的 2006 年 12 月 26 日的低能见度天气则为真正的大雾。

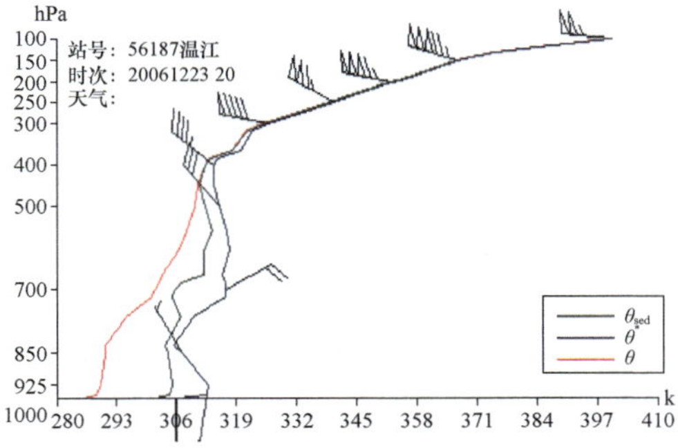

图 5.13　温江 2006 年 12 月 23 日 20 时 $V\text{-}3\theta$ 图

5.2.3.2　落点“时序”性自记记录的信息数字化转换与预测

无疑，自记记录所体现观测数据是人们非常熟悉的“振荡”性信息(图 5.14)。以其“振荡”的“时序”变化，传统上都习惯地称为“波动”。显然，按图 5.14 即使是经历多年的训练，也很难给出相应的明确概念或有实质意义的东西。

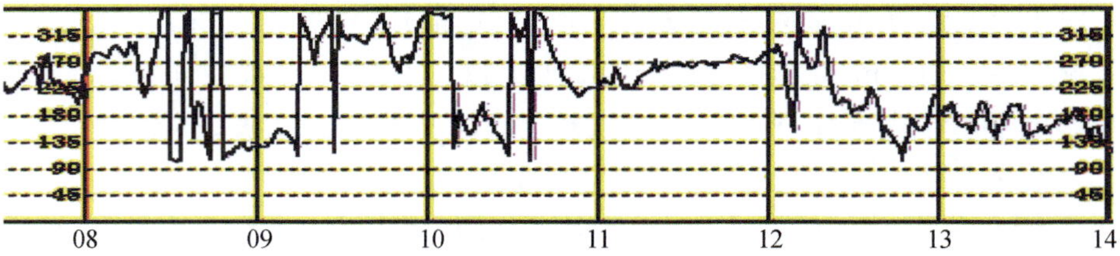

图 5.14　2006 年 12 月 26 日风向自记记录的“时序”图

为此，以信息的数字化方法将其转换为可识别性。无疑，不同的天气现象，其要素反映也是不同的。一般而言，降水与风速和湿度的关系密切；显然，雾也离不开水汽的作用。为此，本工作首先运用了湿度要素的信息数字化，其次，也运用了风向、风速的数字化分析。分析中发现了‘雨前雾(霾)’与雨后雾的数字化，在风向、风速上有明显差异，但湿度的数字化效果虽然形式上基本类似，却显示了雨前的低能见度(24 日)与雨后的低能见度(26 日)的水汽的充分程度是有明显差别的。

1)温江站 24 日湿度要素的落点数字化分析

应当说明的是，以下各图的图名中括号内的每分钟或每 15 min，是表明取样时段；每分钟表示取样为每分钟取样；每 15 min，则是表示每 15 min 取样的信息。选择两种取样方式的目的，是在于读者可以试验取样信息的非规则程度，所能反映将要发生事件的可能识别程度。

其原理是在于非一般信息应当是非规则事件的反映，不能因为取样的方式不同，而歪曲或篡改事件的本质特征。所以，每运用一种要素，均需经过不同时段的取样试验。或者说，时段取样试验也是数字化工作的研究内容，并重点在于取样时段所显示信息的真实性，也可以借助对比性作为分析的判断。无疑，这是运用信息数字化的基础工作，并应当注意不同物理问题，其显示方式、结果是不同的。显然，由图 5.15～5.17 的 24 日图例，可以看出霾前的湿度而言，似乎与取样的时段没有太大的差别。其次，事件发生前、后虽不完全相同，但差别也不明显。

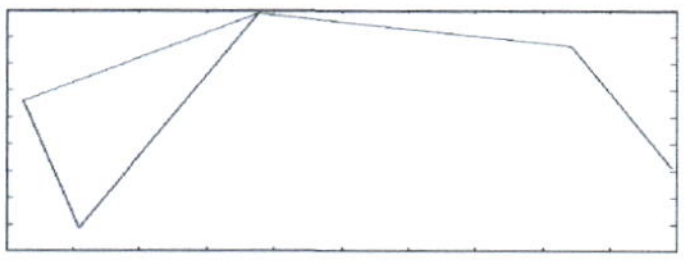

图 5.15　24 日霾发生前 6 h(每分钟)

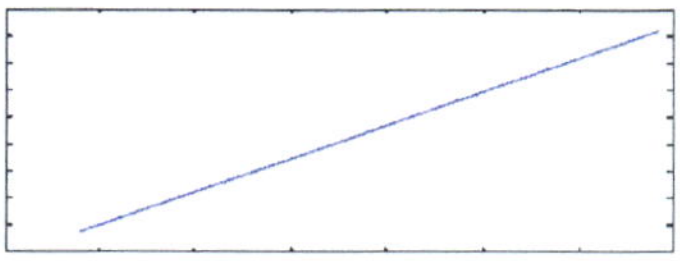

图 5.16　24 日霾发生过程中(每分钟)

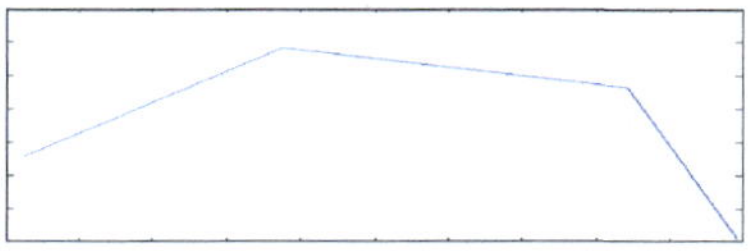

图 5.17　24 日霾过程后 6 h(每分钟)

2)温江站 26 日湿度要素落点数字化

显然，26 日系列图(图 5.18～5.20)的自记记录信息数字化，湿度要素显示了过程前和过程中或过程后的明显差别性，并以每分钟的取样效果为佳。出于预测的要求，我们将数字化有意运用了提前 6 h 的信息。无疑，数字化处理后的信息具有通俗的可认读性。

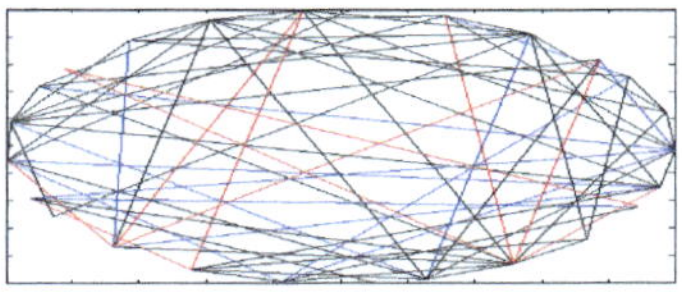

图 5.18　26 日雾发生前 6 h(每分钟)

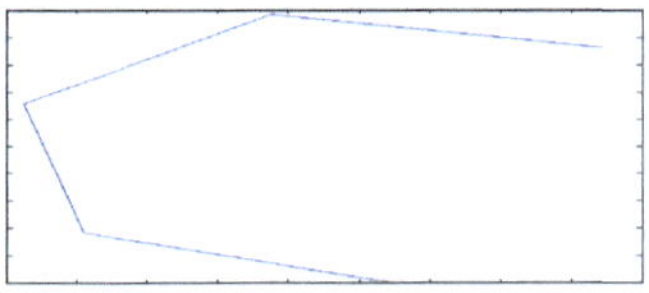

图 5.19　26 日雾发生中(每分钟)

其次，尽管对于雨前的低能见度，取样时段长、短的差别不大。但根据其他要素的数字化看，还是以一分钟取样一次更具有应用性。特别是作为物理意义，雨前的能见度低的大气现象，并不完全是来自水汽凝结的雾，而主要是雨前的对流气流，携带灰尘等非水滴的悬浮物(而非雾)，或者称为霾才是 24 日系列图所传递的信息。雨后低能见度的 26 日系列图，传递的信息则是以凝结的水滴为主的雾。顺便说明，自记记录的数字化方案，完全是针对突出非规则信息作用的数字化方法。所以，对于非规则扰动或涡流信息有敏感的描述能力。遂由 24 日系列图对湿度的非敏感性，可以说明 24 日大气的低能见度主要是来自霾。这既是数字化方法设计用意之一，也是具有广泛性应用的原因。上述雾与霾的差别，也可以由风向、风速的数字化给出差别性。

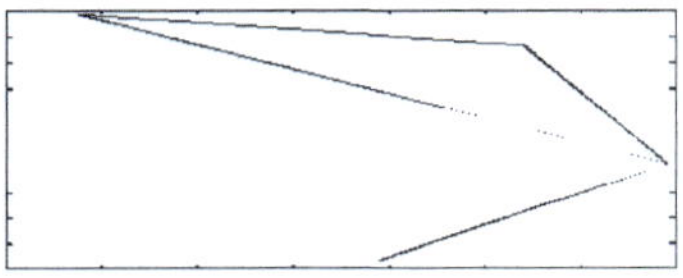

图 5.20　26 日雾过程后(每分钟)

3)24 日风向数字化

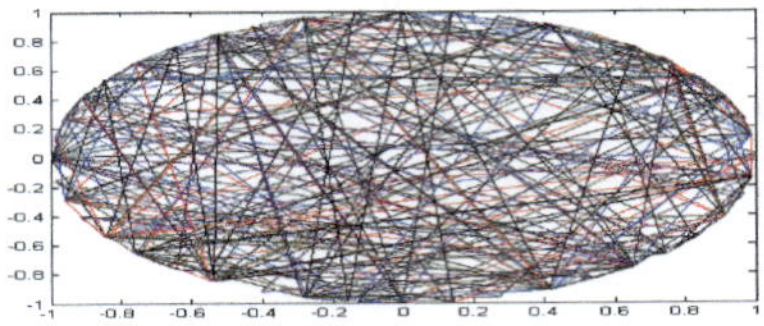

图 5.21　24 日过程前 6 h 风向(每分钟)

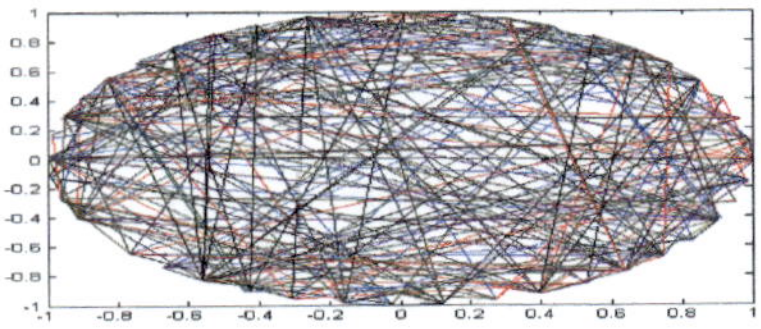

图 5.22　24 日过程中风向(每分钟)

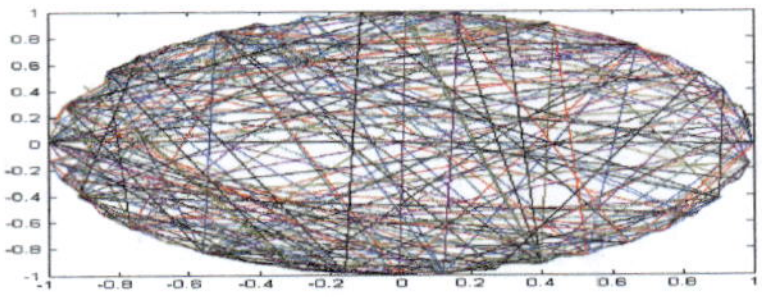

图 5.23　24 日过程后 6 h 风向(每分钟)

4)24 日风速数字化

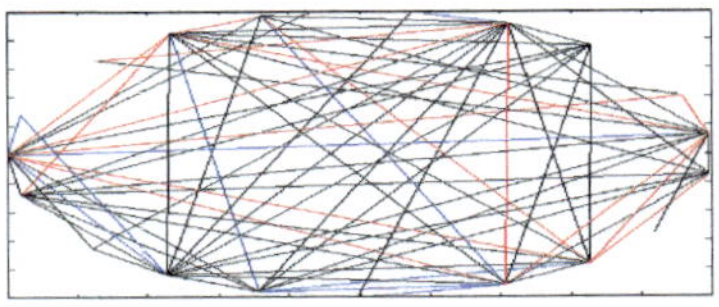

图 5.24　24 日过程前 6 h 风速(每分钟)

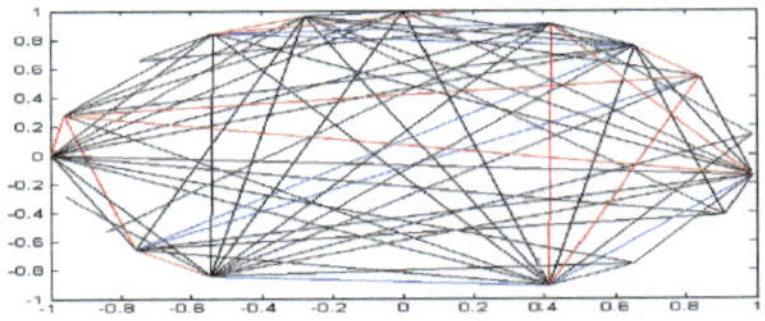

图 5.25　24 日过程中风速(每分钟)

由 24 日系列图(图 5.21～5.26)不难看出,无论事件前、事件中或事件后的风向、风速的变化均是较频繁的,并几乎没有过程性的区别。其原因是,雨前的低能见度尽管风速也比较小,但由于雨前大气有对流活动,即使风速较小,但也显示了风向、风速的频繁变化。这正好揭示了数字化方法对于非规则或乱流扰动有敏感地描述能力。于是,也正好揭示了雨前的低能见度,实质上是霾而不同于雨后的雾。这正如 20 世纪 50 年代的预报员,可以将大气的霾现象作为预测降水的指标做法是同一个原理。即利用霾预测降水。或者说,对于非专业的读者的知识普及,即霾是晴天转换为阴雨天气的标志;而雾是阴雨天气转换为晴天的信息。即天气现象本身也是预测可以利用的信息,并准确率可达到 100%的准确无误。并天气预测不是非得专注于所谓“气压系统”。

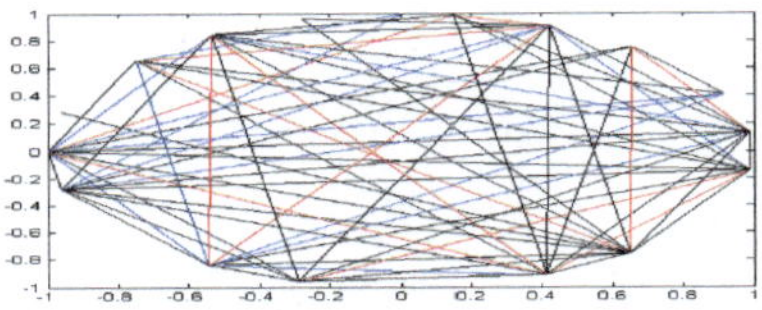

图 5.26　24 日过程后风速(每分钟)

5)温江 26 日大雾过程的风向、风速数字化

(1)26 日风向数字化

显然,26 日风向系列显示了雾天气演变过程的差别,突出于雾过程“进行时”的风向变化,均小于雾前和雾后(图 5.27～5.29)。仔细分析,尤以雾的风向变化为激烈。

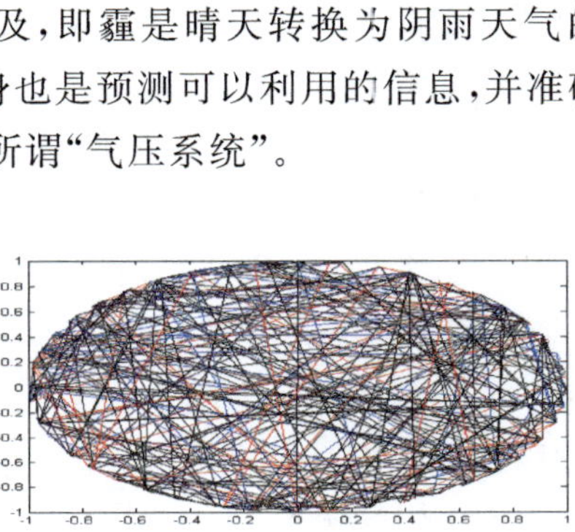

图 5.27　26 日过程前 6 h 风向(每分钟)

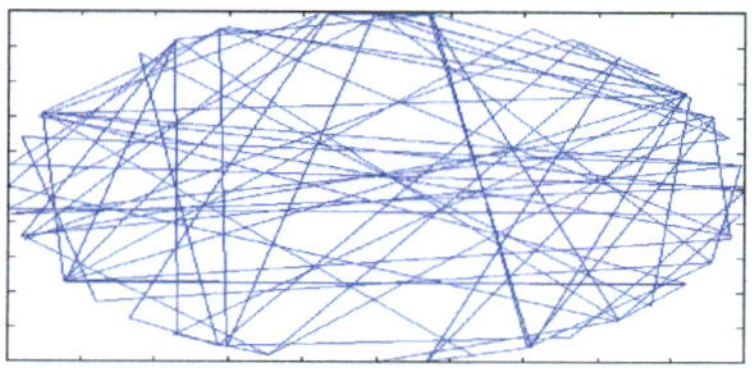

图 5.28　26 日过程中风向(每分钟)

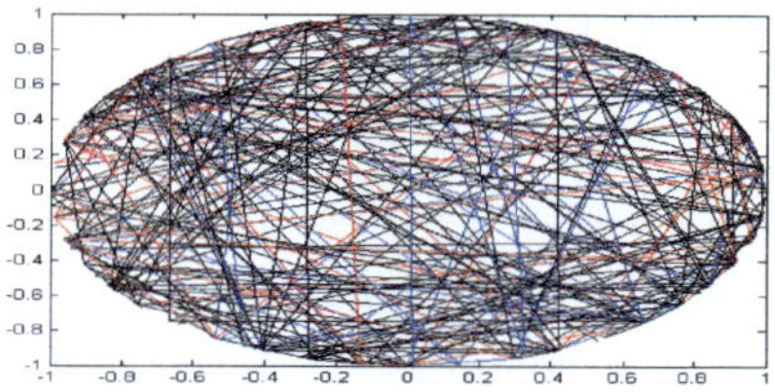

图 5.29　26 日过程后风向(每分钟)

(2)26 日风速的相空间图

信息取样曾经试验过不同时段样本。气象问题以每分钟取样,基本上可以较好地揭示了过程变化特征。故这里附上分钟的计算结果,其他取样方式的计算结果略。

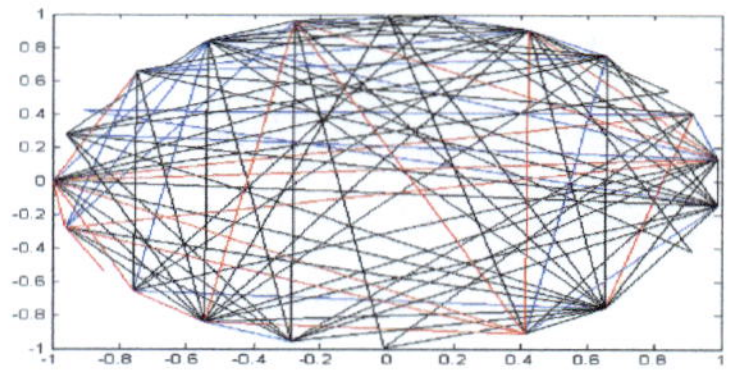

图 5.30　26 日过程前 6 h 风速(每分钟)

由图 5.30～5.32 可以看出:雾前、雾中和雾后展示了变化的明显差别性。所以,数字化方法具有确切的明晰性和确定性。

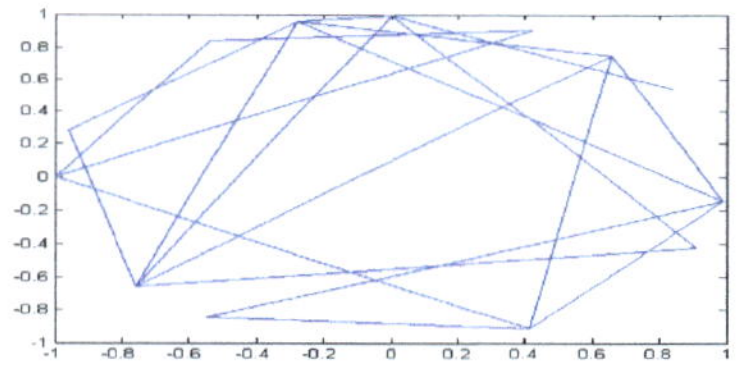

图 5.31　26 日过程中的风速(每分钟)

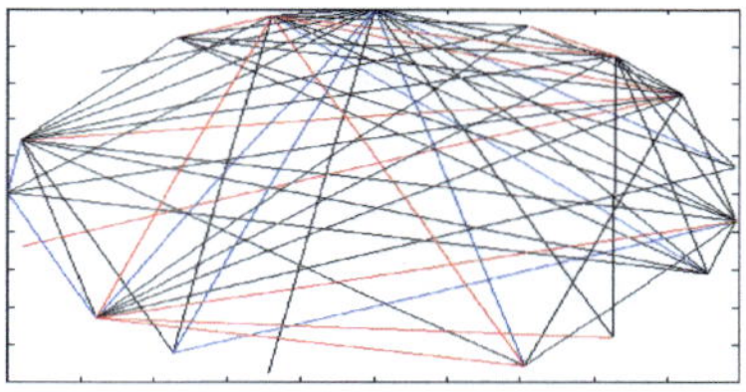

图 5.32　26 日过程后风速(每分钟)

作为数量级的取舍,“尺鱼分网”制的数字化启用了数量分析,不能处理的小于两个量级或以下的信息样本。这正好展示了数字化比数量化更为精细。

更为重要的是,数字化方法证实了作为科学史观的思维意识,突破或纠正了将时间作为自变量或“时序图”的做法(图 5.14)及当代科学理论存在的本质性问题。所以,欧阳首承教授指出的“时间来自事件的变化”和公式(5.2)$t=t(x,y,z,f_{ch})$,不仅质疑了当代科学的基本做法,而且实质地挑战了风行 300 余年来的所谓数量体系的“时、空”观。

显然,26 日系列图显示了雾发生前频繁性变化,经历了发生的准频繁性变化的减少到结束后频繁变化加大的过程性。可以一目了然地看出雨前的“雾(霾)”,与雨后雾的实质性差别,似乎无须赘述。

6)建议与讨论

显然,数字化方法的原理不同于当代科学的是,恰恰是体现于信息越“复杂”、越真实越好。并取样标准应当遵循“尺鱼分网”原则。无疑,不同的事件的取样标准不同。按事件的“生命史”,即变化信息的取样至少比事件可以做到小两个量级或两个量级以下。

目前学术界依然纠缠于“随机性、复杂性”,并实质上没有懂得“事件是什么”和“非规则或复杂性事件”的物理意义。总认为自记信息复杂、杂乱无章而不能处理,实际上,“乱则变”正好揭示了演化的转折性,并以结构转换方法反而简洁、直观又便于识别。

(1)气象科学不能理解为惯性系的不变性外推,作为灾害天气至少是演化问题的过程物理学。

(2)信息是确定的,既非随机也非偶然。遂确保"事件、信息的真实性",事件的数字化方法显示了指示意义和作用,实质是信息不能等同于数量。或者确切地讲,不能依据于数量标准,将数量不能处理的事件或信息定义或命名为"随机、偶然,或非确定性"。或者说,所谓"随机、偶然,或非确定性"等概念,将成为尔后科学史上回述人类曾经陷入迷茫时代的标志。

(3)数字化方法为演化提供了相应的方法体系,并不限于气象科学。本工作突出了信息不可修改性和以"唯象"方式启用了变化信息;灾害、事故问题触及了事件的性质及其能量、热量差异性的物理背景和具体于同类事件的构造性雷同与否。

不谙数理的读者,在于"善通"非演化"大意"。按个人程度酌情参考《信息数字化与预测》等著作外,通晓"第一推动"的不变性;灾害源自"非均质性"相互作用的变化性,并于实践中运用"象"的差异性,就可以掌握主要灾害的预测。

坦诚地讲,本方法已经触及了引发灾害天气的核心问题,并考虑观测信息不完备和信息存在错情的现代条件下,仍然可以做到70%以上的预测准确率。

参考文献

爱因斯坦,1976. 爱因斯坦文集[M]. 第三卷. 北京:商务印书馆.

陈祯烈,郝丽萍,周莉蓉,等,2003. 成都市"7·30"区域性暴雨、大暴雨过程溃变原理分析[J]. 四川气象,**83**(1):7-9.

欧阳首承等,麦克内尔 D,林益,2002. 走进非规则[M]. 北京:气象出版社.

欧阳首承,陈刚毅,2005. 随机性的破灭与"量化可比性"的终结[J]. 科学研究月刊,**14**(2):141-143.

欧阳首承,张葵,郝丽萍,等,2005. 非规则时序信息的结构转换及演化的细化分析[J]. 中国工程科学,**7**(4):36-41.

欧阳首承,2000. 线性化与形式分析丢失的世界[J]. 气象科学,**20**(3):354-359.

欧阳首承,1998. 天气演化与结构预测[M]. 北京:气象出版社.

欧阳首承,2006. 介质波与介质波的破碎[J]. 科学研究月刊,**18**(6):1-4.

翁文波,1984. 预测论基础[M]. 北京:石油工业出版社.

Begson H,1963. L'evolution créatrice[M]. In Oeuvres, Edtions du Centenaire. Paris: PUF.

Capitaine N, Chapront J, Lambert S, *et al.*,2003. Expressions for the Celestial Intermediate Pole and Celestial Ephemeris Origin consistent with the IAU 2000A Precession-Nutation model[J]. *Astron. Astrophys.*, **400**:1145-1154.

IERS conventions 2000,http://www.iers.org/products/9/1379/orig/finals2000A.all.

OuYang S C,Lin Y,*et al.*,2001. Evolution science and infrastructural analysis of the second stir[J]. *Kybernetes*,**30**(4):463-479.

Ou Yang S C,*et al.*,2002. Evolutionary "Aging" and "Death" and Quantitative Instability[J]. *International Journal of Computational and Numerical Analysis and Application*,**1**(4):413-437.

OuYang S C,Lin Y,*at al.*,2001. Evolution Science and Infrastrural analysis of the Second Stir[J]. *The International Journal of Systems and Cybernetics*,**30**:463-479.

OuYang S C,Lin Y, Wang Z,*et al.*,2001. Blown-Up theory of evolution science and fundamental problems of the first push [J]. *Kybernetes*,**30**(4):448-462.

OuYang S C,Wei M,2006. Discussion on Super High-Temperature Weather and City Construction [J]. *Engineering Science*,**4**(1):56-64.

Prigogine I,1980. From being to becoming: time and complexity in the physical science[M]. W. H. Freeman and company.

Shannon C E,Weaver W,1949. The Mathematical Theory of Communication[M]. Illinois Univ. Press.

Sabelli H, 2000. Complement plots: Analyzing Opposites Reveals Mandala-Like Patterns in Human Heart Beats[J]. *International Journal of General Systems*,**29**(5):799-830.

Sabelli H,Kauffman K,1999. The Process Equation: Formulating and testing the Process Theory of Systems [J]. *Cybernetics and Systems*,**30**:261-294.

Seidelmann P K,1982. 1980 IAU Nutation: The Final report of the IAU Working Group on Nutation[J]. *Celest. Mech.*,**27**:79-106.

第6章　地球运动和地震问题简述

欧阳首承教授读书和工作之初没有接触过地震问题，并毕业于气象专业也不会预测天气。只是在水利水电行业工作时因为预测暴雨的需要，而在分析气象探空信息中发现了大气离子化后展示的“超低温”，致使大气构造成为“非均质性”，而意外地发现了地热与地震的关系。并灾害天气与地震均涉及了地球转速变化，并关联极移、章动等因素的异常与大气环流变化或地震相联系。

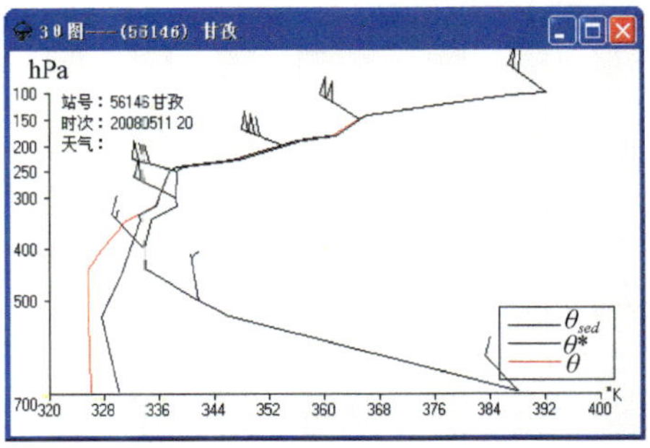

图 6.1　2008 年 5 月 12 日地震前的甘孜地热

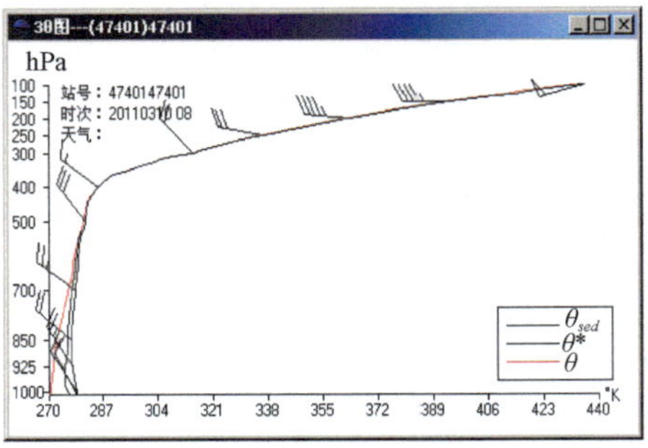

图 6.2　2011 年 3 月 11 日本地震前地热

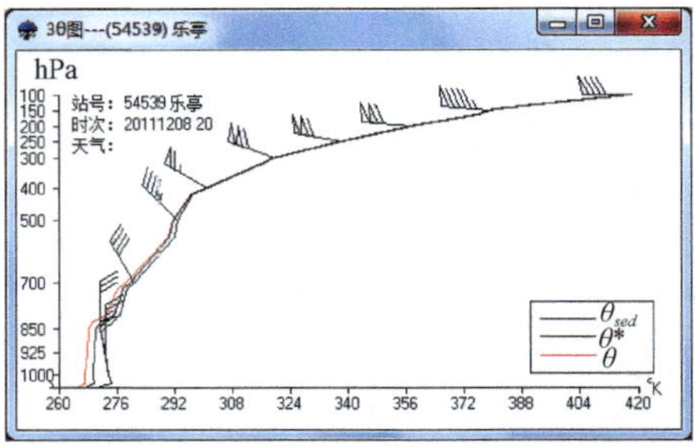

图 6.3　2011 年 12 月 12 日唐山 3.2 级震前地热

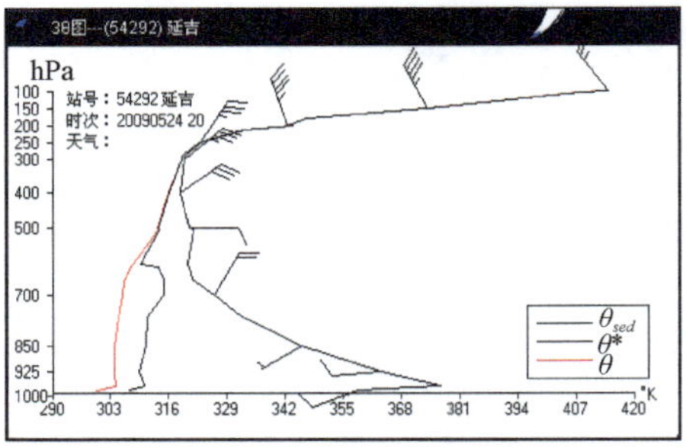

图 6.4　地下核试验地热

立足于“热量非均匀”分析暴雨中，发现了非均质性地热的影响和作用。应当说明的是，早在 1963 年欧阳首承教授已经发现了大气超低温的离子态性质，而展示了大气“非均质性”的热对流，导致了冰雹、龙卷、沙尘暴和暴雨等灾害天气。于 20 世纪 60 年代后期到 70 年代，又相继发现了图 6.1～6.4 均展示了地热对大气结构的影响[其中图 6.1～6.3 为纯自然的地热，图 6.1～6.2 为高于 8.0 级，图 6.3 为低级别 3.2 级地震；而图 6.4 则为人为的地热(地下核试验)]。这里，应当突出说明的是，图 6.1～6.4 展示的“逆滚流”不稳定结构，不属于气象问题。欧阳首承教授曾经苦恼于此种大气结构，不知如何预报天气，并曾因错报为沙尘暴后而出现了地震。遂引起欧阳首承教授重新分析结构的特殊性，反复地结合实际验证发现了地热与地震的关系。

因预报灾害天气中需要排除地热的干扰，故在预报天气的排除干扰中顺便不得不关注地震预测，只是严格地限制为内部的私人行为。其中引起欧阳首承教授重视的是，溃变图中 θ 曲线的热量级别对应了地震的能量级别；其次，地热引发的大气结构异常对于地震具有先兆性而可用于预测。极大地激发了欧阳首承教授研究预测、预防地震实践的热忱。并于研究灾害天气的过程中秘密地进行了 30 多年。

传统的地震预测方法没有或较少涉及要素的频度、热结构的非均质性或气味等信息，鉴于地壳板块挤压或是地幔的类流体运动的直接结果，都可以引发地热（直接的地热图，见第 1 章的图 1.2b），地热改变了大气结构而引起欧阳首承教授的注意和警觉（图 6.1～6.4）。

尽管地壳运动流行于套用经典力学，但作为地壳运动中出现的地震事件，尤为强烈的地震的前兆现象中，“地热”应当是不可忽视的先兆性信息。特别是经历过包括唐山大地震在内的多次大地震，出于研究突发事件的需要，在“品味”灾害天气过程中，也在于利用数字化软件揭示地热功能而追踪重大地震问题。后经历多年对照性分析和试预测，证实了“热结构”的非均质异常与地震的联系。重要的是，运用地热不仅成功地预测了地震，并越是重大地震的预测效果越好！为此，出于人类价值观的自救或可能地拯救生命的前提下，已经展示了实效性。

6.1　地球的运动

6.1.1　概述

地球问题属于地球物理学，在此概念下大气运动也归属于地球物理。鉴于我国教育体系的分类和行政部门的分属，大气科学与现行地质和地震问题，也相应划分为不同行业。但无论从学科的性质或立足于灾害学角度，地震与灾害天气统属于所谓“世界难题”的问题。所以，地球的运动不限于所谓固体地球。何况，所谓固体的地壳部分即使对于地球而言，也只占很小的组成成分。

作为灾害问题涉及的地球科学，首先声明的是，这里的讲述者或文字整理者均不属于地震界的业内人士。涉及地震的理论和方法，也至多是出于问题的需要而大致浏览现行的研究成果或流行的某些书籍。这里提出的问题或叙述的内容主要不是来自相应学科的一般内容。原则上讲，基本是属于实践中遇到的问题，之所以付诸文字主要是在于可预测的应用性。至于地震的机理问题不妨边实践边探索。

现在回顾地球运动应该具备的基本特征，谁也不能回避地球为宇宙中的旋转星球之一。显然，旋转星球的共同特点在于旋转，“上帝推动”也不能改变其旋转性。其二，即使人们不能钻入地球内部，但也不能否定地球的深处是热的“火海”，并据说可以达到几千摄氏度，而与地面构成至少是千摄氏度以上的温度差。则不可避免地产生地球内部物质的“热对流”运动，现在流行的地震问题研究较少见关注“热对流”效应。目前多流行于地壳板块的挤压引发地震的论述较多。

应当说，若大气属于地球物理，则其运动形式原则是旋转的涡动，至于气象传统理论中曾经以所谓“Rossby 长波理论”为其基础科学的代表。何况对于灾害天气而言，恰恰是采用非线性线性化，得出 Rossby 波动理论体系的误导所造成的。相应的地震行业中的理论，也曾经依赖波动体系所谓“振动的谐波”，处理旋转破坏性的震动问题。所谓“能量谱”的“震级”，就是第一推动体系遗留的“波动墨迹”。

所以，这里特别说明"震动"与"振动"不属于同一概念。中国古代将地震称为"地动"，值得现代的科学界思考。并英语的"quake"与"vibration"也不是同一含义。振动可以描述为"波动"的原因，在于其不破坏介质的连续性；"震动"为体现内聚性抖动而可以损伤介质的结构或破坏介质的连续性。

依据地震"波"的传播速度的大小推测地球内部的构造如图 6.5 所示，即地壳的岩石圈的平均厚度约为 33 km，个别可以达到 100 km。即使按 80～100 km 计算，地壳的厚度不到地球直径的 1/120。对比于鸡蛋壳厚度与其直径的比为 1/70 而言，生活于地球上人类原则上堪可称为"如履薄冰"的岌岌可危。并依据构造地震的说法，地震基本上发生于地壳的构造层内，但其震中居然可以被测定为 200 多千米的深度。如果依赖的地震"波"传播速度测试数据无误的话，则至少说明某些地震不是来自构造地震的岩石圈，而深入到塑性流体的地幔层。即使图 6.5 反映的地球构造不够细致，但也展示了地球本身的"非均质性"。

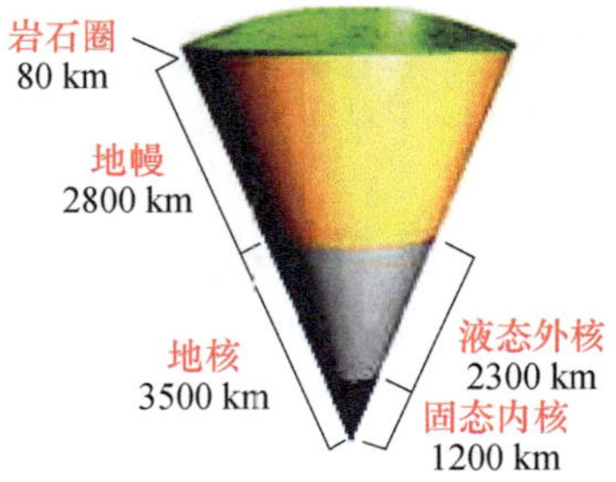

图 6.5　地球内部的构造

此外，即使作为学术研究，欧阳首承教授认为地球之所以称为"地球"，原则上是来自人类的思维意识而更具有"文化成分"。地球基本上属于"水、火平衡"的星球。地质学界倾向或注重于"岩石圈"，而不注重"水圈"。姑且不谈地球表面的水域占有地球表面积的约 70%；所谓岩石圈"地层"内部，也为水所浸润而维持了地表面的平衡。人类所可以居住的"诺亚方舟"，却实实在在地被"载于"水上。那么，相应的岩石圈层应当是"水"与岩浆流的"火"，相互处于平衡条件下的产物。在这个意义上，地球的本来面目是"水、火"并存，外表展示为蓝色的行星（水球）。地球的"地"并不是仅限于"土地"，而有"地域之中以水为大"。即"水"已经属于人们的地域概念。所以，地球或地质科学不能仅仅限定为"岩石圈"概念。

所谓"岩石圈"类似于地球大气对流层上部"离子态"的超低温"层"，并维护了大气的"对流层"（约 10 km）。岩石层下面的"对流层"远远超过了大气的对流层，并维护了地幔和液态外核的"对流层"，其厚度可达 5000 余千米。

6.1.2　地球旋转运动

因为地球本身的旋转性，是地球上其他作用不可能改变的事实，并按地球构造的本身也涉及了地壳、地幔和地核的"液态外核"等的构造非均质性，则无论地球本身或地壳的板块，抑或是地幔层塑性流体和液态外核，必然呈现为时时刻刻的不同尺度旋转运动。并赤道的运行的线速度远大于南、北半球中、高纬度运行的线速度。于是地球旋转的各地线速度不均，必然导致板块、地幔塑性流和"液态外核"分别向南、北半球旋转挤压或侧向滚动。所以，地震的产生不能仅仅只限于岩石圈的挤压。即使限于岩石圈，也应当还存在其他种运动形式。

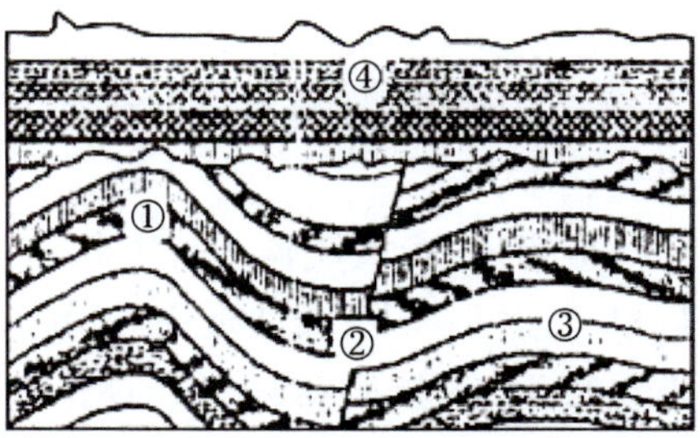

图 6.6　地壳岩石层的弯曲、错位断裂

6.1.2.1　"非均质性"与地壳的扭曲问题

地壳的弯曲、错位现象，除了岩石剖面展示了"非均质性"的同时，也显示为曲率性，并可以直观地被人们直接见到(图 6.6)外;地壳的“断裂带”更为明显地展示了弯曲性,地震带也是曲线分布的(图 6.7)。这也是自然界在破坏运动中创造了“曲线”,而非欧几里得空间的“直线”。

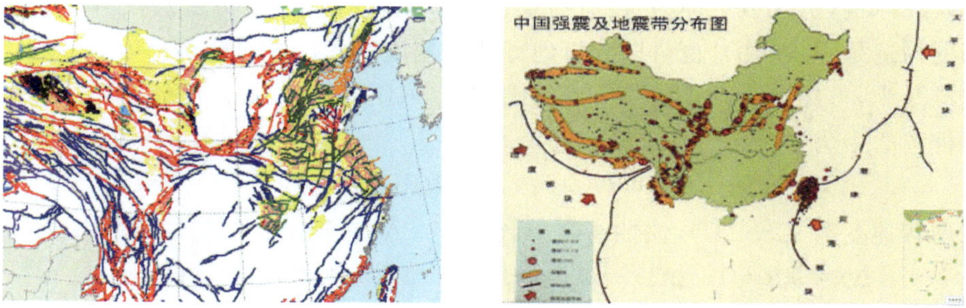

(a)　　　　(b)

图 6.7　地震带分布图

无疑,旋转必然制造曲线运动,并由此涉及了地球大地(包括海洋)的本身的非均质性。作为力来自物质的“非均质性”,则非均质性大地构造的本身就具有了“力”,并对外力的第一推动构成了反作用力,也就必然引出相互作用的“搅动力”。即地质问题,不可能再假设为“均质化”而引用第一推动体系的“质点力学”体系,而是属于非线性的“相互作用”。鉴于相互作用的非线性问题的最新研究成果,即“非线性是管形场的有旋性”。这样,地球运动的实质为来自搅动力的动力源。这也是为什么处理地球的问题“比上天还困难”的原因,并同时导致地震成了“世界性难题”。显然,搅动在制造旋转运动的同时,必然可以导致介质的破坏性而成为人类的灾难——地震,而不是维护介质不损坏的“(简谐)振动”。

现在地震学界流行于板块学说,即地震源于板块的非规则运动。为此,涉及了地球转速的变化与地震的关系;反之,地震也涉及了改变地球转速的变化。鉴于地球运行遵循椭圆轨道,则地球运行中展示了近日运行和远日运行的差别。即地球趋向近日运行转速加快,而趋向远日运行转速减慢。为此,涉及地球转速的经向作用和纬向作用或径向(垂直地面)的作用的问题(图 6.8)。

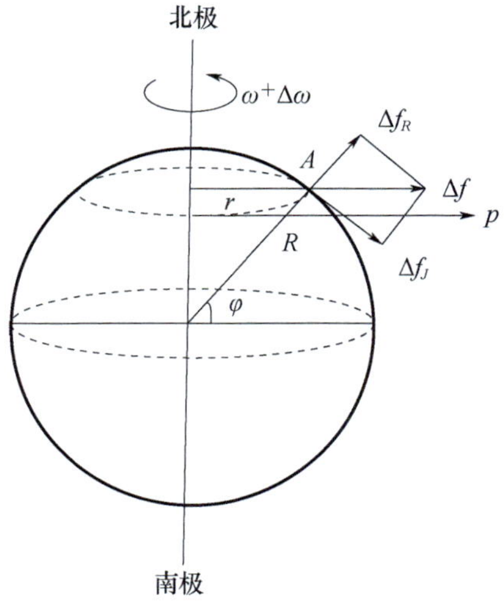

图 6.8　地球转动速度变化的径向(垂直地面)作用

6.1.2.2 地球转动速度变化的径向(垂直地面)作用

鉴于非均质性可以演绎为破坏性,无疑,则非规则现象属于变化事件。即使按简化分析,假设地球是纯球体(引入数学即为‘没有假定便没有当代科学’)而仿造当代科学的做法,假定地球内部的构造是纯均质的,也可以分析地球转动速度变化。取地球半径为 R,地面上任一点 A 的物质质量为 m,纬度为 φ,其垂直地轴的距离为 r(图 6.8)。若地球的转动速度为 Ω,则 A 点处的惯性离心力为

$$f=mr\Omega^2=mR\Omega^2\cos\varphi \tag{6.1}$$

若地球转速变为($\Omega+\Delta\Omega$),惯性离心力改为($f+\Delta f$),则改变的惯性离心力为

$$\Delta f=mR\,(\Omega+\Delta\Omega)^2\cos\varphi-mR\Omega^2\cos\varphi=mR\Delta\Omega(2\Omega+\Delta\Omega)\cos\varphi \tag{6.2}$$

仿造传统的线性化处理,(6.2)式展开略去 $\Delta\Omega$ 的二次项,有

$$\Delta f=2mR\Omega\Delta\Omega\cos\varphi \tag{6.3}$$

于是,若取(6.3)式的垂直分量(或平行于引力方向),有

$$\Delta f_R=2mR\Omega\Delta\Omega\,\cos^2\varphi \tag{6.4}$$

(6.4)式表明,若 $\Delta\Omega$ 为加速,$\Delta\Omega>0$。Δf_R 为正值,与引力方向相反,并使引力减少一个微量级;若 $\Delta\Omega<0$,则使引力增加一个微量级。即地球转速变化可改变引力,而引起地壳的垂直方向上的改变。

其次,若取(6.3)式的水平分量(或称经向切线分量),有

$$\Delta f_J=2mR\Omega\Delta\Omega\cos\varphi\sin\varphi=mR\Omega\Delta\Omega\sin2\varphi \tag{6.5}$$

由(6.5)式知,若 $\Delta\Omega>0$,有 $\Delta f_J>0$,故使地球获得向南的推力;反之,若 $\Delta\Omega<0$,则使地球获得向北的推力。此外,推力与地理纬度有关,并在 $\varphi=45°$ 时,Δf_J 获得最大推力。称为地球转速的变化,可以改变地壳的地理纬度。

重要的是,实际地球不是纯球体和配合地球构造的非规则性,实际上 Δf_J 必然是非规则的。特别是出于历史原因,不得不按传统的力学体系方式给出讨论。实际上更为重要的是,上述推演中略去了 $\Delta\Omega$ 的二次项,但数学的二次项正好是物理非线性的旋转问题。即使假定其数量级很小,却是引出非规则运动的关键因素,并可以直接导致所谓规则运行的 Ω 出现跳跃式变化,而引出对地震或大气环流转换的非规则贡献。并地球转速的变化也是灾害天气发生的原因。

6.1.2.3 地球转动速度变化的纬向作用

若取 A 微元的纬向切线方向的速度为 v,则有

$$v=\Omega R\cos\varphi \tag{6.6}$$

取地球旋转加速度为 $\dfrac{\mathrm{d}\Omega}{\mathrm{d}t}$,则其纬向切线加速度为

$$a=\frac{\mathrm{d}v}{\mathrm{d}t}=R\,\frac{\mathrm{d}\Omega}{\mathrm{d}t}\cos\varphi \tag{6.7}$$

取 m 为 A 微元的质量,则

$$f_w=ma=mR\cos\varphi\frac{\mathrm{d}\Omega}{\mathrm{d}t} \tag{6.8}$$

无疑,其纬向推力的变化决定于地球旋转速度的变化,和有物质结构(地质问题不能再限定为均质的)的影响,也与纬度位置有关。由(6.8)式不难看出:$\varphi=0$,即赤道附近最大而极地

为零；并$\frac{d\Omega}{dt}>0$(加速)，f_w 有向东的推力(注意，对于地球大气，则滞后于地球表面，是西风减慢而利于经向环流发展)；若$\frac{d\Omega}{dt}<0$(减速)，则 f_w 有向西的推力(相应的大气是西风纬向环流加强)。这也回答了北半球春季的大风和秋季的高温(秋老虎)。

考虑地质的构造差异(m 为非均质)和地表层的线速度大，则地理纬度可以出现东西向的错位。即地球旋转速度的变化可以改变地理经度。即地震可以使地理经、纬度发生变化，而有自然界"沧海桑田"的"改天换地"之称。

此外，鉴于实际的地球是扁圆形星体，和按惯性矩原理赤道处的膨胀会使转速减小而限制 f_J，f_w 的延续性推动。在这个意义上，运行的地球具有自我调节功能而成为"天行健"。不过，实际的"天行健"更在于其间的变化或更新，而不能因此理解为不变的永恒。

最初分析此问题是在于现行气象的理论体系，总是以地球转速的变化很小而假定 Ω 为常数。欧阳首承教授曾经多次指出这个假定的本身，实质上是限制了大气运动变化的原因之一，并以地球转速的变化论证大气环流变化不应该假定 Ω 为常数。相应的地球本身也存在此问题(也是气候模式遇到的问题)。因为，尽管 ΔΩ 变化很小，但因地球的半径很大，其力矩作用远远超过人们所能臆想的能力(可以达到 10^{15} N)。

所以，这里突出地强调，传统地球物理学中将地球转速为常数的假定，实质于不懂灾害学。研究或出于业务的需要，必须重新审视地球转速的变化。可以说，作为地球的灾害之源的重要信息，在于分析和跟踪地球转速的变化。

长期的大气环流变化，尤其是非规则变化不能仅仅限于地球大气内部去寻找原因。为此，欧阳首承教授率先启用了地球转速等"天文"信息。后来分析地震问题时，也不只是将注意力局限于所谓板块学说的"地壳应力"方面，则是考虑了引起所谓"应力"变化的原因上。除了地球转速的变化可以引出南北、东西推力的改变地理纬度外，也包括星体本身体现出地球非规则旋转。从而可以见到星体本身的"极移""章动"等，而直接影响了地球转速的变化。尤其是前面提到的地球旋转和不同纬度的线速度的差异，引起地壳由赤道向南北半球以扭转方式挤压，配合转动惯量守恒，而有地球"收腹"式的向赤道两侧推动，正好与"极移"构成了对抗式的推动。所以，重大地震问题不能仅仅局限于地球本身！

这里，应当说明的是，欧阳首承教授预测"2008-05-12"的四川汶川大地震时，就是先依据"极移"和孟加拉湾风暴引起注意的。地球物理的问题不能仅仅局限于岩石圈的地质问题，重大地震应当不只是地球某地的孤立事件。所以，灾害问题似乎不能限于某个孤立的学科所能解决的事件。

6.1.2.4　对流运动

特别是，地壳显示为"非均质性"构造，必然引出梯度力的反推动，而导致板块的旋转。故"地质力学"的"力"已经不是第一推动体系了。或者说，相互作用的搅动力，不可能导演连续体系的"简谐振动"。非均质搅动力的旋转，已经致使经典的第一推动体系遇到不适应的问题。其次，地壳与地壳之下的高达上千摄氏度岩浆和其几千摄氏度的温度差，显然不会"沉睡"于地球内部"无事可做"。至少于地壳与地核之间，存在超过几千千米厚度的地球内部的"热对流层"，配合其内部高压的存在必然引起强烈的"热对流"而产生"地热"直接冲击地壳，并应当远远超过大气对流层的活跃程度。

现在的问题是，鉴于地球的外凸型曲率，则处于内部的地热“对流”应该非常轻易地冲破地壳，而整个地球应当呈现巨型火山式爆发状态。按地质的历史年代，巨型火山爆发已经成为历史的往事，目前除了个别的重大地震或海啸外，地球总体上还是处于比较平稳的状态。所能给出的猜想，也许是地幔塑性流的黏滞性，配合水平旋转的涡流处于高速度运行中转移了对流活动的能量，即水平涡流转移的能量与热对流垂直传递的能量处于准平衡状态，“准稳定”地维护了地壳的准平稳性，并于非平衡时展示了局部的地震或海啸等。正如目前大气对流层内，急流引导的强风盛行的水平环流，依然展示了局部热对流的不平衡引发了局部灾害天气；地热对流层也可以因激烈的热对流不平衡而引发地震。即如同“水可以行舟，舟也有漏水之时”，只是还没有构成整体性“覆舟”而已。

这里应当说明的是，毕竟是欧阳首承教授先以信息数字化方法解决了重大灾害天气的预测，曾经因为地热干扰而错报天气。并发现了地热干扰大气，可以构成“逆滚流的不稳定结构”展示为地震的先兆性(参见图 6.1～6.4)。重大地震(8 级以上)可展示为 15 d 左右的持续性，并约 10 个月内展示为时隐时现；一般地震(5～7 级)可以展示为 10～15 d，或约半年内展示为时隐时现状态。所以，地热展示了地震预测的趋势性，同时也展示了可能发生地震的级别，而弥补了目前的振幅式观测信息，多数是事件发生后得出能量级别。

其中，对于高级别地震应当警惕地热展示的 θ 曲线的负斜率性，将标志地震的临近性(12～24 h)爆发。此外，鉴于监测地震的气象信息设站比较粗糙(中国普遍为 200～300 km 设站)，测站地热最强地点不等于地震地点，往往为地热“梯度”最大的地点，因此，预报者应当熟悉地壳的断裂带分布区域。

作为实际执行的预报人员，不要轻视大地震前的“小级别”地震，尽管我们不强调“小震闹，大震到”。但“小震”后地热不衰减，则不能等闲视之！反而应当密切跟踪。或者说，这里介绍的方法中，地热先兆信息分析也是警惕地震的跟踪方法。中国的 2008-05-12 和日本的 2011-03-11 地震，均显示为事先的小震频繁。

应当强调说明，尽管今天人们可以“上九天揽月”，却没有解决如何正确地安居于地球上。其中主要是认识上出了问题，即是前面一再强调的，今天的人们如何理解作为旋转地球的曲率空间。其中特别是人们关注的房地产业，人们较多地关注经济利益，并没有认识到人类生存的安居价值。当人们真正落实于曲率空间，而自觉地为“灾难”让路，则地震不应当成为困扰人类自己的难题！

6.2 重大地震的异常地热信息的识别和应用

6.2.1 说明

自 20 世纪 70 年代时起，欧阳首承教授若不忙于手头的紧急工作，则多数是每季度末结合灾害天气问题的同时，关注“地热逆滚流”的问题。2008 年的一季度时值筹划《信息数字化与预测》一书的撰写，配合没有及时收到相应的资料，致使其没有及时分析一季度的信息。若不是欧阳首承教授的学生在 2008 年 5 月初，因孟加拉湾、缅甸风暴损失惨重，拟请其按“溃变”体系的数字化方法看看“缅甸风暴是什么性质的问题，是否能够给出预报”，这才导致欧阳首承教授以其所能得到资料，在分析 2008 年 5 月 2 日缅甸风暴的形成原因和基本性质时，发现了 2008 年 5 月 12 日地震前青藏高原的异常地热信息引起了关注。并顺便说明，我国青藏高原南侧的定日、那曲至青海的托托河等站是显示地热的敏感性测站，一般分析地热均应注意定日站或至少首先关注此站的地热情况。对于已经熟悉大气的热结构特征的业务人员来说，若地热逆滚流结构的影响高度超过 400 hPa，并不是孤立的某一两个测站（图 6.9～6.12）时，则应当密切跟踪。由图 6.9～6.12 可以看出，地热已经波及青海、西藏两个地区的大范围性（热量级别超过 8 级，其中定日、那曲站超过 9 级）。其中应当特别注意其超不稳定结构。地热的热量级别大体上相当于地震的能量级别，但略高于地震界依据振幅计算的能量级别（高于 0.2～0.3），此热量级别计算方法完全是来自实践实例的对应性，不是依据理论的计算结果。屡经实践验证，证实不属于偶然性。这样可以于地震前基本上掌握将要发生地震的程度，而具有应对地震灾难的战略意义。此外，应当注意地热梯度最大地带，强地点不等于地震中心，而是多发生地质复杂地区的非均质地带，抑或是已经发生过地震的断裂带地区。

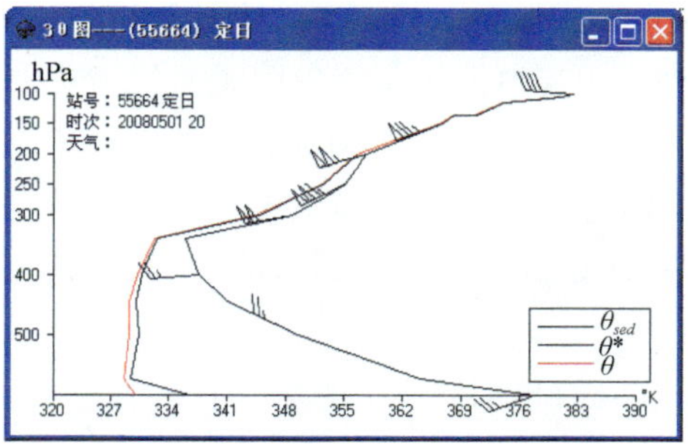

图 6.9　定日站 2008 年 5 月 1 日 20 时 V-3θ 图

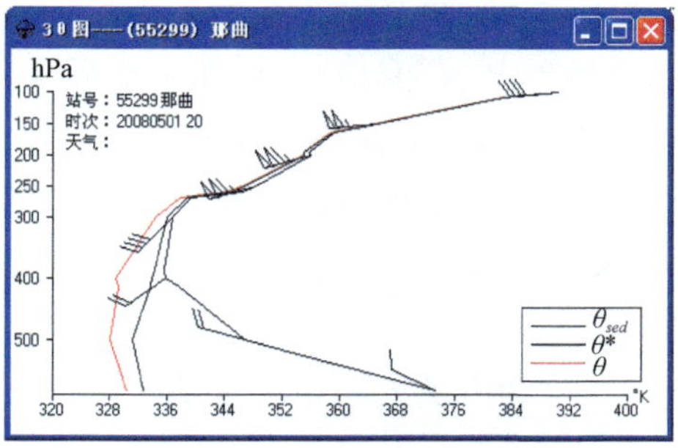

图 6.10　那曲站 2008 年 5 月 1 日 20 时 V-3θ 图

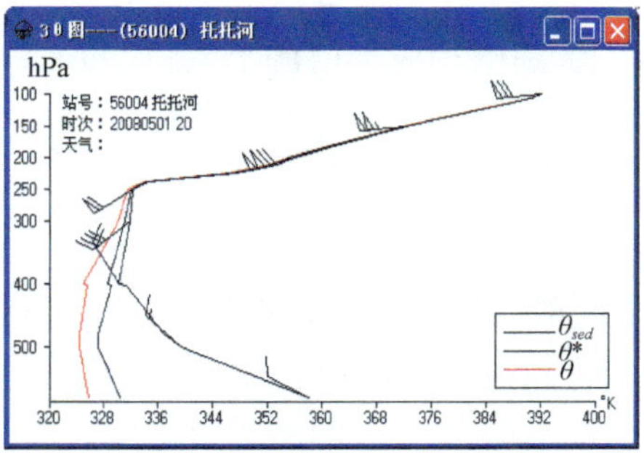

图 6.11　托托河站 2008 年 5 月 1 日 20 时 V-3θ 图

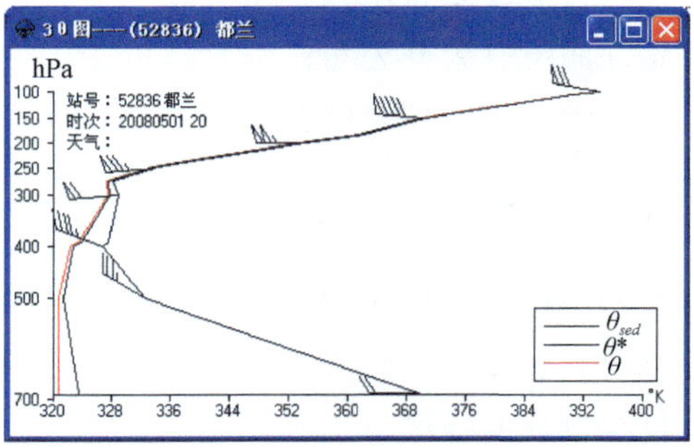

图 6.12　都兰站 2008 年 5 月 1 日 20 时 V-3θ 图

作为基本经验或基础知识，若陆地上溃变图于 20 时展示为“逆滚流超不稳定”；海洋上则展示于 08 时（可能因为海水的热容量较大），则其不稳定已经不属于大气本身的问题了。气象界 20 世纪以来，非常重视大气下垫面的作用，但似乎还不知道或没有注意地热效应，可以达到直接改变大气结构的地步。这本应当是现代地球物理学的重大疏漏。也说明了地震与气象问题不能截然地分为两个部门或学科。

图 6.9～6.12 的位温梯度垂直或负斜率，已经表示地热异常将是引发重大事件的标志。

或者说，缅甸“5·3”风暴已经为“5·12”汶川地震展示为前奏信息。实际是欧阳首承教授因为见到“5·3”缅甸风暴前出现异常的“逆滚流超不稳定”结构，随即运用内部渠道了解到自2008年的2—3月以来，四川北部沿西部至西南的锦屏一带的龙门山断裂带的大震前期，出现频繁的“微震(2～3级)”式的地震，而引起了警惕和继续跟踪信息的变化。

值得特别注意的是，5月份自1日20时起由青藏高原定日站到青海的各站，可以见到热量分布的强烈“逆滚流超不稳定结构”。将预示有重大的灾害出现，只是它不属于气象问题。应当密切跟踪超不稳定结构的移向、发展和变化。应当说明的是，如此大面积和强大的“超不稳定结构”是比较罕见的。鉴于消息不能公布，只能以内部参考的方式，传递给某单位或涉及生命安全的值班人员。作为分析，则是在如此强盛的超不稳定结构的情况下，若藏北高原3 h后不出现6级以上大风或第二天08时探空信息不出现“超不稳定结构”，则预示着强地震或地下爆炸现象等灾难事件。对于预测地震，则要求相应人员应当非常熟悉断裂带的分布。

说来，这里所运用方法是鉴于大地震损害的严酷性，不得不运用行业体制限制下的，欧阳首承教授本不拟传授的排除地热干扰而改进预报天气的做法。或者说，对于正确预测天气的方法中，还需要掌握如何区分地热干扰的气象“错情”。其中排除非气象因素的错情中，分别含有地震、核爆炸和地下瓦斯爆炸等影响。作为排除气象的“错情”，则涉及了2008-05-12四川汶川大地震前后的大气结构变化过程的“错情”(实际是5月1日已经出现青藏高原“逆滚流超不稳定结构”)。尽管最初目的，不是针对地震问题，而是由信息中分离影响大气结构变化的地震等信息。

鉴于学生和有关人士积极希望欧阳首承教授给出简单的说明，并为本书提供了当时参与分析的附图和说明。其间包括排除了5月19—21日电视方式公布的6～7级余震的预测。这在当时可以说是，很大程度上缓解了值班工作人员的恐慌。限于行业分离体制，此分析工作仅限于气象行业欧阳首承教授某些弟子中自救的需要而传递的，鉴于相应工作没有征得相应行业的允许而没有公开公布。只是以电子邮件方式事先传递给相应部门的个人；在“5·12”大地震过后于学术报告中相继预测了新疆、青海等地的地震。

6.2.2 地震前后的大气结构变化分析

作为预报员培训大体上了解的要求，这里结合当时的区域预测的分析过程，给出简要和通俗的说明。但作为预测人员的培养，必须结合实例讲述和强调实践的积累。因为地震问题毕竟还存在机理的探索。

探空测站设置于大、中等城市附近，并不正好是地震震中地区。所以，分析中一般是按历史性断裂带，依据地热特征寻找地震中心点或区域。以最强地热为中心逐步向周围依次验合地热的分布情况，配合历史地震断裂带按地热分布梯度确定地震最强地区的范围。这里以“2008-05-12”的具体实例，给出简要地说明。

由图6.13a的震前甘孜站(2008年5月11日20时)展示的大气热量结构，均可以看出四川西北部到甘肃南部大气的“逆滚流超强不稳定结构”(甘孜、红原和武都测站。注意其中红色线与 T 轴的交角已经呈现90°，并甘孜站已经展示为负斜率的超不稳定性)。特别是甘孜、红原站的地热影响高度已经超过500 hPa，并甘孜站直接逼近400 hPa和其不稳定的左倾弯曲的曲线逼近300 hPa。即使按其左倾弯曲部分的平均值估算，其热量级别已经达到8.2或8.3

级，红原站热量为 8.0～8.2 级。鉴于甘肃的武都站的地热相当于 6.5 级，但为顺滚流，而红原东南的成都（温江）站（见图 6.14a）的地热热量约为 6 级的逆滚流。则预测意见：

按逆滚流不稳定和地热梯度的最大处，接近于红原与成都（温江）之间的断裂内，并震级为 8.0～8.2 级。

事件后地震界所确定的公布意见为：7.8 级后改为 8.0 级。震中事后确定为四川省阿坝州的映秀镇（基本上位于红原与成都之间）。

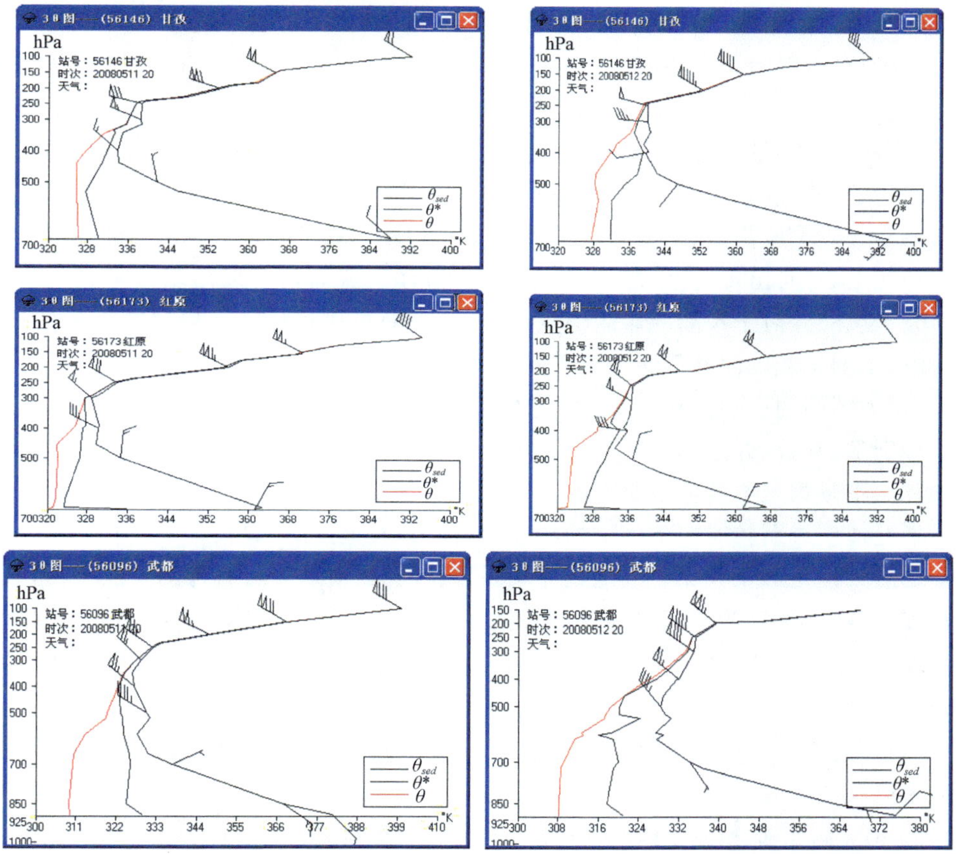

(a)左列图为震前（2008 年 5 月 11 日 20 时）　　(b)右列图为震后（2008 年 5 月 12 日 20 时）

图 6.13　四川西北和北部测站地热的超强不稳定的大气结构

即使不是专业的读者，也可以由图 6.13 系列图的对比性中看出，大震前、后的热量结构的变化。即由大气对流层的中、低空转换的过程中，可以看出：

① 对于灾害天气预测，以其强烈的超不稳定结构特征，应当预报为大风。事实是不仅没有出现大风，乃至于 3～4 级以上的风也没有出现；

②甘孜站基本上位于成都的西北部偏西，并展示为地热的热量最强，而与成都（温江）之间构成的热量梯度最大和成都为逆滚流不稳定，并为断裂带属于龙门山的断裂带。预报可能发生的地点为红原与甘孜的平均位置到成都之间的临近地区。与震后测定的映秀镇位置基本对应。

所以，对于气象行业的预报人员，应当注意地热的干扰问题；对于地震行业的预测人员来说，应当注意气象信息中展示的地热现象，地热级别可以于震前展示地震的能量级别相当，而为战略性地应对灾害程度提供了较为客观的依据。某种程度上展示了可以借用的重要信息。只是应当注意如下的主要特征：

(1)鉴于秦岭以南的甘肃(甘南地区)与四川的植被条件相对于西北干旱地区而言可以说是比较好的，遂有图中含有水汽的 θ_{sed} 曲线(绿色曲线)不能居于 θ 曲线(红色曲线)和 θ^* 曲线(深蓝色曲线)之间的左侧(居于左侧，只能在西北沙漠地区才能见到。并注意其中的红原站贴地面水汽的充分性而显示了左倾式分布，只是进入自由大气后突然变为干燥)；

(2)正因为秦岭以南不是沙漠地区，则 θ 曲线也不应当呈现几乎垂直于 T 轴的强不稳定状态；

(3)如此强烈的热量不稳定条件下居然不出现大风，则表明过程中的热量分布的强烈不均不是大气的问题，并应当学会“逆滚流”的识别方法。

作为核心分辨手段是，在于地壳热量辐射是以红外方式进行的，于白天的 08 时信息中不能见到。若晚上 20 时出现，而早晨 08 时不出现(海洋上或岛屿可以出现于早晨 08 时)，则可断定为地壳“发烧”。对于预测的启用信息而言，地壳的板块挤压或地幔层塑性流蠕动的认识或理论分歧，预测实践表明并不属于重要问题。

所以，作为预测的影响因素，大气本身的热量分布与有外界影响的热量分布是可以明显地分开的。特别是，甘孜、红原和武都站的 θ 曲线(红色线)已经呈现准 90°和超 90°热量的“负斜率”分布情况，不是大气本身应该具有的。之所以形成准垂直或负斜率状态，则是地面发热而空气还来不及适应或调整时产生的结构特征，或称为“大地发烧”现象。

鉴于地热无论是对于气象界或地震界均属于新问题，故这里将其预测要点概括如下：

(1)出现超强不稳定的结构时，高植被覆盖良好或湿润地区，是否出现 θ_{sed} 曲线(绿色曲线)居于 θ 曲线(红色)和 θ^* 曲线(深蓝色)之间的左侧或靠近于 θ 曲线，但不属于干旱型的干燥状态；

(2)出现上述超强不稳定大气结构状态时，展示为逆滚流，故其前、后三个小时中不出现 4 级以上的大风；

(3)250 hPa 附近有拐角式超低温层，或相应高度的云图呈现“扭结”状或条状云呈交角状；

(4)大气整个水汽分布为“下干、上湿”，而不同于大气降水结构的“下湿、上干”特征。或者说，“下干、上湿”对于气象问题应当是稳定的结构，而“下干、上湿”中的不稳定结构是“非气象因素”的地热问题。并应当警惕地震！并重大地震的当地还展示为多种自然现象的不正常。例如，此次地震前出现大批青蛙奔逃和狗吠等现象！

6.3 次强不稳定结构与震中边缘的预测分析

鉴于作为国际大都市的成都市距离震中约 70 km。地震对于成都未展示为强烈的破坏性。并作为地震预测来说，成都是否能够出现重大伤亡，必然成为人们关注的问题之一。这也是为什么本书特意将成都的地热特征放在本节讨论的原因，并称为“次强不稳定结构与震中边缘的预测分析”。

达川站位于震中区东北方向，其大气结构也呈现不稳定状态。并与图 6.13 的结构相比有明显的差异，即其不稳定程度已经明显小于图 6.13 系列图。

1）θ 曲线已经右倾，其不稳定的角度只有 80 余度，不稳定强度远比图 6.13 系列图小；地热影响的高度偏低，并至少比图 6.13 系列图低 100 hPa（约 1000 m）以下。温江（成都）站已经于 600 hPa 处有明显的右拐（图 6.14a），而揭示了地震可能发生的程度不属于震中地区，并其地热强度约为 6 级；震后还显示了降雨的征兆（图 6.14b）。

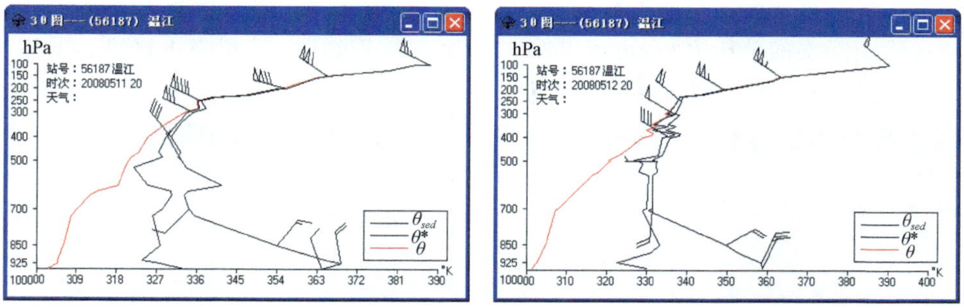

图 6.14　(a)成都站震前 2008 年 5 月 11 日 20 时热结构图　(b)成都站震后 2008 年 5 月 12 日 20 时热结构图

2）尽管大气结构依然是“上湿、下干”，但其程度已经远远小于图 6.13 的系列图；图 6.15 的不稳定程度小于图 6.14 系列图，但仍然属于大气的不稳定结构。作为纯气象现象也应当有大风对应，但实际是成都市连 4 级风也没有出现。

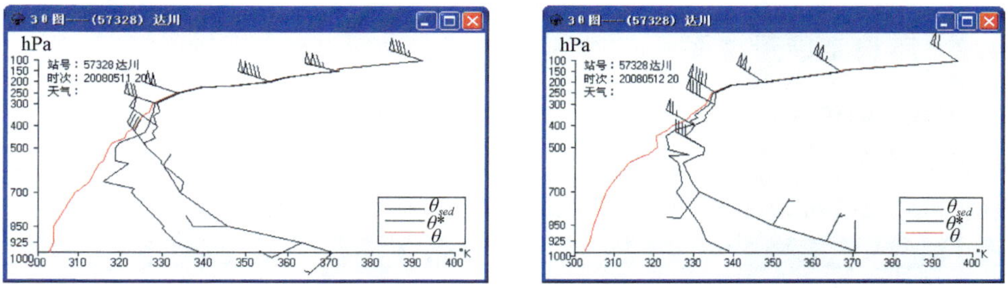

图 6.15　(a)达川站震前(2008 年 5 月 11 日 20 时)结构图　(b)达川站震后(2008 年 5 月 12 日 20 时)结构图

3）大气上空的“纽结”可以配合云图分析。其中超低温层，与云图的“纽状云”或条状云的交角（如“鹰口含珠”）对应，并色彩艳丽。大气“下干、上湿”的“纽状云”或条状云的“交角”，即为“地震云”征兆；并大气下部“干”，而大气上部“湿”也预示了重要的非大气灾害。遂有成都市区处于“震中”的边缘，没有出现重大的“上下颠簸”，而以“左右摇摆”为主。图 6.14 系列虽然属于地热不稳定，还不能构成“超不稳定”。

所以，排除非气象因素干扰，不仅是正确预测天气的需要，也涉及了地震的监测。这样，也许将气象和地震合为统一体系，具有相辅相成的功用。实际上，地震信息、气象信息存在相互关联的现象。一是自然灾害为公众关注的问题，二是自然灾害通属于特殊事件而有其共同性，业务人士可以相互借鉴和便于沟通与共同面对问题。特别是运用信息数字化，已经没有必要再延续行业的分支化。

6.4 震后的降水与不稳定能量减弱问题

6.4.1 震后降水

图 6.16 为 2008 年 5 月 13 日 08 时的探空资料显示了大气不稳定结构转向稳定性转化，并由此预示了成都市区较大降水过程的开始。成都市气象局成功的预测了 5 月 13—14 日的大一暴雨过程。降水的分析方法，可参见第 4、5 章或相应文献。这里不再赘述。图 6.16 的甘孜或温江(成都)站均显示了降雨的结构特征。

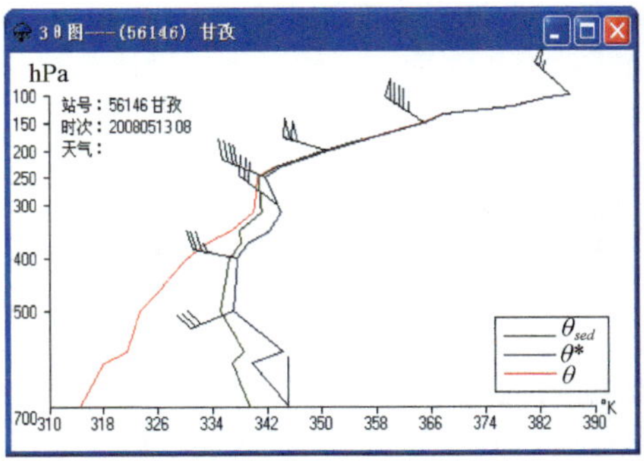

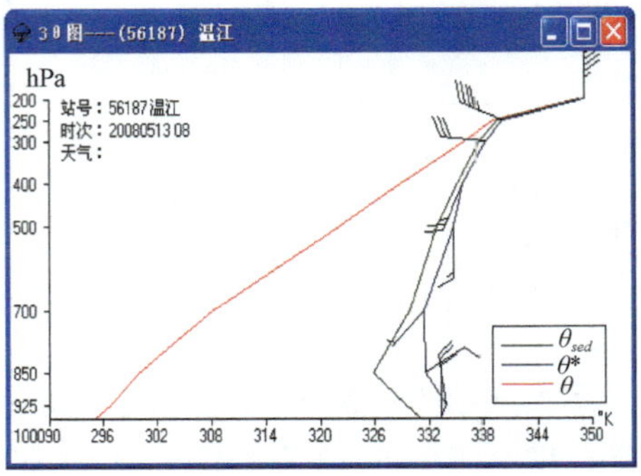

图 6.16 大震后甘孜和温江的大气结构变化

6.4.2 不稳定能量减弱

达川、温江站的信息如图 6.17 所示。读者可以对照图 6.16 比较之，即使只由红色线也可以看出地热的不稳定高度已经降到 700 hPa(约 3000 m)以下，尤其是达川站已降低到 850 hPa，而相对于图 6.17 右图，则达川站比温江站降低的幅度还大。

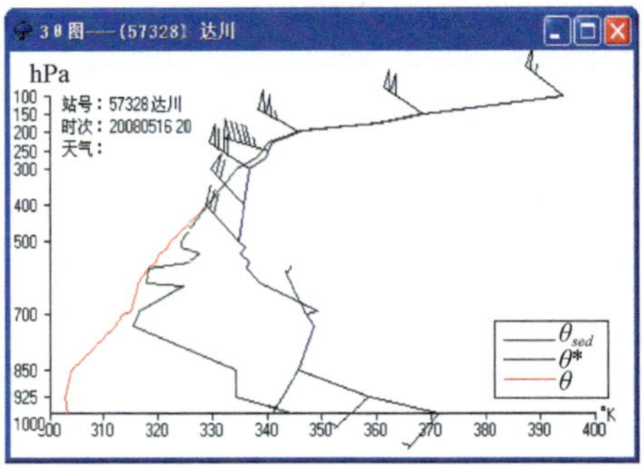

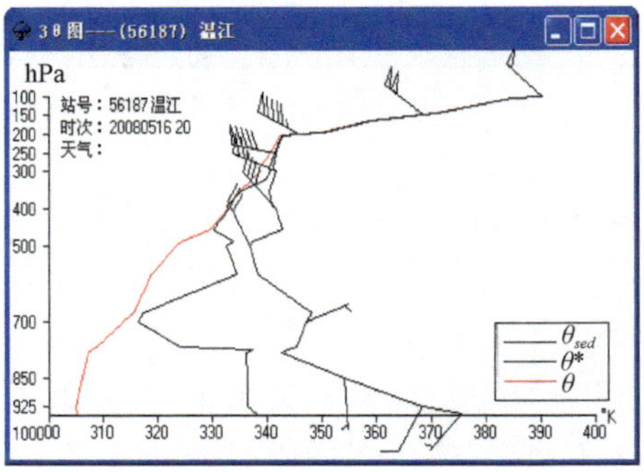

图 6.17 达川、温江(成都)站大气热量分布图

至于震中附近的红原、武都站的震后变化情况，则可以对比图 6.18 和震前的图 6.13 系列图，就可以看出其超不稳定能量已经明显低降低，并 500 hPa 以上曲线右倾度，完全类似于图 6.13 的系列图的震后的状态。此种情况不能掉以轻心，而表明还有余震，但强度不会超过或相当于 5 月 12 日的第一次大震的强度。或者说，地热于地震过程中，展示震前最强而震后减弱的特征，但有余震存在时，地热也对应不骤然降低的过程性。这表明地热是伴随地震能量的

衰减而衰减的，并展示于震前。

仔细对照图 6.13 震后的武都(2008 年 5 月 12 日 20 时)与图 6.18(右图)的地热几乎相当，这表明甘肃南部、陕西西南部和四川东北部一带还存在地热没有明显衰减的情况，而可能传递至四川东北到甘南和陕西的西南一带还潜伏着地震，但地震的能量级别不会超出 6 级。后来实况证实陕西的宁强县 5 月 27 日相继发生 3.7、5.7 级地震。

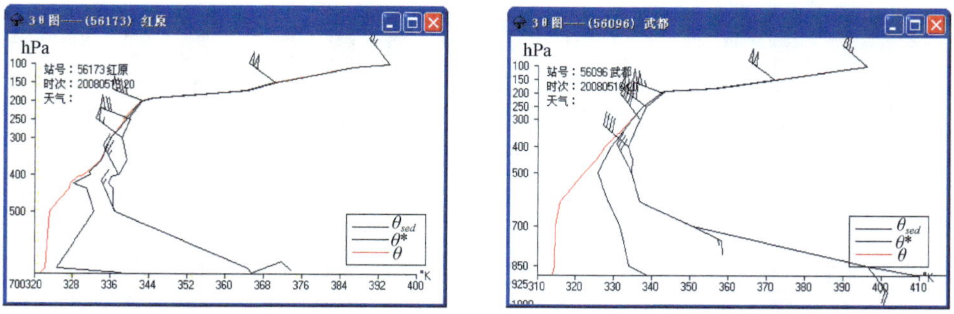

图 6.18　红原、武都站 2008 年 5 月 16 日 20 时大气热量分布图

这表明地热具有传递性和事先的警示性，并多见于先小震后大震。中国百姓间流传的“小震闹，大震到”不能只认为是“经验之谈”。实际上，“2008-05-12”或“2011-03-11”等大地震前，均有“小震”现象。日本的“2011-03-11”大地震前，已经出现 4 级以上的多次地震。所以，即使是按预防的角度，还是应当注意“小震闹”的信息。

这里强调的是，地热信息可以于地震前展示出地震的大致级别，即事先提醒了人们不能因为是“小震”而忽视大震的出现。这里列出图 6.18，表明了对于地震预测有意义的是“热先而震后”！即地热为地震的先兆性信息，可以展示将发生地震的可能级别，并对于余震的预测也适用。

6.5　温江(成都)自记记录的数字化

前面的介绍主要是运用气象资料可以展示的地热信息与地震的关系，并可用于地震的趋势预测。鉴于气象的探空站网原则上中国是按大尺度天气的 300 km 布局的，相对于地震具体发生地点来说显得过于粗糙或较为稀疏，仅仅凭地热信息较难做到具体地震中心的发生地点，至多给出大概的区域。为此，想到是否可以启用自动观测站的信息，而尽可能地细致分析出可能发生大致地点。

相应的方法主要是需要突出于处理特殊性信息；其次，为展示事件变化的过程性和为临震预测摸索相应的办法。另外的原因是，鉴于欧阳首承教授质疑当代科学的基础概念，并提出了“时间体现于事件的变化”而认为当代科学一直沿用的“时间作为函数的自变量”是错误的基础概念。将传统的时序图的信息按第 5 章的数字化方法体系的基础关系式 $t=t(x,y,z,f_{dt})$，转换为函数相空间(方法见第 5 章)。

6.5.1　信息的“高频”性与临震预测

变化问题涉及了事件的发生时间问题和如何认识、运用时间问题。所以，对于地震问题也启用了《信息数字化与预测》中的第二套方法。遗憾的是，由于行业的不同，而不能得到地震行业的资料。这里给出温江地面自动气象站大地震前后的气象要素信息的信息数字化分析。

显然，图 6.19 展示了“时序图”振幅的“平静”。即按传统习惯分析的振幅，确实见不到地震前、后的明显变化。一般地，地震界的多数观测要素也注重振幅的观测。

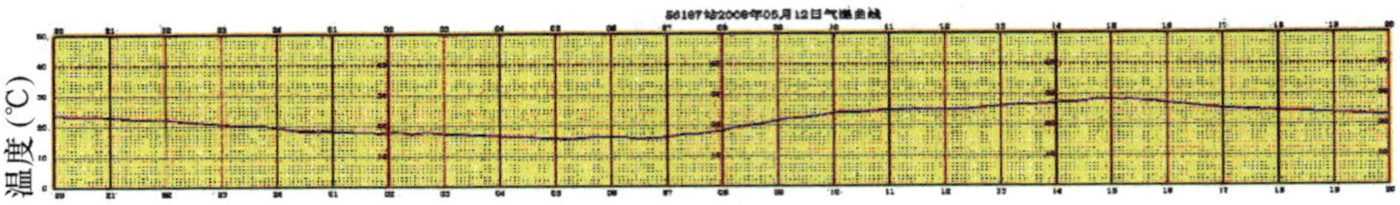

图 6.19　温度自记记录的“时序”图

唯独欧阳首承教授注意频度的变化。后来得知欧阳首承教授曾经与施工的工人一起使用过“风镐”，而注意到高频度振动的破坏性。这也是为什么欧阳首承教授往往与当时的流行做法总是显示不同的思维方式的由来。因为欧阳首承教授非常重视实践，并多数是自己亲自参与具体工作中。那么，依据第 5 章的做法，将图 6.19 的“时序图”转换为方位相空间图。纵坐标为 sin$T$ 方位，横坐标为 cos$T$ 方位，即显示了地震前 6 h 至后 6 h 的过程变化情况。可以说，图 6.19 的以时间为自变量的“时序图”实质是蒙蔽了人们的视觉。并图 6.20 显示的信息频度变化所展示的过程性，可以说某种程度上揭示了地震前动物逃生的“秘密”。也说明了地震的变化不限于要素的振幅，还展示为震动频度的差异。

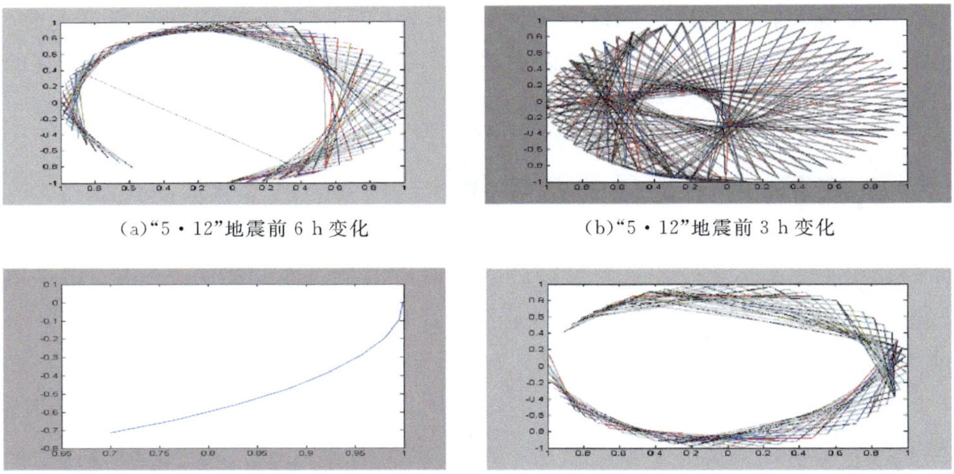

(a)“5・12”地震前 6 h 变化　　(b)“5・12”地震前 3 h 变化

(c)“5・12”地震前 1 h 变化　　(d)“5・12”地震后 6 h 变化

图 6.20　“5・12”地震前 6 h 至后 6 h 信息频度变化过程情况

6.5.2　信息数字化的临震实践检验

按 2010 年实践的跟踪分析，发现任何事件的发生、发展，几乎都存在事件发生前的“能量或热量”爆发式变化、积聚“收、蕴”的平静过程，和再积聚爆发的演变过程的阶段性。传统概念下的“时序”图(图 6.21)所展示地震前、后的“爆发”“平静”或再“爆发”等过程性，即“积聚”的爆发或异常式的"收、蕴"平静，实际上都是重大事件发生的先兆信息，或者说"平静"与"爆发"都属于事件发生的前兆信息。"过于或异常平静"则更接近重大事件的爆发。为此，地震前的小振幅式'高频度'信息不能忽视，并数字化处理的重点就在于揭示"高频度"意义和作用，恰恰是在于透射出地震信息的先兆性。变化问题存在于"见微知著"的过程性和揭示'微小'的微观物理的变化问题。所以，欧阳首承教授多次强调"尺鱼、分网"的取样问题。启用信息数字化方法中的第二套方法就是在于细化分析的"高频度"，称为信息数字化更适用于"高频度"现象的分析。并应当注意"高幅度震荡"，一般可以体现于传统的"时序图"和适应于事件临近或正处于"破坏性"过程中的阶段性，即使某些情况中具有预见性，但多数属于预见期的短暂性或几乎与事件同时发生性。

6.5.2.1　水位仪井口温度信息的数字化分析

按地热的信息数字化处理，一般只进行严重的破坏性(6 或 7 级以上)地震的预先分析。鉴于此次地震过程分析的具体地震测站信息来自成都市防震减灾局，气象信息相对地震信息较为粗糙。欧阳首承教授出于具体认识地震信息和熟悉情况起见，并出于考察地震信息是否还有比热结构信息的超前性，而首先进行了诊断分析，并重点在于微小信息的反映，而以低级别(5 级以下)地震为例进行了检验性分析。

特别是，根据实践发现地震问题的信息比气象问题更突显于高频性和信息变化的"收、蕴"性的前兆性。图 6.21 为三星站水位仪井口温度的"时序图"，同样依据"时间是事件变化的结果"。重点或核心在于分析事件的变化过程性。

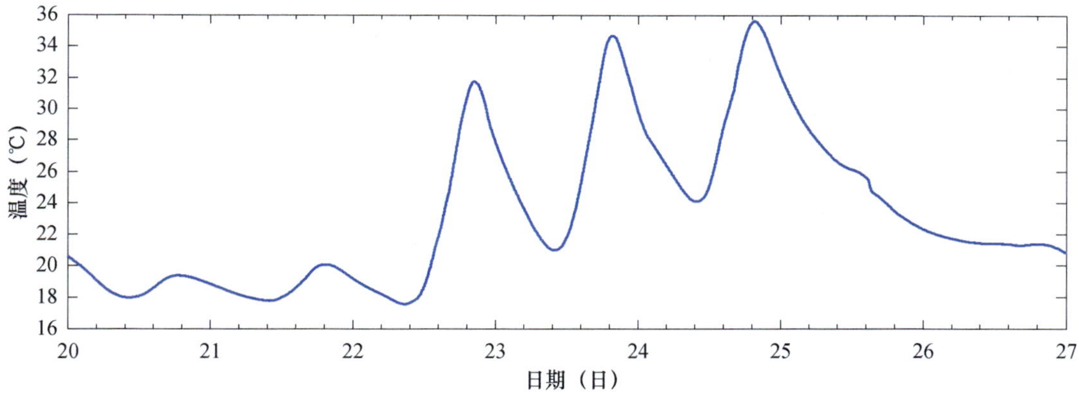

图 6.21　2010 年 5 月 20—27 日三星站水位仪井口温度的"时序图"

下面以四川都江堰、彭州交界(31.10°N，103.7°E)：2010-05-25 14 时 11 分发生的 5.0 级地震为主要实例，给出水位仪井口温度、电磁和地倾斜等信息的数字化结果。并基于大气探测 2010 年 5 月 24 日 20 时出现较强地热和气象信息较为粗糙的前提下，出于考察地热信息前期变化，则将分析时刻向前推至 5 月 20 日。其中也考虑到 5 月 21 日 20 时已经展示了地热现象(图 6.22)。但启用自记记录还可以较早地发现地热变化。例如，利用自记记录可于 21 日 20 时前 3 h 发现地热变化的曲线增密(见图 6.23 中 21 日 20 时的前 3 h 到 20 时)，但强度不大。并自 22 日 20 时前 6 h 起展示为平静后爆发式的混乱变化，除了 23—24 日临近中午时刻略有减缓外，均展示为类爆发性的剧烈变化。自 25 日上午起逐渐减弱，并临近震前 3 h 至地震前又转换为趋于减弱和平静。震后展示为穿越式混乱，而不同于震前的混乱。

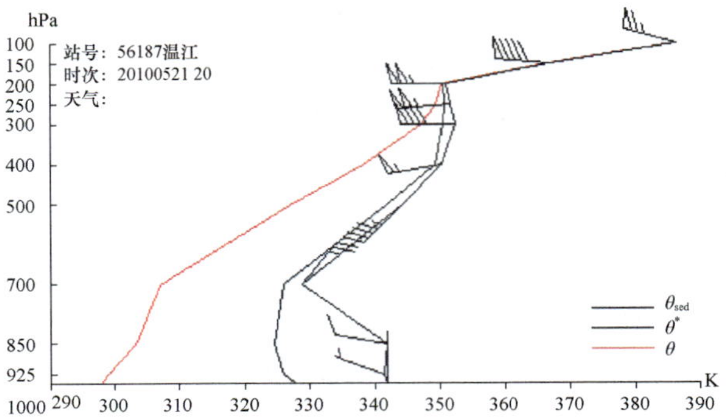

图 6.22　2010 年 5 月 21 日 20 时地热

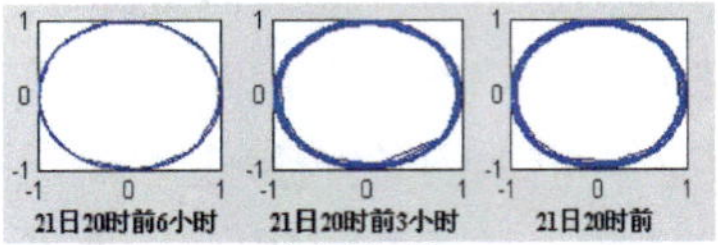

(a)21 日

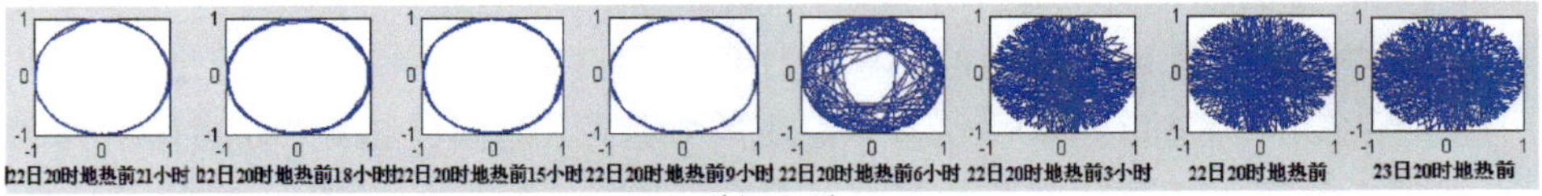

(b)22 日

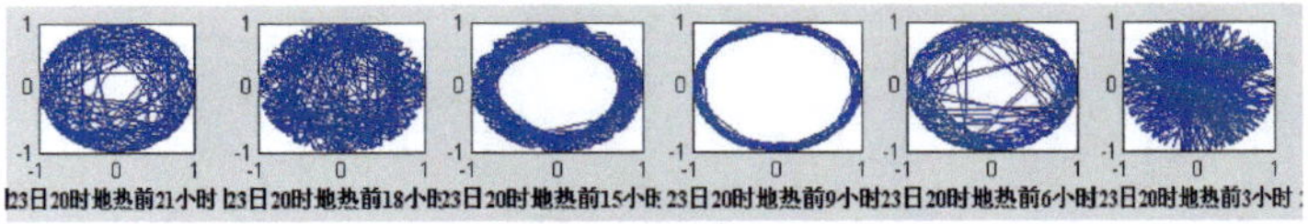

(c)23 日

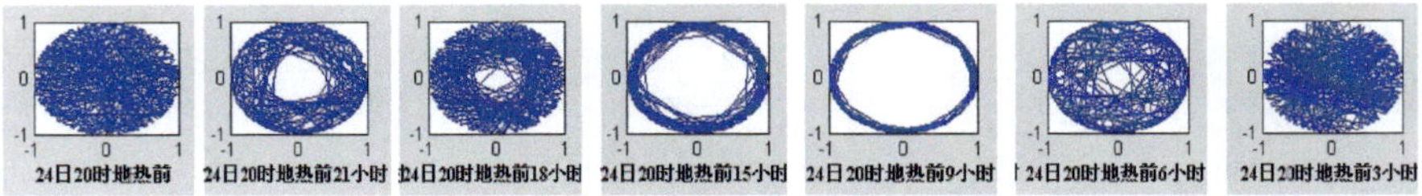

(d)24 日

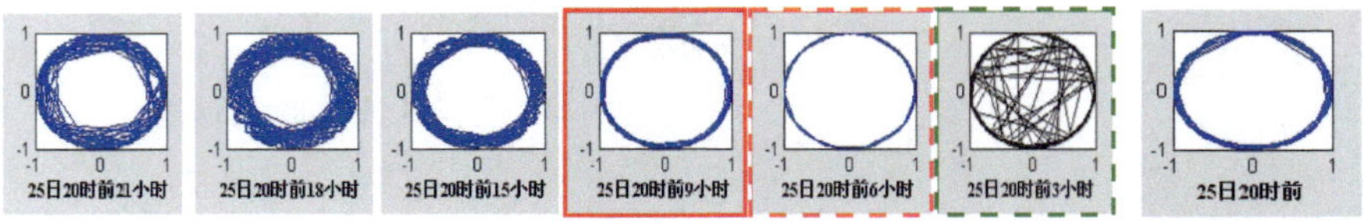

(e)25 日(临震前 3 h 和震前 11 min)　　　(震后的变化)

图 6.23　2010 年 5 月 21—25 日水位仪井口温度数字化系列图

其中红色衬垫图为震前 3 h 到震前 11 min，绿色衬垫图为震后 3 h 的变化特征。显然，图 6.23 数字化显示了地震临震前要素的过程和震后瞬间的频度变化，与“2008-05-12”汶川大地震数字化存在雷同之处的是，地震前具有短暂(此案例约为 3 h；2008-05-12 大地震时约为 1 h)的平静时段。至于此短暂时间是否是动物可以逃生的秘密，值得继续实践和研究。此外，若综合运用图 6.22 和图 6.23，则可以提前 3 d 左右的时间(注意 22 日 20 时已经出现频度的爆发式变化)。并由图 6.23 的系列图可以看出,信息数字化展示的“平静、混乱和平静”也对应了地震的总体演变特征,物理要素的信息更应当注重震荡的“频度”。

6.5.2.2　电磁信息诊断分析的数字化

鉴于固体岩石除了火山岩外,几乎都毁坏于“高频度震荡”的脆裂,采用电磁信息应当细化于分析震荡的频次。遗憾的是,目前观测信息取样仅仅限于分钟级,而不能深入到秒级或 1/10 秒以下的信息分析。鉴于物理学上加热具有退磁作用,即高温度对应了电磁的降低效应。本工作为成都市防震减灾局提供的电磁信息与地热信息进行了对比式分析,并限于篇幅仅列出临近 5 级地震的示例(如图 6.24 系列)。可见电磁信息与地热信息相反地展示了信息的扰动效应,即地热的平静对应了电磁的紊乱。

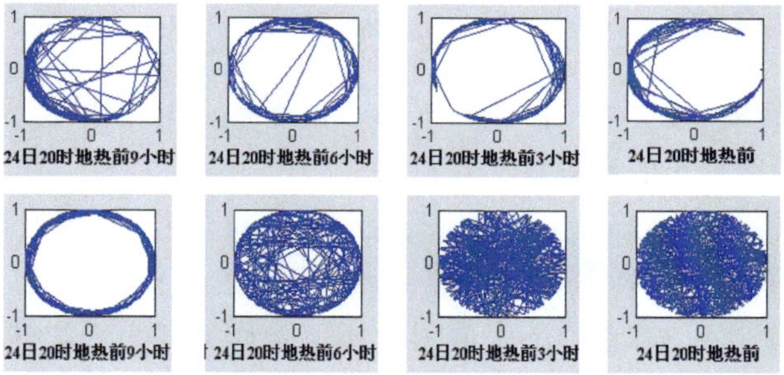

图 6.24　2010 年 5 月 24 日 20 时水位仪井口温度(上)
对应的电磁(下)系列图

6.5.2.3　地倾斜信息的数字化

地倾斜信息也展示了震前和震后的过程性变化,体现于震前的缓慢降低和“时序图”仔细分析也可以见到(图 6.25、图 6.26)。相对于地热、地倾斜信息的预见期较短,如果运用“频度”分析的取样细致,可能获得“高频度”信息。这可由图 6.25、6.26 展示的临近震荡曲线推测出相应的频度不稳定。

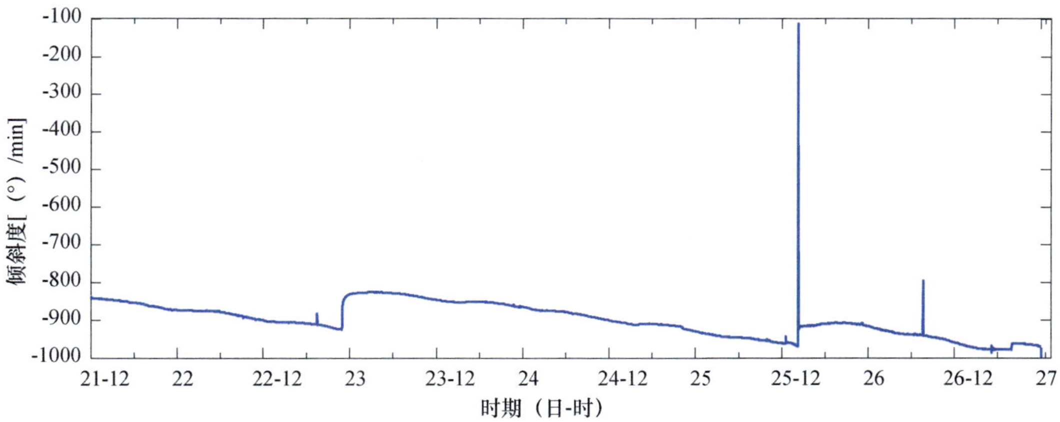

图 6.25　2010 年 5 月 21 日 12 时—27 日 00 时地倾斜(NS)

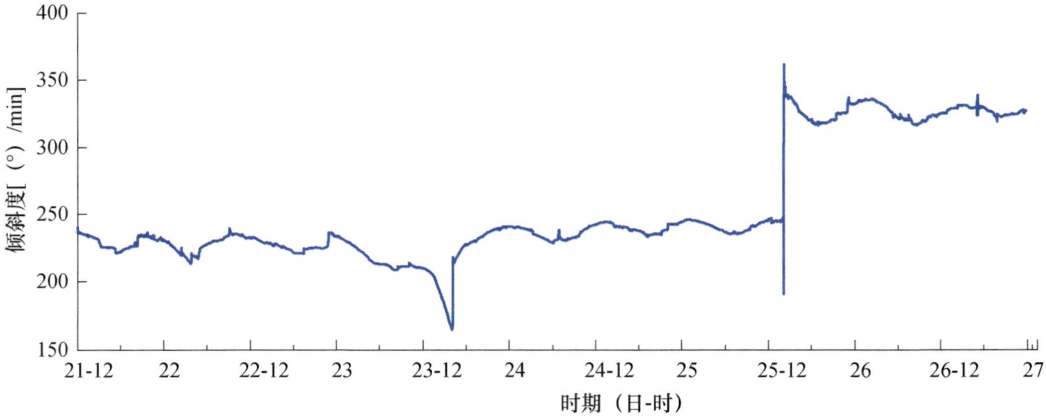

图 6.26 2010 年 5 月 21 日 12 时—27 日 00 时地倾斜(WE)

只是本次获得的资料，没有“分钟”级以下的数据样本。由相应的信息数字化分析可以看出(这里仅列出临近 5 级地震的对应示例)：

由图 6.27 不难看出，5 月 25 日 14 时地震前的地倾斜要素为平稳下降，约地震前 3h 开始倾斜和临震的倾斜加剧，震前 6h 展示为平静状态(见绿色衬垫)。并以 NS 方向为剧烈，WE 方向略有错位(图略)。所以，临震前的平静现象还值得研究和重视。并可作为地热信息分析的辅助信息。其震后的变化加剧可能与岩石层的破坏有关。

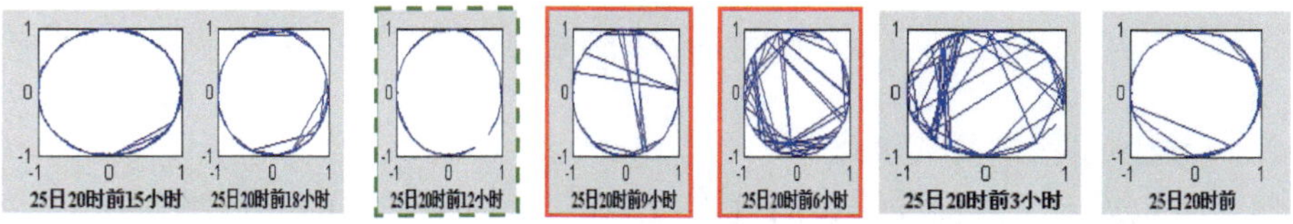

图 6.27 2010 年 5 月 25 日 20 时地倾斜(NS)数字化

事后，成都市减灾防灾局的同事们运用该方法进行了预测尝试，并针对 5 级以下地震预测了 12 次(同时上报给地方政府)，完全正确 11 次。并错误的一次也只是时间上差了一天。

应当说明的是，震级较小的地震比震级大的地震预测往往更为困难，原因是信息相对大级别地震的事前信息相对较弱。只是限于课题经费的问题，还没有完全按计划实施更为细致的实验和实践检验。所以，拟于运用的读者，最好在应用前进行较为细致的实验或广泛地进行实践验证。

便于读者结合实际应用，附图 6-1、2、3、4 分别是近几年来重大地震的“地热结构”特征。附图 6-7 为灾害天气雷暴雨事前数字化图，则完全不同于附图 6-1～附图 6-6 的结构。并纯属来自欧阳首承教授实践的发现，展示了地震机理探索的新动向。

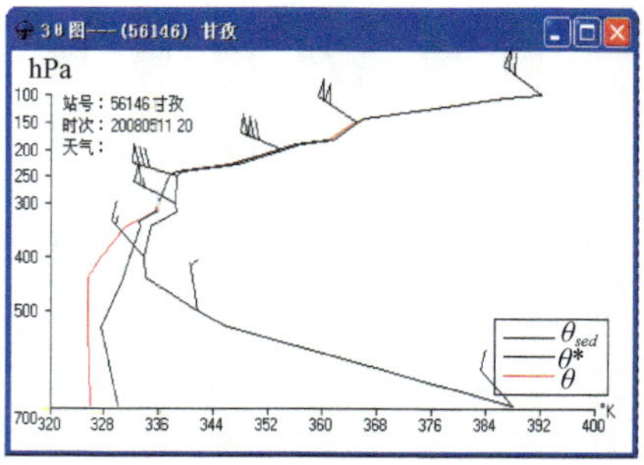

附图 6-1 2008-05-11-20 时中国四川甘孜

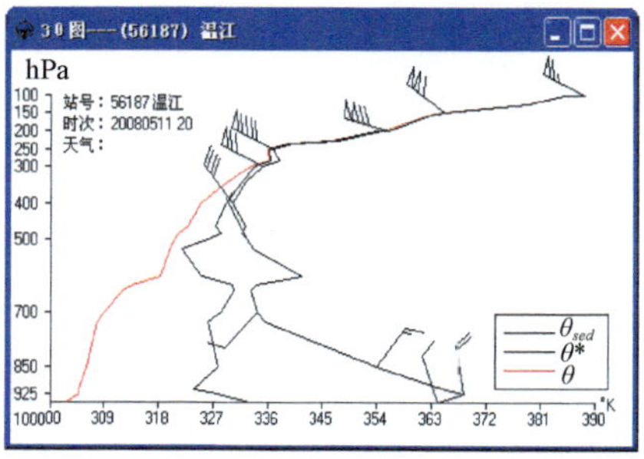

附图 6-2 2008-05-11-20 时中国四川温江

读者不难由上列图表中可以看出地震前的地热，本质地干扰和改变了大气结构。这样，引出了出于正确预报灾害天气，而不得不排除地热的干扰中，发现了大气逆滚流不稳定对应了地震预测问题。附图 6-4 为美国弗吉尼亚州 2011 年 8 月 23 日 13 时 51 分东部发生的 5.8 级地震前的临近 72317 号测站的地热图(展示为累计地热约为 6.0 级)。并被称为美国东部弗吉尼亚州百年大地震而引起当地公众的惊恐！

更为重要的是，附图 6-5 展示的为地下核试验的地震，其地热结构完全与上面的附图 6-1、2、3、4 的结构类似，并引出相当于 5 能量级的地震。这表明，地震机理不能仅仅限于大地岩石圈的所谓构造地震的说法。因为这涉及了地震的“震中”展示为板块的带状挤压带或深源地震可以出现于 200 多千米非岩圈的地幔层中。

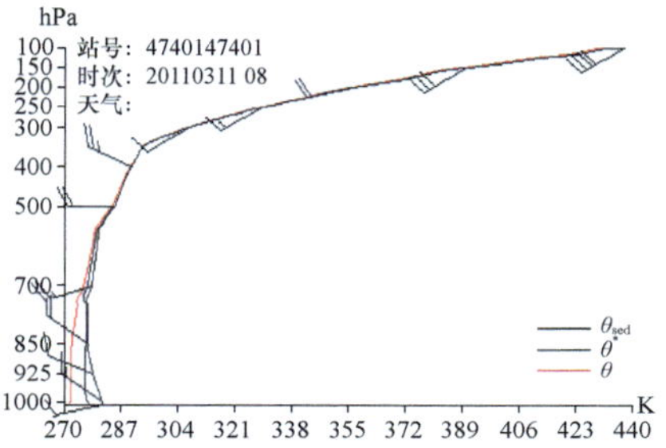

附图 6-3　2011 年 3 月 11 日 08 时日本地震中心的临近站

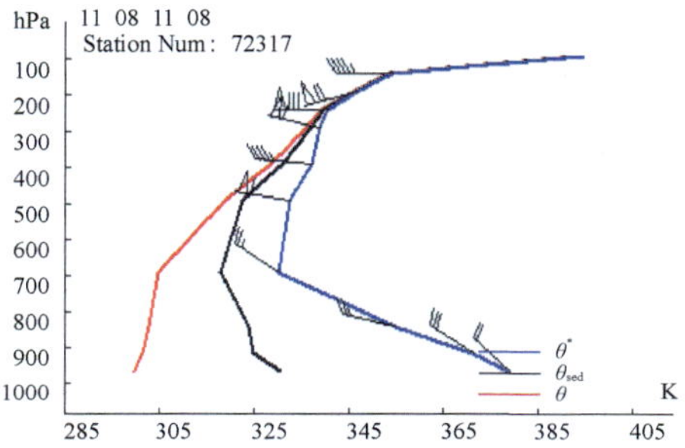

附图 6-4　美国 2011 年 8 月 11 日 08 时 72317 站

此外，现行地震的能量级别测试方法，不一定对应实际发生地震的能量。附图 6-6 展示的热量级别约为 5.3 级，事前欧阳首承教授曾预报为 5～6 级地震。但按现在地震界的能量级别算法，即使为改正的能量级别也公布为 8.5 级(最初公布依次为 8.7、8.6 级)。附图 6-6 展示的能量级别 5.3 级与欧阳首承教授预测的 5～6 级相当，但与现在地震界算法的 8.5 级有巨大的能量差异。欧阳首承教授认为这其中有个能量与实际地震级别不符的问题，并质疑了现在延续的能量级别的测定问题，2012 年 4 月 11 日印尼“大地震”存在能量的丢失问题，抑或地震能量的传递还有另外值得探索的方式？

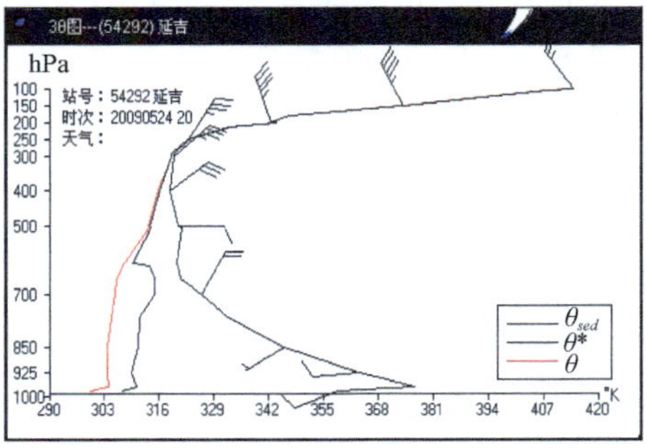

附图 6-5　某地地下核试验的热结构

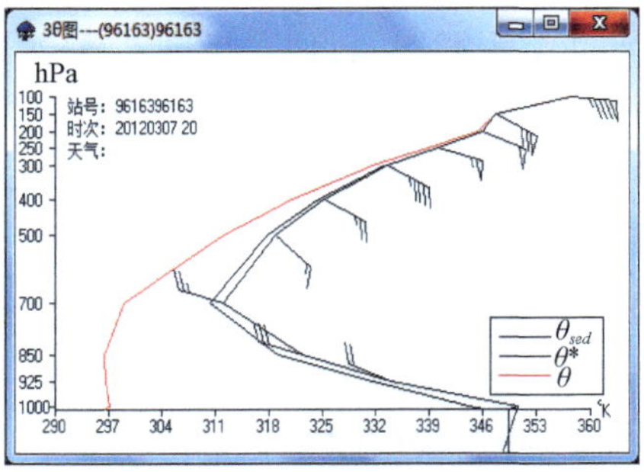

附图 6-6　2012 年 4 月 11 日印尼地震能量的丢失

其中应当注意，附图 6-7 纯属灾害天气的顺滚流和结构特征完全不同于地震的结构图。即灾害天气的结构与地热作用下的地震前的大气结构，存在完全不同的差异性。并已经达到不排除地热干扰而不能预测天气的地步。

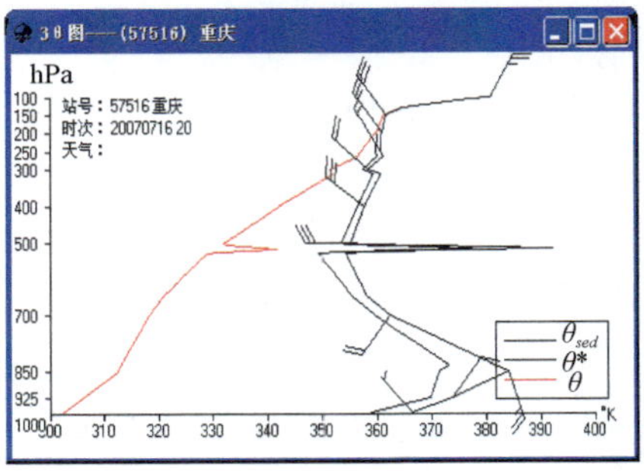

附图 6-7　2007 年 7 月 16 日 20 时重庆雷击暴雨“热结构”

应当说地热信息为地震预测提供了某种要素的预测方法，也为改进灾害天气预报提供新的思路和解释了困惑。但必须说明：地热要素只能作为地震预测的必要条件，至少目前还不能称为“充分条件”。这是因为尽管地震发生前必有地热出现，但由于热量的级别不同，其所需要的地热积累的时间不同或地震源地的深度差异等，可导致地震发生时间的差异。现在所能应对“充分条件”的策略，只能依赖“经验”的累计。

具体落实于应用，自记记录的信息数字化应当在区域信息数字化的基础上，确定为非气象信息之后再启用此程序。对于预测（未病）和诊断现状，有取样方式的差别。数字化方法可以拓广至任何行业的‘震荡’信息。有兴趣的读者不妨试试，但没有“越俎代庖”之意。

小结

1. 300 年来人们沉醉于“波动”体系“辉煌”的时候，忽略了潜伏的更大危机——涡动的普遍性。宇宙一直和正在处于“涡旋”的“苦难”中，正是人类无法摆脱的灾害问题的实质，也是至今的人们所面临“世界性难题”的本质。

2. 涡动的直接作用，在于破坏了波动体系赖以支撑的数量连续性假定，也可以说连续性观念极大地阻碍了科学向涡动体系进军。为此，人们长期以来总是限于或热衷于非线性问题的线性化，乃至于 19 世纪本应当是气象界率先以“环流定理”，指出大气和海洋都是旋转的涡流之后，科学界或人们的思维意识依然没有改变。即使 20 世纪末期非线性问题的论战中，欧阳首承教授曾经以简洁的矢量分析证明了“运动形式的非线性”为“管形场的有旋性”。学术界依然背负沉重的历史包袱，继续演绎线性化应对非线性问题，既延误了人们的觉悟，也在继续误导年轻的学子。

3. 17 世纪的莱布尼兹已经认识到“事件是本质”，限于科学史的历史条件没有进一步意识到“变化事件是本质”。致使尔后的 200 余年面临数量不能处理非规则事件。实际上，牛顿及其继承者是“不变体系”的维护者，而遗留了不能处理变化性问题。变化事件不能解读为“非确定性”和“自然界没有随机性”。即“上帝不玩骰子”，而所谓“上帝玩骰子”者，则是将人们的意识强加给自然界。或者说，将“变化事件推给偶然性”既是逃脱当代科学没有解决“时间是什么”的原因，也在于回避变化问题的实质。遂有尔后 200 余年的“以不变的理论应对变化问题，而误认为是不确定事件”，致使科学的进展陷入了困境！所以，变化事件必然引出“时间是什么”和重新认识“曲率空间”。

4. 必须注意到，旋转破坏了连续假定而致使微积分计算遇到了挑战；其次，事件不是数量，则“事件物理学”必然挑战了“物理量物理学”。

5. 旋转的“内旋、外旋”两种形式，涉及了宇宙的基础性密码——“阴、阳”之道；变化事件必然经历“内、外旋”转换的过程性。或者说，正确地定位当代科学，则应当“读懂”伽利略，“知所先、后”才能“近道矣”。

6. 地球问题不能仅仅在地球自身中寻找原因，似乎人们的眼界应当放宽或放远些，也许有助于问题的深入。并假定地球转速为常数的做法，应当视为认识灾害问题的误区和人们不能应对灾害的重要原因之一。

应当说，“知所先、后”不仅是理论问题，也是方法的核心。必须清醒地知道当代科学不涉及事件的原因和过程性。气象科学还以修改的气压系统颠倒了事件“先、后”的次序性，地震也应当考虑应力或所谓“振幅”的背后原因。变化事件的“知所先、后”，是预测问题必须掌握的信息序。应当思考，为什么“热和方向(转动方向)”作为首要信息后，就可在预测上初见成效。并应当熟练掌握，顺滚流可以通向灾害天气；逆滚流则可以进入地震领域，不能忘记地热引起的结构不稳定。

至于地震与气象现象的区别，则对于四川地区而言，必须注意如下的主要特征：

1)鉴于秦岭以南的甘肃、四川地区，植被条件相对于西北干旱地区而言可以说是比较好的，遂有图中含有水汽的 θ_{sed} 曲线(绿色曲线)不能居于 θ 曲线(红色曲线)和 θ^* 曲线(深蓝色曲线)之间的左侧(居于左侧，只能在西北沙漠地区才能见到。并注意其中的红原站贴地面水汽的充分性而显示了左倾式分布，只是进入自由大气后突然变为干燥)；

2)正因为秦岭以南不是沙漠地区，则 θ 曲线也不应当呈现几乎垂直于 T 轴的强不稳定状态；

3)如此强烈的热量不稳定分布居然不出现大风，则表明其热量分布的强烈不均不是大气的问题。气象预报员将其称为“奇特性结构”；

4)作为核心分辨手段是，在于地壳热量辐射是以红外方式进行的，所以白天的 08 时信息中不能见到(例如，附图 6-1～6-3 的超常结构出现于 08 时，则为天气问题)。若晚上 20 时出现，而早晨 08 时不出现(海洋上或岛屿可以出现于早晨 08 时)，则可断定为地壳“发烧”而已经有地壳的板块挤压(或地幔蠕动)了，并可以配合“逆滚流”识别之。作为预测分析，大气本身的热量分布与有外界影响的热量分布是可以明显地分开的。特别是甘孜、红原和武都站的 θ 曲线(红色线)已经呈现准 90°和超 90°的负斜率状态，不是大气热量分布的怪异而是“大地在发烧”。

按地热方式预测地震，首先是在缅甸的风暴分析中，提前见到地热的异常和基于欧阳首承教授具有多次地震预测的经验，而意识到有重大地震灾害的问题。其预测要点应当注意：

(1)出现逆滚流的超强不稳定的结构时，高植被覆盖或湿润地区，是否出现 θ_{sed} 曲线(绿色曲线)居于 θ 曲线(红色)和 θ^* 曲线(深蓝色)之间的左侧或靠近于 θ 曲线，还是略居于中间而大气对流层内不显得干燥；

(2)出现上述逆滚流超强不稳定大气结构状态时，其前、后 3 h 中不出现 4 级以上的大风；

(3) 250 hPa 附近有拐角式超低温层或相应高度的云图呈现“纽结”状或条状云呈交角状；但大气对流层整层水汽分布为“下干、上湿”，并次强不稳定的大气结构也是如此；而不同于大气降水结构的“下湿、上干”特征。或者说，“下干、上湿”对于气象问题应当是稳定的结构，而“下干、上湿”中的不稳定结构为“非气象因素”问题。

古人云：“圣贤之道，唯依心立。”然欧阳首承教授认为：“自然之道，必以物立！”。“物”在于不同的复杂性而为“非均质”，故立足于“均质性”的牛顿《自然哲学之数学原理》为“圣贤”之道。

数学列为理科，来自“心学”而非“物学”。“心学”——社会科学，在于“人际协调”差异于“求同”，“同”于“通为”而适定于形式逻辑；“物学”——自然科学，在于“物类博盛”于“求异”，“异”于“非常”而不适定于形式逻辑，然可“擒贼擒王”于“一招定乾坤”而方法简洁、有效。遂引出欧阳首承教授“科学的困惑”(本书第1、2、3章)的数学和当代物理学、经济学基础问题的再讨论。应当注意：事件没有半个和数量并不单独存在，或者说“数量不是东西”。于是数量演绎原理不能支配事件的演绎。仁者见仁，智者见智吧！

参考文献

高福晖，1995. 地震力学[M]. 成都：四川科学技术出版社.

欧阳首承，麦克内尔 D H，林益，2002. 走进非规则[M]. 北京：气象出版社.

欧阳首承，陈刚毅，2006. 随机性的破灭与量化可比性的终结[J]. 科学研究月刊，**14**(2)：141-143.

欧阳首承，张葵，郝丽萍，等，2005. 非规则时序信息的结构转换及演化的细化分析[J]. 中国工程科学报，**7**(4)：36-41.

欧阳首承，2000. 线性化与形式分析丢失的世界[J]. 气象科学，**20**(3)：354-359.

欧阳首承，1998. 天气演化与结构预测[M]. 北京：气象出版社.

欧阳首承，陈刚毅，2006. 随机性的破灭与“量化可比性”的终结[J]. 科学研究月刊，**14**(2)：141-143.

欧阳首承，2006. 介质波与介质波的破碎[J]. 科学研究月刊，**18**(6)：1-4.

欧阳首承，2012. 信息确定性与地震过程的信息数字化[M]//中国地球物理学会. 纪念翁文波先生百年诞辰文集. 北京：地震出版社：210-216.

Seidelmann P K, 1982. 1980 IAU Nutation: The Final report of the IAU Working Group on Nutation[J]. *Celest. Mech.*, **27**: 79-106.

Zeng Xiaoping, Lin Yunfang, Lin Yi, 2009. Structural Transformation of Irregular Geomagnetic Time-Series Information and Prediction of Disasters and Accidents [J]. *Scientific Inquiry*, **10**(1): 79-88.

后　记

恩格斯19世纪总结当代科学成就时说："数学的应用大致是，在固体力学中是绝对的，在流体中遇到了困难……"对此，欧阳首承教授强调了流体占宇宙物质的99%以上。地震界流行于固体的板块学说，忽略了地壳厚度为地球直径的1/90～1/80，其地壳下部的地幔层涌动岩浆流对脆弱的地壳有什么作用呢？没有见到有人给出突破性成果。只是时常可以见到火山的喷发，却被学术界归类为火山式地震。欧阳首承教授之所以提出此问题，是在于"无论是构造地震或火山地震"均展示为事前的地热结构非均质现象。并针对物理学的物质运动形式，欧阳首承教授特意指出：首先是一般振动属于转移能量而保护介质不被破坏的运动，即使高频振动具有破坏性，也是在于破坏了介质的结构性；其次，根据穿越大气层的探空仪器观测的信息，大气对流层的温度差为80～120℃时，即可发生暴雨、冰雹或龙卷风等灾害性天气；那么，依据"压强与热量转换原理"，则"高压必有高温"。为此，温度差可以达到几千度(摄氏温标)，地核与地壳之间必然引发岩浆流的剧烈对流效应。所以，欧阳首承教授不仅以此解释"地热"现象的存在，也揭示了地震发生的深层次原因，"地热"可以成为地震预测的有效信息。特别是，地球断裂带构造的非均质性，恰好配合了地球深处岩浆对流活跃而发生地震。为此，我们认为欧阳首承教授发现的"地热"现象和由此引出地震原因的思考，可以说是进入"世界难题"的新思路。

例如，四川西部的"龙门山断裂带"可以展示为，成都平原与西部高原衔接地带的几千米内高度差，竟然可以达到几千米的程度。其断裂带本身的地质构造也不具有均质性(构造非常复杂)。所以，中国普通百姓回应"困难"的口头禅(流行语)——"复杂"(例如，人们谈及某事为什么这么困难，可以直接得到的答案是：太复杂)，或者表述于：因为"复杂性"而导致"困难性"。这也是欧阳首承教授为什么引用"非均质性"提法的由来，"复杂性"引出"变化性"。说来，"复杂性"与"变化性"对于中国人来说属于非常习惯的通用语。并可以运用"擒贼先擒王"处理"复杂性"！显然，习惯于"均质性"西方人对于中国人习惯于"复杂性"，颇感有些神秘性或较为难于理解。

无疑，人类的意识行为或文化知识离不开其生存环境。对此欧阳首承教授特别提醒：中国的地理位置属于世界亚洲的中、东部，其西部有世界的最高峰——珠穆朗玛(藏语：圣母之水)峰(高度为8844.43 m，位于北纬27°59′14″、东经86°55′26″)，东部有台湾大海沟和毗邻马里亚纳世界上最深的海沟(深度达到10911.3 m)。即5000～6000 km的距离内，其高度差可以接近20000 m。仅仅以高度差而言，就已经展示了世界上最大的"非均质性"。遂按墨子的"力，刑之所以奋也"(力来自非均质的梯度)，则必然展现为世界上最大动力的推动源，而必然导致变化的剧烈性。对此，欧阳首承教授说过：如果想真正地懂得中国人，你最好是亲自到太行山的红旗渠或川西高原走一趟。也许可以理解中国人为什么习惯于"非均质性"的"复杂"，并可以惊叹山区或高原司机们的驾驶技术！

作为气象问题，地球大气的西风急流与东风急流的交汇带，正好盘踞于中国的上空，遂有气象的各种天气灾害(大风、沙尘暴、龙卷、冰雹、强降水、暴雨;干旱、大雾等)几乎都可以在中国出现;若站在中国的水利史上,则至少5000年来,中国人的历史可以说是"与洪水斗争的历史"。遂有中国古代夏朝的大禹以其治水功绩流传于今,并于世界上最早创立了"为洪水让路"的治水方略,而被中国人称为历史的英雄。以转移能量方式修建的水利设施,已经运行2000余年的灵渠(中国广西壮族自治区)和都江堰(中国四川省)依然还在运转。所以,不能说中国没有现代"科学"就等于没有科学,其科学的科学性是经得起时间考验的科学;若站在地震的角度上,中国的历史也可以称为"与地震斗争的历史"。自汉王朝就有身为行政官员的张衡,居然发明了世界上最早的地震监测仪器(地动仪),乃至于采用柔性材料构建房屋和发明"船型基础"等技术应对地震。"疏导于给洪水让路"或"给能量留有物质空间",可以说对于今天的现代科学而言,或是朦胧不明也是未想到的问题!

遂有中国五千余年的文明而不中断,则是来自应对恶劣自然环境中,付出历代重大伤亡代价教训后的收获,称为"苦难与智慧相伴"和"精于复杂而知变化"。中华文明起源于"复杂的变化性"的文明,既是欧阳首承教授树立"非均质性"观念的由来,也回应了为什么《易经》可以出现于中国;也同时说明了当代科学不能诞生于中国的原因。为此,欧阳首承教授认为即使引入广义性概念,无论自然或人文的世界史或科学史,均在于探索事件的"复杂性和变化性",或者说"复杂性和变化性"为中华文明的源头同时也是世界文明的共同的源头。这是历史的事实,并不会因其某个历史时期的停滞或落后而改变科技史。指出"数量是事件后的形式计量"和创立数字化体系均来自20世纪的中国,不能说是没有原因的。

基于"弘道而自救"和"科学的第一位问题是问题"或"途穷了,终须改换方向",应当实在地正视非均质性而应对变革。这里讲述的自然灾害问题,主要为灾害天气和地热现象所涉及的破坏性地震问题。或者说,即使同属于地球物理学问题,将灾害天气和地震等的预测、预防硬性隔离开来,说到底还是人为的意识行为。作为人类的意识行为,风险与灾害已经涉及了如何检讨或反省人类曾经提出的科学本身的"科学性"问题。其中必然涉及"如何认识数量、当代科学的性质、动能守恒、风险与能量需要空间、数学建模的数学非线性之谜、时间和空间(中国人称为宇宙观)、'变化事件是本质'与'不确定性、偶然性或随机性'"等问题的人类意识行为性,乃至于风险与控制论的"动力灾变""物理量物理学与事件物理学"等,对于灾害工程管理者需要知晓数学化的物理学存在的问题,以及为什么不能解决灾害问题。

所谓科学,言必"古希腊",即使在当代也是言必'哥白尼和牛顿'及其继承者,实质上没有真正懂得"科学的第一位问题是问题"。为此,欧阳首承教授不得不前后耗去50年的时光,与其合作者相继以《运动流体的"断裂"与天气预测的若干问题》(专著,1994)、《Mystery of Nonlinearity and Lorenz's Chaos》(论文专辑,1998)、《天气演化与预测》(专著,1998)、《走进非规则》(专著,2002)、《信息数字化与预测》(专著,2009)和《Rotation and Evolution——This special issue is dedicated to the 70th Birthday of Shoucheng OuYang》(论文专辑,2009)以及《信息数字化与预测》的全文英文版《Irregularities and Prediction of Major Disasters》(专著,2010)等,阐述当代科学的科学和方法论的存在问题。鉴于"学问的'致用'性",不得不立足于"非均质性"而启用事件信息的"细微"性。

最初是出于灾害问题严酷性,中华民族毕竟绵延五千余年不间断历史的价值观,应当可以追究中国为什么没有创立物理量(数量)体系的科学,是否因此就不可能创立或提出符合实际的科学理论和方法体系。基础观念的改变必然引出“思维走向”的变化，这里出于便于读者了解中国与西方思维识别观念的差别，只突出几个问题给予通俗的说明(其他问题将在本书的章节中给予系统的讨论)：

1)中国不仅具有科学而且历史悠久，其科学是以“唯象论”认识变化世界的原因和过程，并以事件“象变”先、后的结构差异揭示了事件变化的“原因、过程和结果”的逻辑性。称为变化事件具有“结构(象)演变逻辑的过程性”，并被概括为“物有本末，事有始终”；“唯量论”构建的“永恒的天国”，恰恰是不知原因、过程而唯余“结果”定律(按欧阳首承教授引申为通俗的说法，数量属于“秋后算账”)。科学在于“见高远而识纵横；明精微而知变化！”，体现于“象”结构特征而展示于方法论(卦＝diagram，并“八卦”可以翻译英文为“the eight diagrams”)。目的在于启用事件信息的变化细微性。

2)西方人创立的当代科学，实质于如何维护“永恒性”中给出了数量分析体系，并立足于假定的惯性系。遂有牛顿第二定律的 F,m,a 不变化；数理方程的“适定性(well posed problem)”约束条件的目的，则实质是维护初值稳定性的延续，而演绎为限制数量变化数据。

欧阳首承教授除了其本人是艺术家而具有观察事物细致性的基础性训练外，也在于早年读过《易经》和诗人李白的《夜宴桃李园序》。并以其文化素养，立即指出了国外学者的“时间先于存在”观点或提法的“非唯物性”或“非本质性”，而引出国内、外学者的关注。不仅强调了中国的“空间、时间”的见解(宇宙观)可以上溯至《易经》，而且具体于“时间寄生于事件的变化中”，不能脱离事件的变化而单独存在！

应当说“问题引导了科学发展，面对问题人人有责且权力均等”，问题给每个人都留有同等的机遇。可以说在“世界难题”上没有专家。所谓“务实创新”就是在于你能否于实践中发现“时尚”的科学存在什么问题。“创新立足于务实”，就在于务实中有所发现，新的发现不仅是当代科学不能解决的问题，还可以由问题中得到新的启发和激发观念的变革。人类创造的文化中多数是来自对自然界事物的感悟，往往比理科基于假定提出的概念更符合实际。例如：王之焕(唐代)的“欲穷千里目，更上一层楼”，已经揭示了自然界的曲率性，而人们构建的理论物理大厦中却“创造”了直线而暴露了人类的“方脑壳”(四川方言，方脑壳＝傻瓜)，乃至于至今还固守于欧几里得空间。这里引用曾经诺贝尔奖的获得者汤川秀树(日)《自然与人》的醒悟(引自陈喜儒的译文)：

“自然创造了曲线，人创造了直线。我坐在车里呆呆地望着窗外的景色，头脑中突然蹦出了这样一句话。远处丘陵的轮廓，近处草木的枝枝叶叶，都是无数条线、无数个面交织在一起的，其中没有一条笔直的线和一个平坦的面。与此不同，田园则用直线划分，散落其间的房屋的屋顶、墙壁都基本呈直线和平面。

实际上，迄今为止，人类发现的自然法则，从某种意义上说几乎都是直线的。但是，倘若继续探索，也许会发现并非直线的自然的精髓。这个问题，可能更应该是理论物理学今后的课题吧？”

注：应当说，在当时的历史条件下，汤川先生能够注意曲率空间已经是历史的进步了，只是还存在认识的不到位(这里删去了汤川先生认为人们采用直线是出于简单的看法)。实际上是人类创造了直线体系的时候，并不知道是人类视觉位置造成的错觉。应当明确“直线”不是简单，而是物理空间中极特殊和几乎难以做到的‘零概率’事件，汤川先生似乎还没有真正理解欧

几里得空间！这也为什么人类制造的准直线，总会淹没(被摧毁)于自然的曲率空间中。

所谓科学，至少目前还没有走出人类的意识行为。人类主要信息来自视觉，遗憾的是人类视觉被“并排地安放在脸部的正前方”，而具有零曲率空间的欧几里得空间视觉。并因此错误地铸就了人类的错误意识。这里说明的是，人类与食肉类动物的视觉位置雷同；但牛马类动物的视觉则为位于面孔与侧面的交角处，其视觉空间为“抛物型”；而鸟类的视觉则位于头部的两侧，其视觉空间展示为“双曲型”视野。所以，不能将人类的“眼见为实”扩展为自然界本身。为此，人类的意识行为应当站在自然事物本身的立场上学会换位思考，而不能以人类的“视觉”而认为“简单”或立足于人类的“眼见为实”。实际上，欧几里得空间为实际的曲率空间的“零概率”事件。

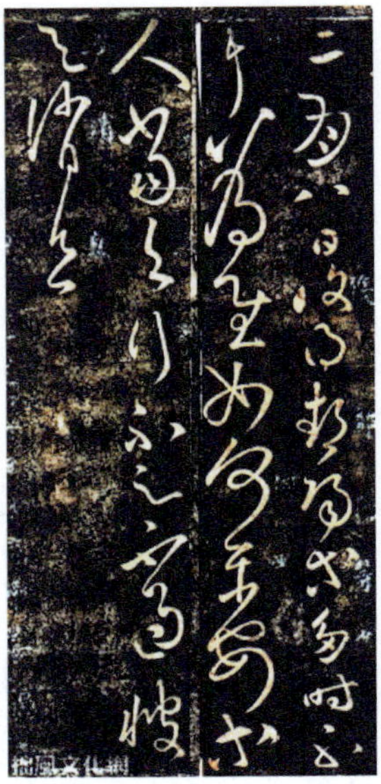

图 1　中国书法

此外，即使按欧氏空间，也存在移动和静止的视野的不同。鉴于中国自然环境的非平坦性，中国人的视觉习惯于移动，并以此产生的意识行为也多属于移动性。图 1 为中国汉代书法家张芝的书法作品。即使对于不识汉字的外国人，也可以异口同声表示，字写得非常漂亮，并自觉不自觉地按上下移动方式阅读之。张芝为中国书法史上重要变革性人物，并确定了尔后中国书法的格局；由此演绎出晋代著名书法家王羲之的行书和以后楷书的现代标准书法。

图 2 则为横幅的中国山水(风景)画。应当说，国外横幅绘画也不是没有，但其横幅的可能程度之长或称为“不成比例”(不符合人类静态的视觉能力)，则只能在中国绘画中见到。

即使不谈中国人为什么酷爱山水(风景)画，也可以看出中国观察事物的方式，多展示为移动性(图 2 即为互联网下载的欧阳首承绘画作品，即中国式的“淡彩水墨画”——漓江风景)，而非静止性。

图 2　漓江风景

这里出于篇幅的关系，没有列出横幅长度更长的绘画(北宋时代王希孟的“千里江山图”，其横向长达十一米多，而高的宽度仅有五十几厘米。按现代的眼光，可以说是不合理的“长、宽比例”或称为超比例的画卷。有兴趣的读者不妨于互联网上查阅)。由此可以看出，中国人习惯于“仰止于上、下”或“环顾于左、右”的移动性观念，凸显地专注于事物的不同或差别性；西方则习惯于静止的永恒性，并引出绘画艺术遵循的“焦点透视”法，已经延续于工程的制图学；然而遵循“焦点透视”，却无法描绘“上下仰止”或“左右环视”的动态性，即使应用于工程的制图亦可以动态方式实现。并至今中国故宫博物院还保存着土木工程专家的“样式雷”[系指雷发达，字明所，生于万历四十七年二月二十一日(1619 年 4 月 5 日)。卒于清康熙三十二年八月十一日(1694 年 9 月 29 日)所创立家族氏的建筑工程世家。“样式某”系指中国人对于建筑工程师绘制图样的习惯性称呼]。

更为重要的是，动态式画法更赋予艺术的发展空间，而为现代艺术的兴起、发展显示了前瞻性。西方最早出现的变形艺术，即可展示于动态的速度差异。中国艺术界为了区分“焦点透视”与中国的动态式的差别，曾经称为“散点透视”。对此，欧阳首承教授从自然认识论或者说哲学角度，还是建议称为“动态透视”而可以融合科学的实在性和展示艺术的创造性。所以，生存环境对于人类的思维意识或思考问题的方式有着决定性作用。由此，也许有助于西方人理解中国人的思维方式，并可促进科学、艺术的共同发展！作为“知识或思维”走向的重大问题，中华民族历来是社会科学依赖自然科学的发展而发展的。并突出于“动态、变化”(结构转换)的“象”，进入认识世界的知识体系，并为《易经》的延续或发展。

所以，正确理解或认识西方科学，似乎还不能仅仅从数量形式上单一地思考。科学或称为认识论的形成，必然有其文化、哲学思维的背景。没有“静态、永恒”的认识观，不等于是错误的或因此就等于没有科学。即使现在向西方知识界阐述“动态、变化”和“静态、永恒”的认识观，哪一个观点符合自然或客观呢？即使西方人士也会明确地回答为前者。

早在2000多年前中国的数算家詹伊，已经指出了“数有所不逮(数量分析总存在着不能企及的问题)”。长期以来人们自己不知人类视觉放置的存在问题，格外钟情于欧几里得几何空间而遗祸于自身。为此，欧阳首承教授面对实际问题，指出人们应当清醒地考虑“思维走向”了——应当珍重你们(指记录者)也包括还健在的“我们”(系指欧阳首承教授的同一代人)有幸经历过2004年年底的印度洋海啸、2008年1—2月中国南方冰雪灾害、2008年5月初的缅甸风暴、2008年5月12日的汶川大地震、2009年10—12月北方雪灾和2010年1月12日海地重大伤亡的地震，以及2010-02-27智利8.8级等系列地震(值得注意的是，智利地震伤亡较少而值得国人考察、思考)和2012-03-11日本福岛9.0级地震海啸……认识到灾难的残酷，也应当由灾难中汲取灾难的“财富”。为此，这里重申“人类思维走向”的目的，则是灾难为人类提供了务实创新的难得机遇。

今天谈及“风险与灾害”，不能只理解讲述灾害问题。因为自然界的冰雪、暴雨、龙卷风和地动(震)等，是自然界本身运行、演化的必然事件。或者说，冰雪、暴雨和地动(震)等自然事件本身并没有杀人和“侵吞人类财产”。人们竞建800米第一高楼，而欣喜于狂收门票的时候，自然界却无声无息地已经于几百万年前构建了高达8000余米“大厦”(青藏高原及其珠峰)，不仅今天还屹立于人们的面前，似乎还在不屑于人类出于“门票”的“创造”。对于人类来说，几百万年无异于“永恒”了，但自然界并没有因此满足于其“丰功伟绩”。为此，人类似应当反思人类科学“创造”的“直线”的问题是什么，为什么自然界选择了“7：11(或7/11)工程”。

应当明确，欧阳首承教授希望人们必须面对事实的是：“当代科学在追求永恒的时候，并不知道如何应对自然界的冰雪、暴雨、龙卷和地动(震)等‘灾害’。”必须承认，当代科学没有给人们留下如何应对风险(risk)的理论和方法，而希望人们不要错过重大灾难的本身就是务实和检讨价值观的历史机遇。检讨人类曾经走过的历史进程或“思维走向”，应当属于科学活动的范畴。这里仅是就其经历提出了某些看法，主要是希望读者和同学们思考。“大学”者在于“学大”，“大者”在于走向成熟，成熟在于自己应当或能够独立思考！不仅仅是“人云亦云”地拘泥“本本”，应付考试就算“大学生”和仅仅满足于“纸上”的学问就等于成就，更应当注重“学问在于经世致用”！

针对现在学生的现实情况，欧阳首承教授特别提及：人类总是单一地考虑社会组织的“统一性”，则是来自人类于自然界生存中的脆弱性。不得不依赖群体生存而往往将“趋同性”视为核心问题；但站在自然界立场上，则为复杂的差异性而展示于不同，乃至于同为一棵树上的树叶居然没有相同的，至多是相似的雷同而已。为此，作为与自然融合的人类社会的人们，应当学会“辨于异而识雷同”，而非“去异存同”。显然，若当初的自然界，将第一个站立行走的“猿猴”除掉，则不会有今天的近 70 亿人群活跃于地球上。并正因为自然界容纳了差异，才能有进化和发展。

其次，人们应当总体上立足于“辨异”而后“识雷同”，拟以此书稿讲述《欧阳首承灾害学概论》，可视学生的基础情况调整学时，并安排两周实习。一般而言，在此基础上经过实践训练，即可成为某一主要灾害的“工于预”者或于工程管理中同时体现“明纵横于高远(战略智慧)，识细微于变化(战术技巧)”。并预祝读者将有所收获于实效中！作为人类生存的基本任务，在于“担当身前事”而有所发现，或许为后人可以少走弯路而留下点教训，则是欧阳首承教授讲述“风险与灾害”的希望吧！

参考文献

Bergson H H, 1963. L'evolution Creatrice[M]. In: Oeuvre, Editions du Centenaire, Paris: PUF.

Einstein A, 1976. Complete Collection of Albert Einstein[M]. Beijing: Commercial Press.

English J, Feng G F, 1972. Tao De Ching[M]. New York: Vintage Books.

Koyre I, 1968. Etudes Newtiniennes[M]. Paris: Gauimard.

OuYang S C, 1998. Weather Evolution and Structural Forecasting[M]. Beijing: Meteorological Press.

OuYang S C, 2007. Problems of fundamentality in the basic science[J]. Selected Major Academic Achievements in the World, (vol. 3).

OuYang S C, Lin Y, 2006. Disillusion of randomness and end of quantitative comparabilities. *Scientific Inquiry*, **7**(2): 171-180.

OuYang S C, McNeil D H, 2002. Entering the Era of Irregularities[M]. Beijing: Meteorological Press.

OuYang S C, Wu Y, 1998. The transformation group of branching solutions of Lorenz's equations and "chaos." [J]. Kybernetes: *The International Journal of Systems and Cybernetics*, **27**(6/7): 669-673.

OuYang S C, Zhang K, Hao L P, *et al.*, 2005. Structural transformation of irregular time-series information and refined analysis on evolutions[J]. *Engineering Science of China*, **7**(4): 36-41.

Prigogine I, 1980. From Being to Becoming: Time and Complexity in the Physical Science[M]. W. H. Freeman and Company, NY.

Wilhalm R, Baynes C, 1967. The I Ching or Book of Changes [M]. 3rd ed. Princeton University Press, Princeton, NJ.